工业和信息化普通高等教育“十二五”规划教材

21世纪高等学校计算机规划教材　河南省“十二五”普通高等教育规划教材

C语言程序设计（第2版）

C Language Programming (2nd Edition)

贾宗璞 许合利 主编

人 民 邮 电 出 版 社

北 京

图书在版编目（CIP）数据

C语言程序设计 / 贾宗璞，许合利主编. -- 2版. --
北京 : 人民邮电出版社，2014.9 （2019.10重印）
21世纪高等学校计算机规划教材
ISBN 978-7-115-36357-2

Ⅰ. ①C… Ⅱ. ①贾… ②许… Ⅲ. ①C语言一程序设计一高等学校一教材 Ⅳ. ①TP312

中国版本图书馆CIP数据核字(2014)第167888号

内 容 提 要

本书为工业和信息化普通高等教育“十二五”规划教材和河南省“十二五”普通高等教育规划教材，是高等院校计算机基础教育教材。全书共分 14 章，主要内容包括：C 语言概述，基本数据类型、运算符与表达式，顺序结构程序设计，选择结构程序设计，循环结构程序设计，数组，函数，编译预处理，指针，结构体、共用体及枚举类型，文件，C++基础，VC++ 6.0 开发环境及程序测试与调试，上机实验内容等；各章后均附有大量习题。书后附有完整的 ASCII 代码对照表、C 语言中的关键字、运算符优先级和结合方向、常用库函数。

本书内容丰富、新颖，图文并茂，通俗易懂，实用性强，可作为高等学校非计算机专业的计算机基础课教材，也可作为应用计算机人员的学习参考书。

◆ 主　　编　贾宗璞　许合利
责任编辑　邹文波
责任印制　彭志环　杨林杰

◆ 人民邮电出版社出版发行　北京市丰台区成寿寺路 11 号
邮编　100164　电子邮件　315@ptpress.com.cn
网址　http://www.ptpress.com.cn
涿州市京南印刷厂印刷

◆ 开本：787×1092　1/16
印张：20　　2014 年 9 月第 2 版
字数：524 千字　　2019 年 10 月河北第 9 次印刷

定价：39.80 元

读者服务热线：(010)81055256　印装质量热线：(010)81055316
反盗版热线：(010)81055315

第 2 版前言

C 语言是国际上广泛流行的一种面向过程的计算机高级语言，其历史悠久，发展相当迅速。后来发展起来的 C++、Java、C#等语言，无不是在其基础上进行扩充或改造的。C 语言与其他高级语言相比，形式简洁，数据类型丰富，表达能力强，运算丰富，程序设计灵活，可读性和可移植性好，目标程序效率高，既具有低级语言的特点，又具有完善的模块化结构，体现了结构化程序设计的思想，适合于培养良好的编程风格和优秀的程序设计技术的训练。它是继 PASCAL 语言之后的又一门优秀的课程教学语言，并且是教学需要与实际应用相结合的一门语言。C 语言具有很强的处理功能，不仅用于开发系统软件，也可用于开发应用软件。

学习 C 语言，起初会觉得要记的东西太多，这是由于它太灵活了。但是学到一定程度，就会尝到甜头，就会体会出 C 语言的特色。C 语言中的指针是一个核心，是今后开发工作中的得力助手，因为在使用 C/C++的实际工作中指针无处不见，很多参数完全就是指针化的。虽然 Java 从安全性方面考虑摒弃了指针，但从性能上来说，却得不偿失。要学好 C 语言，就要透彻理解概念，辅之以大量编程训练和上机实验。只靠看书学不好 C 语言，要积极实践，善于思考，结合具体的项目（哪怕是很小的项目）学用相长。坚持下去，就会成功。

本书是根据教育部高等学校计算机科学与技术教学指导委员会编制的《关于进一步加强高等学校计算机基础教学的意见暨计算机基础课程教学基本要求(试行)》编写的，属于较高要求的 C 语言版本。全书共分 14 章，第 1 章介绍了 C 语言的基本知识、算法及程序设计的一般方法；第 2 章介绍了 C 语言的基本数据类型、常量和变量、运算符以及表达式；第 3 章、第 4 章、第 5 章介绍了 C 语言进行结构化程序设计的基本方法，包括结构化程序的顺序结构、选择结构、循环结构及其设计方法；第 6 章介绍了数组；第 7 章介绍了函数；第 8 章介绍了编译预处理；第 9 章充分阐述了 C 语言的指针；第 10 章对结构体、共用体及枚举类型作了较详细的介绍；第 11 章对 C 语言文件操作作了较详细的阐述；第 12 章对 C++的基本特性、基本概念以及面向对象程序设计的基本方法进行了初步阐述；第 13 章介绍了 VC ++6.0 开发环境、程序测试与调试及常见出错信息与分析；第 14 章提出了上机实验总的目的和要求，并为了配合理论教学介绍了各实验项的目的和要求、实验内容及操作步骤。另外，每章都配有本章重点、难点和小结，并附有大量的习题，在书末还有附录来帮助大家的学习。

编者多年从事 C 语言及计算机相关课程的教学实践，第 1 版成稿前曾多次编写讲义、教辅资料、习题集。本书是在此基础上，经过认真讨论，集思广益，精心整理、编写而成的。本书在内容选取上既注重了先进性、科学性和系统性，又兼顾了实用性和趣味性；在文字叙述上力求做到深入浅出，通俗易懂，便于自学；同时用大量的典型实例化解各章的难点，充分展示了计算机解决问题的思想和方法，突出了程序设计的基本方法的阐述，注意计算思维的训练。另外，编者多年来一直参与全国计算机等级考试的组织、辅导工作，对全国计算机等级考试的大纲有透彻的理解，所以本书将大纲中二级C语言的要求贯穿其中。习题包含了等级考试的选择题、程序填空题、程序修改题和程序设计题等。因此，本书除了可以作为普通高校各专业学生的教材外，还可以作为参加全国计算机等级考试（二级C语言）的参考用书，也可以供学习C语言的科技人员使用。

本书第2版吸收了任课教师的意见和建议，对第1版进行了修订和补充，主要包括文字叙述、程序代码、常见编译与连接出错信息和上机实验等。

本书的编写人员（除明确指明单位的编者外）均为河南理工大学多年从事计算机教学的教师。主编为贾宗璞、许合利。副主编为赵珊、焦阳（河南牧业经济学院）。具体分工为贾宗璞编写第1章、第7章，许合利编写第2章、第4章，焦阳编写第3章、第12章，刘本仓编写第5章、第13章，王国伟编写第6章、第11章，吴志强编写第8章、第14章，赵珊编写第9章，文运平编写第10章及附录。在本书的编写过程中，得到了河南理工大学领导和教务处的大力支持，在此表示衷心感谢。

由于编者水平有限，书中缺点错误在所难免，敬请读者批评指正。

编　者

2014年7月

目 录

第 1 章 C 语言概述

本章重点：

※ C 语言的特点

※ C 语言程序的基本结构

※ 算法及其描述方法

※ 结构化程序设计方法

本章难点：

※ C 语言与其他高级语言的区别

※ 算法的流程图、N-S 图描述方法

计算机本身是无生命的机器，要使之为人类完成各种各样的工作，就必须让它执行预先设计的相应程序。这些程序都是用程序设计语言编制出来的。在众多的程序设计语言中，C 语言有其独特之处，深受软件工作者欢迎。本章主要从程序设计的角度，介绍 C 语言的发展及特点，描述 C 语言程序的基本结构、算法以及程序设计方法等。

1.1 C 语言的发展及特点

1.1.1 C 语言的发展

在 C 语言诞生以前，系统软件主要是用汇编语言编写的。由于汇编语言程序依赖于计算机硬件，所以其可读性和可移植性都很差；而一般的高级语言又难以实现对计算机硬件的直接操作（这正是汇编语言的优势），于是人们盼望能有一种兼有汇编语言和高级语言特性的新语言。

C 语言就是在这种背景下于 20 世纪 70 年代初问世的，当时主要是用于 UNIX 系统的开发。原来的 UNIX 操作系统是 1969 年由美国贝尔实验室的 K.Thompson 和 D.M.Ritchie 用汇编语言开发而成的。后改用 B 语言实现，但 B 语言过于简单，功能有限。为了更好地描述和实现 UNIX 操作系统，1972 年至 1973 年间，贝尔实验室的 D.M.Ritchie 在 B 语言的基础上设计出了最初的 C 语言。几经修改后，1978 年由美国电话电报公司（AT&T）贝尔实验室正式发表了 C 语言。同时由 B.W.Kernighan 和 D.M.Ritchie 合著了著名的《The C Programming Language》一书，通常简称为《K&R》，也有人称之为《K&R》标准。但是，在《K&R》中并没有定义一个完整的标准 C 语言，后来由美国国家标准化协会 ANSI(American National Standards Institute)在此基础上制定了一个 C 语言标准，于 1983 年发表，通常称之为 ANSI C。

随着人们对 C 语言的强大功能和各方面优点的逐步了解，到了 20 世纪 80 年代，C 语言开始进入其他操作系统，并很快在各类大、中、小和微型计算机上得到了广泛的使用，成为当代最优秀的程序设计语言之一。

近年来，由于开发大型软件的需要，C++在我国逐步得到推广。C++是面向对象的程序设计语言，其基础是 C 语言，且二者在很多方面是兼容的。学习 C++要比 C 语言困难得多，并且也不是所有的人都去编写大型软件。因此，在发达国家的大学中，C 语言仍然是一门重要的课程。掌握了 C 语言，再去学习 C++，就会达到事半功倍的效果。

因为 C++是由 C 语言发展而来的，C++将 C 作为一个子集包含了进来。所以，使用 C 语言编写的程序可以用 C++编译系统进行编译。C/C++的编译系统有很多，如 GCC(GNU Compiler Collection)家族的 Dev-C++(Mingw32)、Cygwin，Borland 公司的 Turbo C 2.0（只支持 C 语言）、Borland C++，微软公司的 Visual C++，以及 Intel C/C++ 5.0、VectorC 1.3.3、LCC—Win32 等，它们不仅实现了 ANSI C 标准，而且还各自作了一些扩充，使之更加方便、完美。但是，它们在实现 C 语言时略有差异，请读者参阅相应的手册，注意自己在上机时所使用的 C 编译系统的特点和规定。

本书叙述以 ANSI C 为主，并简单介绍了 C++。上机实验使用 Visual C++ 6.0(以后简称 VC 6.0 或直接简称 VC），与全国计算机等级考试 C 语言环境一样。在介绍时，如果是 VC 的规定，则会专门指出。

1.1.2 C 语言的特点

C 语言是一种优秀的具有很强生命力的高级程序设计语言，与其他程序设计语言相比，主要特点如下。

（1）C 语言简洁、紧凑，使用方便、灵活。ANSI C 一共只有 32 个关键字（见附录Ⅱ），如 int、long、float、if、while、do 等 9 种控制语句，程序书写自由，主要用小写字母表示，压缩了一切不必要的成分。

（2）运算符丰富。共有 34 种运算符（见附录Ⅲ）。C 语言把括号、赋值、逗号等都作为运算符处理，从而使 C 语言的运算类型极为丰富，可以方便地实现其他高级语言难以实现的功能。

（3）数据结构类型丰富，具有现代语言的各种数据结构。C 语言的数据类型有整型、实型、字符型、数组类型、指针类型、结构体类型、共用体类型等。能实现各种复杂数据结构（如链表、树、栈等）的运算。尤其是指针类型数据，使用起来更为灵活、多样。

（4）具有结构化的控制语句。用函数作为程序的基本单位，便于实现程序的模块化。C 语言是良好的结构化语言，符合现代编程风格的要求。

（5）语法限制不太严格，程序设计自由度大，如对数组下标越界不做检查；对变量的类型使用比较灵活，如整型数据与字符型数据可以通用。

（6）C 语言允许直接访问物理地址，能进行位（bit）操作，能实现汇编语言的大部分功能，可以直接对硬件进行操作。因此有人把它称为中级语言。

（7）生成目标代码质量高，程序执行效率高，可达到汇编语言程序的 80%。

（8）与汇编语言相比，用 C 语言写的程序可移植性好。

C 语言是理想的结构化语言，描述能力强，且现在的操作系统课程多结合 UNIX 讲解，而 UNIX 与 C 不可分，因此，C 语言已经成为被广泛使用的教学语言。C 除了能用于教学外，还有广阔的应用领域，因此更有生命力。PASCAL 和其他高级语言的设计目标是通过严格的语法定义和检查来保证程序的正确性，而 C 则是强调灵活性，使程序设计人员能有较大的自由度，以适应宽广的应用面。"限制"与"灵活"是一对矛盾。限制严格，就失去灵活性；而强调灵活，就必然增加了出错的可能性。一个不熟练的程序设计人员，编写一个正确的 C 程序可能会比编写一个其他高级语言程序更难一些。也就是说，对使用 C 语言的人，要求对程序设计更熟练一些。总之，C 语言对程序员要求较高，但程序员使用 C 语言编写程序会感到限制少，灵活性大，功能强，可以编写出任何类型的程序。现在，C 语言已不仅用来编写系统软件，也用来编写应用软件，因此学习和使用 C 语言的人已越来越多。

1.2　C 语言程序的基本结构

所谓程序，就是一系列遵循一定规则和思想并能正确完成指定工作的代码。使用 C 语言编写的程序称为 C 语言源程序（简称 C 语言程序或 C 程序）。下面介绍两个 C 程序，虽然其中涉及的内容还未介绍，但从中可了解到 C 程序的基本结构和书写格式。

例 1.1　求两个整数之和。

```
#include <stdio.h>                                  /*编译预处理*/
main()                                              /*主函数*/
{
     int a,b,sum;                                   /*定义整型变量 a,b,sum */
     printf("Please input two integers:\n");        /*输出提示信息，增强程序交互性*/
     scanf("%d%d",&a,&b);                           /*输入两个整数，并赋给 a,b */
     sum=a+b;                                       /*将 a+b 的结果赋给 sum */
     printf("%d+%d=%d\n",a,b,sum);                  /*输出结果*/
}
```

程序运行情况如下：

```
Please input two integers:
6 ⊔ 8↙                    (⊔表示空格，↙表示按 Enter 键)
6+8=14
```

以上程序中，各行右侧用"/*"和"*/"括起来的内容为注释部分，说明该行或程序段的含义。注释可以增加程序的可阅读性，程序不执行注释部分。

例 1.1 中只包含一个主函数。主函数是一个特殊的函数，C 语言规定必须用 main 作为主函数名。每一个 C 语言程序都必须有且只能有一个主函数。函数是具有特定功能的程序模块，由函数首部（起始行）和函数体构成。此例函数首部为 main()。函数体是函数首部后面用一对花括弧"{}"括起来的部分，此例函数体内有五条语句，每条语句末尾用一分号";"作为语句结束标志。第一句为声明语句，表示定义了 a、b 和 sum 等整型（int）变量；其他四句为执行语句。第二句和第五句中用到了 printf 函数，它是 C 语言的一个标准库函数（系统已编写好，用户可直接使用），其功能是把数据按照一定的格式输出到默认输出终端（显示器）。第二句中的 printf 函数输出一个字符串，"\n"是转义字符，表示换行；第五句中的 printf 函数括号内的部分是用逗号分隔开的参数列表。第一个参数为格式控制字符串，用一对双撇号（" "）括住，表示输出数据的格式；后边的参数为要输出的数据项（a、b、sum）。格式控制字符串中的三个“%d”表示后面的对应输出项以整型格式输出，其他字符为普通字符，原样输出。第三句中使用的scanf函数也是C语言的一个标准库函数，本语句的作用是从默认输入终端（键盘）输入两个整数并分别赋给变量a和b。与printf函数类似，scanf函数的第一个参数为输入数据的格式，也用双撇号括住；其后为变量的地址。有关这两个库函数的详细使用方法，将于第3章做进一步介绍。

该程序的第一行是一个编译预处理命令，表示把include后尖括号“<>”内的文件stdio.h（头文件）直接包含到本程序中，成为本程序的一部分，因这些工作是在程序编译之前完成的，故得名编译预处理（详见第8章）。编译预处理命令不是C程序的语句，行尾不能加“;”。C语言要求在使用函数前必须声明，而文件stdio.h中有scanf和printf等标准库函数的函数声明，因此，在调用这些库函数之前，就应该包含stdio.h。

例1.2 求两个整数中的较大者。

```
#include <stdio.h>                                  /*包含头文件*/
main()                                              /*主函数首部*/
{
    int x,y,z;                                      /*定义整型变量x、y、z */
    int max(int a,int b);                           /*声明函数max*/
    printf("Please input two integers:\n");         /*输出提示信息*/
    scanf("%d,%d",&x,&y);                           /*输入x,y值*/
    z=max(x,y);                                     /*调用max函数*/
    printf("The maximum number is %d.\n",z);        /*输出结果*/
}
int max(int a,int b)                                /*max函数首部*/
{
    if(a>b) return a;                               /*条件语句，实现选择结构*/
    else return b;                                  /*把结果返回主调函数*/
}
```

程序运行情况如下：

```
Please input two integers:
6,8↙
The maximum number is 8.
```

例1.2程序共有两个函数：一个是主函数main，一个是自定义的函数max。在main函数中，定义了三个整型变量x、y、z，x和y用来存放两个整数，z用来存放其中的较大者。接下来的第5行对max函数进行声明。程序的第六行调用printf函数在显示器上输出提示信息，请操作人员输入两个整数。第七行调用scanf函数，接受键盘上输入的数并赋给变量x和y。第八行调用自定义函数max，求出x和y中的大者并赋给变量z。第九行调用printf函数输出变量z的值，即x和y中的较大值。

max函数前面的int表示此函数是整型类型，即执行此函数后产生一个整型的函数值，由return语句将这个函数值返回到main函数中调用max函数的位置。max函数的函数体中的if结构（详见第4章）用来完成求两个整数中的较大数，并将结果返回给调用函数。

由以上两个例子，可以得出以下结论。

（1）C程序可由一个或多个函数构成，函数是C程序的基本单位。

（2）一个函数由函数首部和函数体组成。函数首部是函数的第一行，包含了函数类型、函数名、函数参数等信息，如例 1.2 中的 max 函数的首部为：int max(int a,int b)。函数可以没有参数，即函数名后面的一对圆括号中间是空的，如 main()，但这一对圆括号不能省略。函数体一般由声明部分和执行部分组成，声明部分是对函数中所要用到的变量的定义和对所调用函数的声明等，而执行部分则是用来完成函数功能的语句段。当然，函数体内可以没有声明部分，如例 1.2 中的 max 函数。关于函数的详细内容将在第 7 章介绍。

（3）C 程序必须有一个且只能有一个 main 函数，即主函数。

（4）一个 C 程序总是从主函数开始执行，而不论主函数在整个程序中位置如何。主函数执行完了，整个程序也就执行完了。

（5）每一个语句都必须以分号结尾，分号是 C 语句的必要组成部分。但编译预处理命令、函数首部（即函数的起始行）和花括号“}”的后面不能加分号。

（6）C 语言本身没有输入输出语句，输入输出功能是用输入输出库函数来实现的。

（7）“/*”和“*/”为注释符，必须成对出现，二者之间的部分为注释内容。注释内容可以用汉字或英文字符表示，用来向用户提示或解释程序的意义。注释可以出现在一行的最右侧，也可以单独成为一行，甚至可以是多行。编译时，不对注释作任何处理。一个好的程序应该有详细的注释。另外，在调试程序中对暂不使用的语句也可用注释符括起来，使编译器跳过不作处理，待调试结束后再去掉注释符。另外，C++编译器提供了单行注释，即以双斜线（//）开头，同一行中斜线右侧的所有内容都是注释。

在书写程序时，从清晰和便于阅读、理解、维护的角度出发，应尽量遵循以下规则，以养成良好的编程习惯。

（1）一个声明或一条语句占一行。当然 C 程序允许一行写多条语句，也允许一条语句写在多行上，且无需续行符。

（2）用{ }括起来的部分，通常表示程序的某一层次结构。{ }一般与该结构语句的第一个字母对齐，“}”最好单独占一行。

（3）低一层次的语句或声明可比高一层次的语句或声明缩进若干格后书写，以便看起来更加清晰，增加程序的可读性。

1.3　算法及其描述

1.3.1　算法的概念

1．算法——程序的灵魂

一个程序应包括如下两种描述。

（1）对数据的描述，在程序中要指定数据的类型和数据之间的组织形式，即数据结构。在 C 语言中，系统提供的数据结构是以数据类型的形式出现的。

（2）对数据处理的描述，即计算机算法。广义地说，为解决一个问题而采取的方法和步骤，就称为“算法”，它是程序的灵魂。因此，著名计算机科学家沃思（Nikiklaus Wirth）提出一个公式：

程序 = 数据结构 + 算法

实际上，一个程序除了数据结构和算法外，还必须使用一种计算机语言，并在必要的环境支持下，采用合适的程序设计方法来设计。因此，程序可以更完整地表达为：

程序 = 算法 + 数据结构 + 程序设计方法 + 语言工具和环境

这四个方面都是一个程序设计人员所应具备的知识。其中，算法是灵魂，数据结构是加工对象，语言是工具，编程需要采用合适的方法。本书旨在叙述怎样编写 C 语言程序，这里只介绍算法的初步知识。

从事各种工作和活动，都必须事先想好步骤，然后一步一步地进行，才能避免产生错乱。对同一个问题，又可以有不同的解决方法和步骤。方法有优劣之分，有的方法只需进行很少的步骤，而有些方法则需要较多的步骤。一般来说，希望采用简单的和步骤少的方法。因此，为了有效地解决问题，不仅需要保证算法的正确性，还要考虑算法的质量。

本书所关心的仅限于计算机算法，即计算机能执行的算法。

2. 算法的分类

计算机算法可分为两大类：数值算法和非数值算法。

数值运算的目的是求数值解，一般的数值运算都有现成的模型，可以运用数值分析方法进行解决，因此对数值运算的算法研究比较深入，算法也比较成熟。人们常常把这些成熟的算法汇编成册（写成程序形式），或者将这些程序存放在磁盘或磁带上，供用户调用。

非数值运算包括的面十分广泛，已远远超过了数值运算，最常见的是用于事务管理领域。非数值运算的种类繁多，要求各异，难以规范化，因此只对一些典型的非数值运算算法（例如排序算法）作比较深入的研究。其他的非数值运算问题，往往需要使用者参考已有的类似算法重新设计解决特定问题的专门算法。

本书不可能罗列所有算法，只是通过一些典型算法的例子，介绍如何设计一个算法，如何描述一个算法。

3. 算法的特性

一个算法应该具有以下特性。

（1）有穷性。一个算法应包含有限的操作步骤，而不能是无限的。事实上，“有穷性”往往指“在合理的范围之内”。如果让计算机执行一个历时上千年才能结束的算法，这虽然是有穷的，但超出了合理的限度，实际上是不可能实现的，因而不能把它看作是有穷的。究竟什么算“合理限度”并无严格标准，由人们的常识和需要而定。

（2）确定性。算法中的每一个步骤都应当是确定的，而不应当是含糊的、模棱两可的。也就是说，算法的含义应当是唯一的，而不应当具有“歧义性”。所谓“歧义性”是指可以被理解为两种以上的可能含义，这样可能导致计算机不知所措。

（3）有零个或多个输入。所谓输入是指在执行算法时需要从外界取得的必要信息，可以理解为算法运行的初始数据。但是，一个算法可以没有输入。

（4）有一个或多个输出。算法的目的是为了求解，“解”就是输出。输出可以是打印、显示，也可以是磁盘输出，甚至是中间结果等。总之，没有输出的算法是没有意义的。

（5）有效性。算法中的每一个步骤都应当能有效地执行，并得到确定的结果。例如，在实数范围内对负数开平方根是不能被有效执行的，只能得到荒谬的结果。

对于不熟悉计算机程序设计的人来说，他们可以只使用别人已设计好的现成算法，只需根据算法的要求给以必要的输入，就能得到输出的结果。对他们来说，算法如同一个“黑盒子”一样，可以不去了解“黑盒子”内部的结构，只要从外部特性上掌握了算法的作用，即可方便地使用算法。但对于程序设计人员来说，必须学会设计算法，并且根据算法编写程序。

1.3.2　算法的描述方法

描述一个算法，可以用不同的方法来实现。常用的有自然语言、传统流程图、N-S 流程图、伪代码、计算机语言等。下面用一个例子对这几种常见的算法描述方法作一介绍。

例 1.3　求$1-\frac{1}{2}+\frac{1}{3}-\frac{1}{4}+\cdots+\frac{1}{99}-\frac{1}{100}$的值。

本题是求一个级数的值，通过观察可以发现，它是从 1 到 100 作为分母，构成级数的 100 项，而项的符号正负交替出现，所以，可以采取循环的思想，对这 100 项逐一累加，最后的累加和便是所求。

1. 用自然语言描述算法

自然语言就是人们日常使用的语言，可以是汉语、英语，或其他语言。例 1.3 的算法用自然语言描述如下：

步骤 1：预设 sign 为 1（sign 代表项的符号，第一项为正，值为 1）；

步骤 2：累加和 sum 置初值 1；

步骤 3：将之后要加的分母用 deno 表示，赋初值 2（即下一步加的是第二项）；

步骤 4：将 sign 乘以−1 后再赋给 sign（实现正负交替）；

步骤 5：用当前符号 sign 与当前基项（1/deno）相乘得到当前项 term；

步骤 6：将当前项 term 与累加和 sum 相加得新的累加和 sum；

步骤 7：分母 deno 加 1，得下一项分母 deno；

步骤 8：若分母 deno≤100 返回步骤 4；否则输出 sum，算法结束。

用自然语言描述算法通俗易懂，但文字冗长，容易出现“歧义性”。自然语言表达的含义往往不太严格，需要根据上下文才能判断其正确含义。此外，用自然语言描述包含分支和循环的算法，很不方便。因此，除了很简单的问题以外，一般不用自然语言描述算法。

2. 用流程图描述算法

流程图是用一些图框表示各种操作的算法描述方法。用图形描述算法，直观形象，易于理解。ANSI 规定了一些常用的流程图符号（如图 1.1 所示）。

图 1.1 中的连接点（小圆圈）是用于将画在不同地方的流程线连接起来。实际上它们是同一个点，只是一张图上画不下才分开来画。当流程图比较大时，使用连接点，可以避免流程线的交叉或过长，使流程图清晰直观。

1966 年，Bohra 和 Jacopini 提出了以下三种基本结构，用这三种基本结构作为描述一个良好算法的基本单元。

（1）顺序结构。如图 1.2 所示。A 和 B 两个框组成一个顺序结构。表示当程序段 A 执行完后接着执行程序段 B。

（2）选择结构。如图 1.3 所示。当条件 P 成立时执行程序段 A，条件 P 不成立则执行程序段 B。请注意图 1.3 是一个整体，代表一个基本结构。

（3）循环结构。循环结构分为当型和直到型两种。当型循环结构如图 1.4 所示。表示当条件 P 成立时反复执行程序段 A，直到条件 P 不成立为止，跳出循环。直到型循环结构如图 1.5 所示。表示反复执行程序段 A，直到条件 P 成立为止，跳出循环。

运用以上基本结构，可以画出例 1.3 的流程图，如图 1.6 所示。

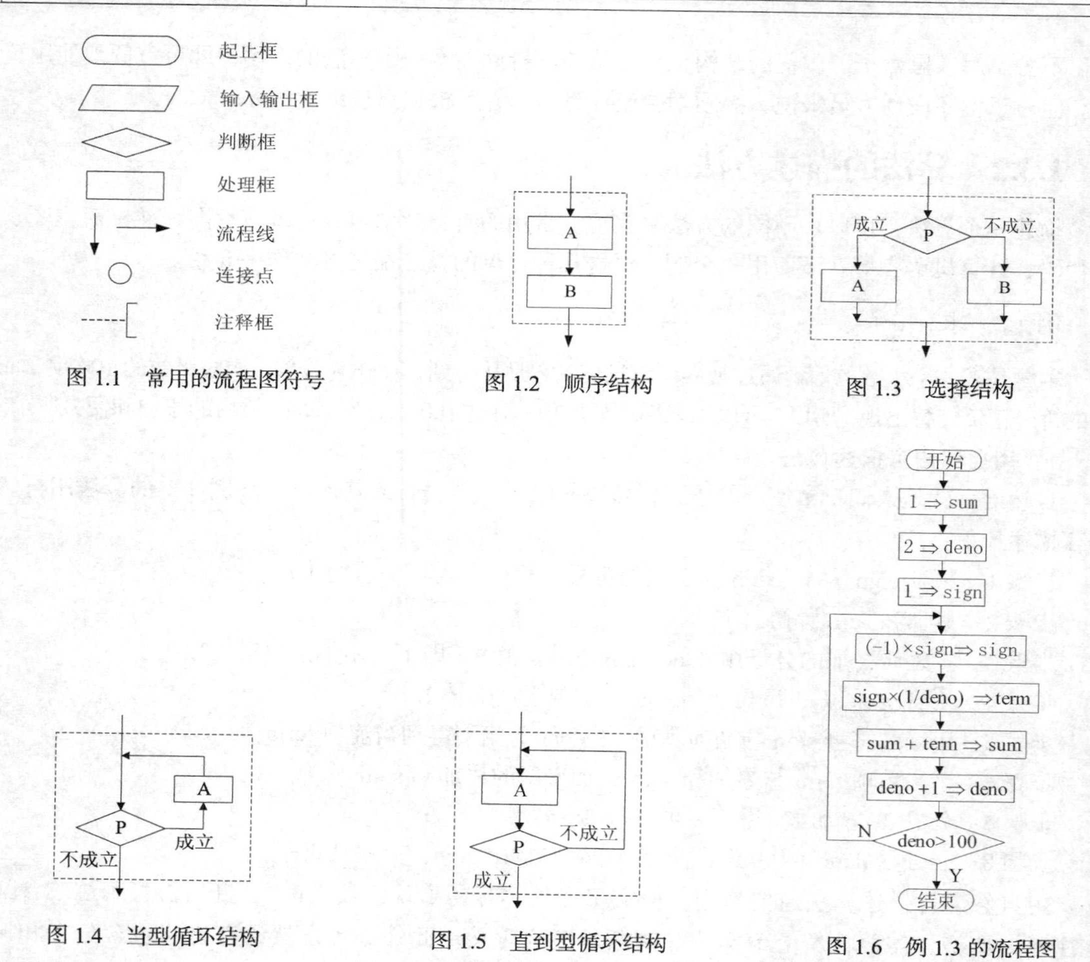

图 1.1　常用的流程图符号

图 1.2　顺序结构

图 1.3　选择结构

图 1.4　当型循环结构

图 1.5　直到型循环结构

图 1.6　例 1.3 的流程图

对于顺序、分支和循环这三种基本结构，有以下共同特点。

（1）虽然结构内部的某些基本框并不是也不可能是单入口和单出口（比如选择结构和循环结构中的判断框有两个出口），但整个结构只有一个入口和一个出口。

（2）结构内的每一部分都有机会被执行到。也就是说，对每一个基本框来说，都应当有一条从入口到出口的路径通过它。

（3）结构内不存在“死循环”（无终止的循环），在有限时间内必能结束执行过程。

已经证明，由以上三种基本结构顺序组成的算法结构，可以解决任何复杂的问题。由这三种基本结构所构成的算法属于“结构化”的算法，主要有以下三个要求。

（1）结构化程序的控制结构只能由顺序、分支和循环三种基本结构构成（当然也可以由这三种基本结构进行组合形成新的结构，但必须要满足基本结构所要求的三个条件）。

（2）整个程序是由若干个这三种结构的程序块串联起来的。因为这三种结构都只有一个入口和一个出口，所以可以把它们串联起来。

（3）整个程序只有一个入口和出口。

“结构化”的目的是为了使程序更容易阅读，更容易理解。在程序中，每一个基本结构就是一个程序块，如果把它比作一颗珠子，整个程序就是一串项链。当阅读“结构化”的程序时，人的思维过程刚好和计算机中程序运行的步骤相同，阅读程序就好像阅读一篇按时间顺序写的小说，当然容易理解程序"正在做什么"和"做了些什么"。相反，如果程序流向跳来跳去，有多个入口和出口，就好像你在看意识流小说，时间上前后交错，地点上忽东忽西，情节上支离破碎，不易阅读和理解。

用这种结构化的流程图描述算法直观形象，比较清楚地显示出各个框之间的逻辑关系。但是这种流程图占用篇幅较多，尤其当算法比较复杂时，画流程图既费时又不方便。

3. 用 N–S 流程图描述算法

现在，许多书刊已用 N-S 结构化流程图代替这种传统的流程图。

既然用基本结构的顺序组合可以描述任何复杂的算法结构，那么基本结构之间的流程线就显得多余了。

1973 年美国学者 I.Nassi 和 B.Shneiderman 提出了一种新的流程图形式。在这种流程图中，完全去掉了带箭头的流程线。全部算法写在一个矩形框内，在该框内还可以包含其他从属于它的框，或者说，由一些基本的框组成一个大的框。这种流程图称为 N-S 结构化流程图，适用于结构化程序设计，而且所用篇幅较少，因而很受欢迎。

N-S 流程图用以下的流程图符号。

（1）顺序结构。如图 1.7 所示。A 和 B 两个框组成一个顺序结构，A 与 B 顺序执行。

（2）选择结构。如图 1.8 所示。当条件 P 成立时执行 A，P 不成立时执行 B。同样注意，图 1.8 是一个整体，代表一个基本结构。

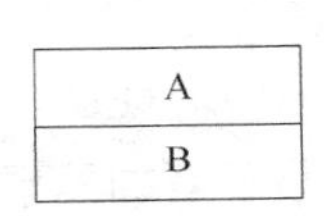

图 1.7　顺序结构

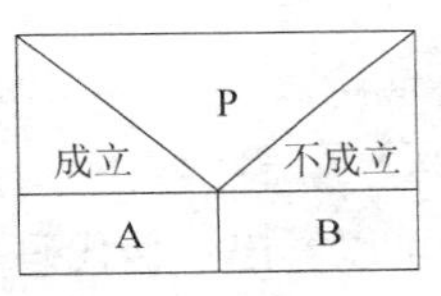

图 1.8　选择结构

（3）循环结构。也用两种方式表示。当型循环结构如图 1.9 所示。表示当条件 P 成立时反复执行 A，直到条件 P 不成立为止，跳出循环。

直到型循环结构如图 1.10 所示。表示反复执行 A，直到条件 P 成立为止，跳出循环。

用以上三种 N-S 流程图中的基本框，可以组成复杂的 N-S 流程图，以描述复杂的算法。

应当说明，在图 1.7、图 1.8、图 1.9、图 1.10 中的 A 框或 B 框，可以是一个简单的操作（如读入数据或打印输出等），也可以是三个基本结构之一。例如，图 1.7 所示的顺序结构，其中的 A 框又可以是一个选择结构，B 框又可以是一个循环结构。

例 1.3 的 N-S 流程图如图 1.11 所示。

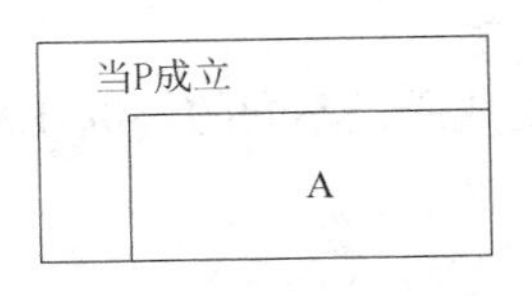

图 1.9　当型循环结构

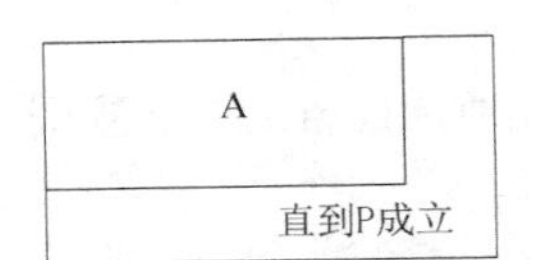

图 1.10　直到型循环结构

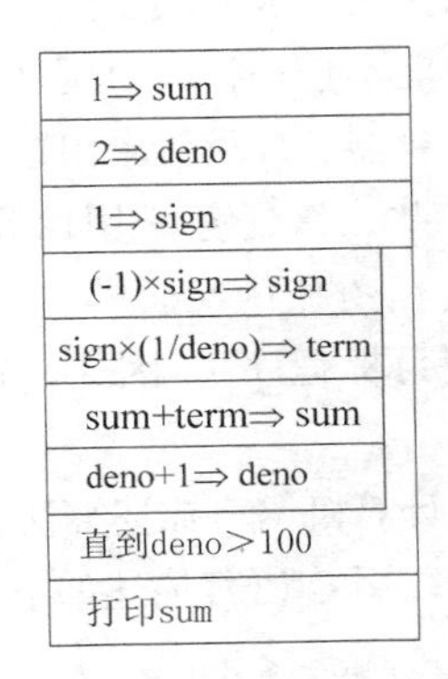

图 1.11　例 1.3 的 N-S 流程图

4．用伪代码描述算法

用传统的流程图和 N-S 图描述算法，直观易懂，但画起来比较费事。因此，虽然流程图适宜描述算法，但在设计算法过程中使用不是很理想。为了设计算法时方便，通常使用一种称为伪代码（pseudo code）的工具。

伪代码是用介于自然语言和计算机语言之间的文字和符号来描述算法。它如同一篇文章，自上而下地写下来。每一行（或几行）表示一个基本操作。它不用图形符号，因此书写方便、格式紧凑，也比较好懂，便于向计算机语言描述的算法（即程序）过渡。

例 1.3 的算法可以用伪代码描述如下：

```
BEGIN（算法开始）
    1→sum
    2→deno
    1→sign
    while deno ≤ 100
    {
        (-1)×sign→sign
        sign×1/deno→term
        sum+term→sum
        deno+1→deno
    }
    print sum
END（算法结束）
```

从以上例子可以看出：伪代码书写格式比较自由，容易表达出设计者的思想。同时，用伪代码很容易写出结构化的算法，并且写出的算法也很容易修改。但是用伪代码描述算法不如流程图直观，可能会出现逻辑上的错误（例如循环或选择结构的范围出错等）。

以上介绍了几种常用的描述算法的方法，程序员可以根据需要和习惯任意选用。不少软件专业人员习惯使用伪代码。希望读者对各种方法都有所了解，以便在阅读其他书刊时不致发生困难。

5．用计算机语言描述算法

要完成一件工作，包括设计算法和实现算法两个部分。设计算法的目的是为了实现算法。因此，不仅要考虑如何设计一个算法，还要考虑如何实现一个算法。

到目前为止，还只是描述算法，即用不同的形式表示操作的步骤。要想得到运算结果，就必须实现算法。前面用不同的形式描述了例 1.3 的算法，但是并没有真正求出它的值。实现算法的方式可能不止一种，对例 1.3 的算法可以用人工心算的方式实现而得到结果，也可以用笔算或算盘、计算器、计算机求出结果，这就是实现算法。

在此，该任务是用计算机解题，也就是要用计算机实现算法。计算机是无法识别自然语言、流程图和伪代码的。只有用计算机语言编写的程序才能被计算机执行（当然还要编译成二进制目标程序）。因此，在用流程图或伪代码描述出一个算法后，还要将它转换成计算机语言程序。

用计算机语言描述算法必须严格遵循所用语言的语法规则，这与伪代码是不同的。例 1.3 的算法可以用 C 语言描述如下：

```
#include <stdio.h>
main()
```

```
{
    int sign=1;
    float deno=2.0,sum=1.0,term;    /*定义实型变量，并赋初值*/
    while(deno<=100)
    {
        sign=-sign;
        term=sign/deno;
        sum=sum+term;
        deno=deno+1;
    }
    printf("The sum is %f.\n",sum);
}
```

程序运行结果为：

```
The sum is 0.688172.
```

1.4　程序设计方法

1.4.1　程序设计的一般步骤

1. 分析问题并确定数据结构

当面临一个问题时，首先应该搞清楚这个问题是要做什么的，有哪些已知条件，要求解的是什么，等等；然后，再根据已有的知识，决定采取什么样的思路来解决这个问题；最后，根据任务书提出的要求、指定的输入数据和输出的结果，确定存放数据的数据结构。

2. 算法设计

算法设计就是要在第一步的基础上，解决“做什么”和“怎么做”的问题，这是整个程序设计的关键。可以用算法的几种描述方法来实现这一步。

3. 编写程序

根据确定的数据结构和算法，使用选定的计算机语言编写程序代码，也称编码。到这一步，问题已经解决了一大半，但还不能算圆满。因为这样写出的源程序，能否得到正确的结果，还需要上机来验证。

4. 上机调试

将源程序输入计算机中，进行编译和试运行，如果有问题，查找出错的原因并改正，直到得到正确的结果为止。

5. 整理写出文档资料

这对于大型程序设计非常重要，有助于以后的维护和修改工作。当然也是总结经验的一种好方法。

1.4.2　结构化程序设计方法

一个结构化程序就是用高级语言描述的结构化算法，也就是由三种基本结构组成的程序。这种程序便于编写、阅读、修改和维护，减少了程序出错的机会，提高了程序的可靠性。

结构化程序设计强调程序设计风格和程序结构的规范化，使程序结构清晰，易于阅读。如果面临一个复杂的问题，是难以一下子写出一个层次分明、结构清晰、算法正确的程序的。结构化程序设计方法的基本思路是：把一个复杂问题的求解过程分阶段进行，每个阶段处理的问题都控制在人们容易理解和处理的范围内。

结构化程序设计方法的主要原则可以概括如下。

1. 自顶向下

程序设计时，应先考虑总体，后考虑细节；先考虑全局目标，后考虑局部目标。不要一开始就过多追求众多的细节，先从最上层总目标开始设计，逐步使问题具体化。

2. 逐步细化

逐步细化也叫逐步求精。对复杂问题，应设计一些子目标作过渡，逐步细化。逐步细化总是和自顶向下结合起来使用的，并且把逐步细化当作自顶向下设计的具体体现。例如编写教科书，首先考虑全局，设想整本书分成多少章，然后考虑每章分成多少节，每一节分成几个小节，每个小节的叙述又分成几段，每段包含什么内容等。用这种方法编写的书，考虑周全，结构清晰，层次分明，作者容易写，读者容易看。如果发现某一部分内容不妥，需要修改，只需修改有关段落即可，与其他部分无关。

细化的实质就是分解。在逐步细化中，特别强调分解的“逐步”性质，即每一层向下细化时都不太复杂。这样，就不难验证相邻两层的内容是否等效。在向下一层展开之前应仔细检查本层设计是否正确，只有本层是正确的才能向下细化。如果每一层设计都没有问题，则整个算法就是正确的。

自顶向下、逐步细化这种将问题求解由抽象逐步具体化的设计方法，不仅用于软件系统的总体设计和详细设计，而且用于系统的分析。

3. 模块化设计

当计算机在处理较大的复杂任务时，所编写的应用程序通常由上万条语句组成，需要由许多人共同来完成。这时常常把这个复杂的大任务分解为若干个子任务，每个子任务又分成更多小子任务，如果这些小子任务的规模还嫌大，可以继续再划分。最后，每个小子任务只完成一项简单的功能。在程序设计时，用一个个小模块来实现这些简单的功能，便于组织，也便于修改。程序设计人员分别完成一个或多个小模块，这些小模块在很多计算机语言中是通过子程序或函数实现的。这样的程序设计方法称为“模块化”设计方法，由一个个功能模块构成的程序结构称为模块化结构。

4. 限制使用 goto 语句

不加限制地使用 goto 语句，特别是使用往回跳的 goto 语句，会使程序的结构难于理解，所以应尽量避免使用 goto 语句；但有时，为了提高程序的效率，同时又不破坏程序的良好结构，有控制地使用一些 goto 语句是有必要的。

C 语言中直接提供了实现三种基本结构的语句；提供了定义“函数”的功能，在 C 语言中没有子程序的概念，但它提供的函数可以完成子程序的所有功能；C 语言允许对函数进行单独编译，从而可以实现模块化；另外 C 语言还提供了丰富的数据类型。这些都为结构化程序设计提供了有力的保障。

本章内容十分重要，是学习后面各章的基础。学习程序设计的目的不只是学习一种特定的语言，而是学习程序设计的一般方法。掌握了算法就是掌握了程序设计的灵魂，再学习一定的计算机语言知识，就能够顺利地编写出任何一种语言的程序。脱离具体的语言去学习程序设计是困难的，也是不现实的。但是，学习语言绝不是目的，而是为了设计程序。学习程序设计千万不能拘泥于某一种具体的语言，而应能举一反三，这里的关键就是设计算法。有了正确的算法，用任何语言进行编码都不应当有什么困难。在本章中只是介绍了有关算法的初步知识，并没有深入介绍如何设计各种类型的算法。

本章小结

人们利用计算机语言使用和操作计算机。计算机语言分为机器语言、汇编语言和高级语言。机器语言和汇编语言又称为低级语言。C 语言属于高级语言，但它既具有高级语言的特性，又具有低级语言的功能；既可以用来编写应用程序，又可以用来编写系统程序。所以，有人将 C 语言称为中级语言。C 语言简洁、灵活、使用方便。它具有丰富的数据类型，具有结构化控制语句。另外，C 语言程序的可移植性好，生成的代码质量高。

C 语言程序是由函数构成的，一个 C 程序有且仅有一个 main 函数，但可以包含多个其他函数。一个 C 程序总是从 main 函数开始执行。C 语言程序的书写格式自由，但又要区分大小写。程序的语句最后必须是一个分号，分号是语句结束的标志。为了使程序层次清晰，便于阅读和理解，最好采用逐层缩进的书写方式。

本课程主要有两方面内容：一是学习和掌握 C 语言的基本规则；二是掌握程序设计的方法和编程技巧。“规则”和“方法”即语言和算法，是本课程的两条主线，二者不可偏废其一。从一定意义上说，“方法”更重要，因为它是程序的灵魂。一旦掌握，有助于读者更快、更好地学习和使用其他的程序设计语言。

C 程序设计是一门实践性很强的课程，对 C 语言初学者而言，除了要学习、熟记 C 语言的一些语法规则外，更重要的是多读程序、多动手编写程序。学习程序设计的一般规律是：先模仿，然后在模仿的基础上改进，在改进的基础上提高。做到善于思考，勤于练习，边学边练，举一反三，学会“小题大做”，一题多解，这样就能成为一名优秀的 C 程序员。

习　　题

1. 选择题

（1）以下叙述不正确的是________。

A. 一个 C 语言程序可以由一个或多个函数组成

B. C 语言程序的基本组成单位是函数

C. 在 C 语言程序中，注释只能位于一条语句的后面

D. 一个 C 语言程序必须包含一个 main 函数

（2）在一个 C 程序中，main 函数出现的位置是________。

A. 必须在程序的最后面　　B. 可以在任意地方

C. 必须在程序的最前面　　D. 必须在系统调用的库函数的后面

（3）以下叙述中正确的是________。

A. 在 C 语言程序中，一条语句可以占一行，也可以占多行

B. C 语言程序中有输入输出语句

C. 构成 C 语言程序的基本单位是函数，所有函数都可以由用户来命名

D. 同一个 C 语言程序中的函数之间可以相互调用

（4）结构化程序设计主要强调的是________。

A. 程序的规模　　B. 程序的易读性

C. 程序的执行效率　　D. 程序的可移植性

（5）在设计程序时，应采纳的原则之一是________。

A. 不限制 goto 语句的使用　　B. 减少或取消注释行

C. 程序越短越好　　D. 程序结构应有助于读者理解

2. 填空题

（1）一个最简单的 C 语言程序至少应包含一个________函数。

（2）一个 C 语言程序是从________函数开始执行的。

（3）算法的特性是________、________、________、________、________。

（4）结构化程序由________、________、________三种基本结构组成。

（5）结构化程序设计方法的主要原则可概括为________、________、________、________。

3. 算法设计题

（1）求 3 个数中的最大者。（用传统流程图描述）

（2）求 $1 + 2 + 3 + \cdots + 100$ 的值。（用 N-S 流程图描述）

（3）求方程式 $ax^2 + bx + c = 0$ 的根（用自顶向下、逐步细化的方法设计算法）。分别用伪代码描述：

① 有两个不等的实根；

② 有两个相等的实根；

③ 有两个复根。

第 2 章 基本数据类型、运算符与表达式

本章重点：

※ C 语言的基本数据类型

※ 变量的定义、赋值、初始化以及使用方法

※ 基本运算符的运算规则及优先级别

※ 表达式的构成规则和计算

※ 数据类型转换的意义和实质

本章难点：

※ 数据类型的作用及注意事项

※ 自增、自减运算符的使用

※ 运算符优先级别

※ 混合表达式运算

※ 类型转换及转换过程中出现的误差

数据和操作是构成程序的两个要素，编制程序的目的就是为了加工数据。在 C 语言中，利用各种各样的数据类型来对数据进行描述，利用丰富的运算符构成多种表达式来实现各种基本操作。本章主要介绍基本数据类型、基本运算符和表达式，其余类型和运算将在以后各章中陆续介绍。

2.1 C 语言的数据类型

程序主要由算法和数据结构两部分组成。所谓数据结构指的是数据的组织形式，C 语言的数据结构以数据类型的形式出现。数据类型是指数据的内部表现形式，是进行 C 语言程序设计的基础。数据类型可以根据数据在加工中的特征来划分。

例如，学生的年龄和成绩是具有数值特征的数据，可以进行各种算术运算。其中，年龄是整数，在 C 语言中称为整型数据；成绩是实数，在 C 语言中称为实型数据。而学生的姓名及性别是具有文字特征的数据，不能进行算术运算。其中，姓名是由多个字符组成的，在 C 语言中称为字符串；性别可以用单个字符表示（例如，M 表示男性，F 表示女性），在 C 语言中称为字符型数据。

C 语言规定，在 C 程序中使用的每一个数据都属于唯一的一种数据类型，没有无类型的数据，一个数据也不可能同时属于多种数据类型。C 语言的数据类型可分为 4 大类，如图 2.1 所示。

（1）基本类型。包括整型、实型、字符型、枚举型等。基本类型最主要的特点是，不可再将

其分解为其他类型。

（2）构造类型。构造类型是根据已定义的一个或多个数据类型用构造的方法来定义的。也就是说，一个构造类型数据可以分解成若干个“成员”或“元素”，各“成员”的类型可以相同，也可以不同，可以是基本数据类型，也可以是构造类型。构造类型分为数组类型、结构体类型、共用体类型等。

（3）指针类型。指针是一种特殊的又具有重要作用的数据类型，其值用来表示某个量在内存储器中的地址。使用指针和其他数据类型配合，可以产生多种有用的数据结构，如链表、二叉树等。

（4）空类型。空类型是从语法完整性的角度给出的一种数据类型。例如，函数类型说明了返回值的类型，但有些函数没有返回值，这种函数类型定义为空类型（void）。

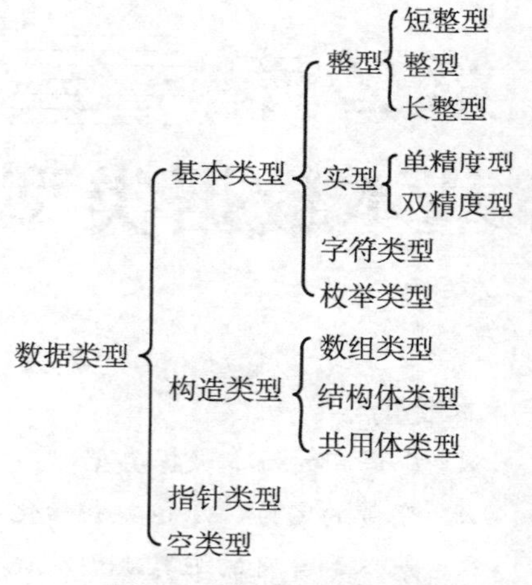

图 2.1　C 语言的数据类型

每个数据都要在内存中（个别数据可能在寄存器中）分配若干个字节，用于存放该数据。数据占用的内存字节数称为该数据的“数据长度”，不同类型的数据的长度是不同的。因此，在使用任何一个数据之前，必须对数据的类型加以定义，以便为其安排长度合适的内存。

2.2　常量和变量

对于基本数据类型量，按其取值是否可改变又分为常量和变量两种。在程序执行过程中，其值不发生改变的量称为常量；其值可以变化的量称为变量，变量实质上是代表了内存中某个存储单元。

2.2.1　常量

在 C 语言中，常量也称为常数，可分为四类：整型常量、实型常量、字符常量和字符串常量。常量的类型由书写方法自动默认，不需要事先说明。从书写方式上，常量可以分为字面常量和符号常量两种。

1. 字面常量

字面常量又称直接常量，就是日常所说的常数。由于从字面上即可直接看出它们是什么，因此称为“字面常量”。例如：

整型常量：12、0、−3；

实型常量：4.6、−1.23；

字符常量：'a'、'b'。

2. 符号常量

（1）标识符。标识符就是程序中使用的各种名字，如变量名、数组名、函数名、符号常量名以及一些具有专门含义的名字。C 语言的标识符可以分为关键字、预定义标识符和用户标识符三类。关键字是由 C 语言规定的具有固定含义的标识符，也称为保留字，关键字均为小写字母，如 int、while 等；预定义标识符在 C 语言中有特定的含义，如 printf、include 等；用户标识符是由用户根据需要定义的标识符，一般用来给变量、函数、数组等命名。标识符的命名必须遵循如下规则。

① C 语言规定，标识符是由字母、数字和下划线组成的一串符号，但必须以英文字母或下划线开头。例如：area、PI、_ini、a123 都是合法的标识符，1se、x-x、a.a、a&b 则为非法的标识符。

② 标识符区分大小写。例如：sum、SUM 和 Sum 是三个不同的标识符。

在定义用户标识符时除了要遵循标识符的命名规则外，还应该注意以下几点。

① 不允许使用关键字作为用户标识符的名字。

② 用户标识符命名应以直观且易于拼读为宜，即做到“见名知意”，最好使用英文单词及其组合或汉语拼音，以便于记忆和阅读。

③ 用户标识符与预定义标识符相同时，系统并不报错，只是该预定义标识符将失去原有含义，代之以用户确定的含义，或者引发一些运行时的错误。因此建议用户标识符不要与预定义标识符相同。

④ ANSI C 没有规定标识符长度，但不同的 C 语言编译系统都有相应的规定。如 MS C 规定标识符的长度为 8 个字符，即标识符长度超过 8 个字符时，只有前面 8 个字符有效，后面的字符不被识别。Turbo C 2.0 则允许标识符有 32 个字符，而 VC 6.0 为 255 个字符。

（2）符号常量。符号常量也称宏常量，是指用一个标识符代表一个常量，其目的是为了能在程序中明确看出某些常量所表述的对象。符号常量由 C 语言中的宏定义预处理命令来定义。符号常量的定义格式如下：

```
#define 符号常量 常量
```

其中，符号常量应遵循标识符的命名规则，习惯上用大写字母作为符号常量的标识符，而常量可以是任何类型。符号常量一经定义，凡在源程序中使用该符号常量时，都用其后指定的常量来替换。

例 2.1　符号常量的使用。

```
#include <stdio.h>
#define PI 3.14159
#define R 5.3
main()
{
    printf("area=%f\n",PI*R*R);                /* 输出圆面积  */
    printf("circumference=%f\n",2*PI*R);       /* 输出圆周长  */
}
```

在这个程序中，定义的符号常量 PI 代表圆周率 3.14159，符号常量 R 代表半径 5.3。凡程序中出现 PI 的地方，编译系统的预处理程序均用 3.14159 来代替；凡出现 R 的地方，编译系统的预处理程序均用 5.3 来代替，然后进行编译。该程序的运行结果如下：

```
area=88.247263
circumference=33.300854
```

在程序中使用符号常量有两点好处：一是修改程序方便，当在程序中多处使用了某个常量而又要修改该常量时，若不使用符号常量，则每处都必须修改，容易遗漏，使用了符号常量只需在定义处修改即可，做到了“一改全改”。二是为阅读程序提供了方便，例如在例 2.1 中看到 PI 就知道是圆周率。

2.2.2　变量

变量用来保存程序运行过程中的输入数据、计算获得的中间结果和最终结果。在 C 语言中，变量必须遵循“先定义、后使用”的原则，即每个变量在使用之前都要用变量定义语句将其声明为某种数据类型。变量定义语句格式如下：

```
类型标识符 变量名 1,变量名 2,…;
```

其中，类型标识符说明了变量的类型，如整型、实型和字符型等。变量名属于用户标识符，应遵守标识符命名规则。编译时，系统根据指定的类型分配给变量若干个连续字节存储空间（称为存储单元）。例如：

```
int x,y; /* VC 编译系统为变量 x 和 y 各分配 4 个字节，并按整数方式存储数据 */
```

定义变量，其实就是用变量名对某个存储单元进行命名，如 x 和 y。用户对变量 x 和 y 的操作就是对其代表的存储单元进行操作。

在定义变量的同时也可对变量赋予初值，也称为变量的初始化。格式如下：

```
类型标识符　变量名[=初值];
```

在一个变量定义语句中，可对全部或部分变量初始化，例如：

```
int x,y=5;
```

注意

变量定义语句可放在函数体内的前部，也可放在函数的外部或复合语句的开头。

2.3 整型数据

2.3.1 整型常量的表示

整型常量就是整数，用来表示一个正的、负的或零的整数值。在 C 语言中，整型常量有十进制、八进制和十六进制等三种数制表示方法。

（1）十进制整数。与日常使用的整数写法一样。例如：0、−143、87 等。

（2）八进制整数。书写时，以数字 0 开头，其后是八进制数字序列，数字取值范围为 0～7。例如：00、−015、037 等均为合法的八进制数；而 0539、02A、0−567 则为非法的八进制数，因为“9”和“A”不是八进制基数，“0−567”表示数字 0 减去十进制数 567。

（3）十六进制整数。书写时，以 0x 或 0X 开头（0x 或 0X 中的 0 是数字，不是字母 o），其后是十六进制数字序列，数字取值范围为 0～9 及 a～f 或 A～F。例如：0x0、−0xABC、0X9fc 等均为合法的十六进制数；而 0xfg、0x-89F 则是非法的十六进制数，因为“g”和“-”不是十六进制数字。

2.3.2 整型变量

1. 整型变量的分类

整型变量用来存放整数，整型变量的基本类型为 int 型。若加上修饰符，可定义更多的整数数据类型。

根据表达范围整型变量可分为基本整型（int）、短整型（short int）和长整型（long int）三种，对于这些整型变量在内存中所占用的字节数，标准 C 语言规定：short int≤int≤long int，其中 int 型变量在内存中所占用的字节数一般为计算机系统的字长。如在基于字长为 16 位计算机的 Turbo C 中，int 型数据占两个字节，而基于 32 位计算机的 VC 6.0 则规定 int 型占四个字节。

根据是否有符号可以分为有符号型（signed）和无符号型（unsigned）两种。若未指定是否有符号，则隐含为有符号型（signed）。如 int 型数据是有符号，而 unsigned int 是无符号的。

两种分类方法结合起来可以将整型变量分为六种，表 2.1 列出了在使用 VC 6.0 时每种整型数据所占字节数和数值范围，方括弧括起来的部分可省略，各单词排列的先后次序无关紧要。

表 2.1　　VC 6.0 中整型变量的所占字节数和数值范围

整型类型符	占用字节数	数 值 范 围
[signed] int	4	−2147483648～2147483647　即-2^{31}～（$2^{31}-1$）
[signed] short [int]	2	−32768～32767　即-2^{15}～（$2^{15}-1$）
[signed] long [int]	4	−2147483648～2147483647　即-2^{31}～（$2^{31}-1$）
unsigned [int]	4	0～4294967295　即 0～（$2^{32}-1$）
unsigned short [int]	2	0～65535　即 0～（$2^{16}-1$）
unsigned long [int]	4	0～4294967295　即 0～（$2^{32}-1$）

2. 整型变量的定义

在定义整型变量时，某些类型修饰符可以省略，参照表 2.1。例如：

```
int a,b,c;      /* a,b,c 为有符号整型变量 */
long x,y;       /* x,y 为有符号长整型变量 */
unsigned p,q;   /* p,q 为无符号整型变量   */
```

在存储正数时，无符号整型变量的数值范围比有符号整型变量的数值范围扩大一倍，如上面定义的 p、q 与 a、b、c。如果能事先确定存储的数是正整数（如年龄、库存量、人数等），则可将变量定义为无符号类型，以充分利用变量的数值范围。

3. 整型数据在内存中的存放形式

在内存中数据是以二进制形式存放的。对于有符号整型数来说，存储单元的最高位是符号位（如 short int 型，从右向左依次为第 0 位、第 1 位……，最高位指第 15 位），使用 0 表示正数，1 表示负数，其余为数值位。无符号整型数没有符号位，其存储单元全部为数值位，都用于存放二进制数值，因而无符号整型变量不能存储负数。short 型有符号变量和无符号变量在表示最大数时，内存的存储如图 2.2 所示。

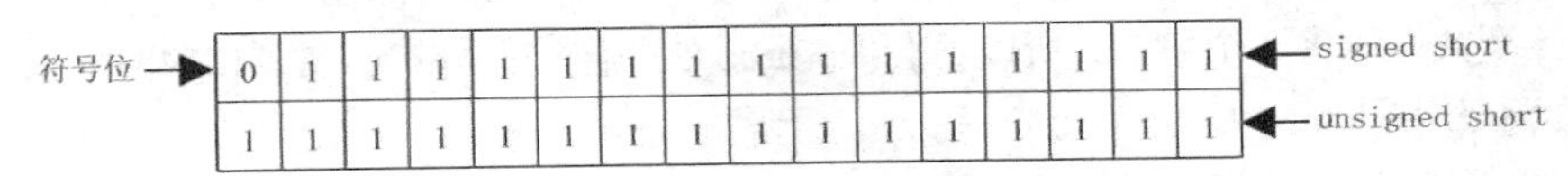

图 2.2　short 型有符号整型和无符号整型最大数的存储

实际上，整型数据是以补码的形式来存储的。正数的补码与原码相同；对于负数来说，将原码的符号位保持不变，数值位逐位取反（变为反码），末位（即最右边的那一位）加 1，即得补码。也就是说，一个负数的补码等于该负数的反码与末位加 1 之和。例如，求 – 10 的补码（设为 2 个字节），步骤如下：

（1）写出−10 的原码：1000000000001010。

（2）数值位取反，得−10 的反码：1111111111110101。

（3）末位加 1，得−10 的补码：1111111111110110。

有时需要将二进制的补码转换成十进制数，以补码 1111111111110110 为例，步骤如下：

（1）各数值位取反，得 1000000000001001。

（2）末位加 1，得 1000000000001010。

（3）转换为十进制，得−10。

以上步骤说明，负数的补码的补码就是原码。

4. 整型数据的溢出

在 VC 中一个 short int 型变量的最大允许值为 32767，如果再加 1，会出现什么情况？现通过一个例子来加以说明。

例 2.2 整型数据的溢出。

```
#include <stdio.h>
main()
{
     short a,b;
     a=32767;
     b=a+1;
     printf("%d,%d",a,b);
}
```

a 和 b 的存储示意图如图 2.3 所示。从图 2.3 可以看出，变量 a 的最高位为 0，后 15 位全为 1。加 1 后最高位变成 1，后面 15 位全为 0，这是−32768 的补码形式，所以输出变量 b 的值为−32768。请注意：一个 short int 型变量只能容纳−32768～32767 范围内的数，无法表示大于 32767 的数。遇此情况就发生“溢出”，但运行时并不报错。

a	0	1	1	1	1	1	1	1	1	1	1	1	1	1	1	1
b	1	0	0	0	0	0	0	0	0	0	0	0	0	0	0	0

图 2.3　a 和 b 的存储示意图

2.3.3　整型常量的类型

整型常量也有基本整型、长整型、有符号和无符号之分。通常，编译程序会根据数值大小分辨出常量是 int 还是 long int 类型。在 Turbo C 中，因为 int 型数据占用 2 个字节的存储空间，所以在−32768～32767 范围内的整型常量被识别为 int 型；如果超出了这个范围而在−2147483648～2147483647 范围内，则认为是 long 型常量，将占用 4 个字节的存储空间。但在 VC 6.0 中，因为 int 型和 long 型数据均占 4 个字节，所以不会像 Turbo C 一样进行分辨，在−2147483648～2147483647 范围内的常量认为是 int 型。

有些场合需要明确地指出整数是否属于 long int 类型，此时在整数的末尾要加上字母 L 或 l。例如 148L（十进制长整型数）、013L（八进制长整型数）、0x16L（十六进制长整型数）等。

无论是基本整型数还是长整型数，都被识别为有符号整数。在表示无符号整型常量时，需要在数值后添加字母 U 或 u 作为后缀，例如 358U、0x38Au；若是长整型无符号整型常量，则可以加后缀 LU 或 lu，例如 358LU、0x38Alu。八进制和十六进制数通常是无符号数。

2.4　实 型 数 据

2.4.1　实型常量的表示

实型常量也称浮点型常量、实数或浮点数。在 C 语言中，实型常量的表示采用十进制，它的书写方式有两种。

（1）小数形式。即数学中常用的实数形式，由数字 0～9 和小数点组成。例如：0.0、25.0、5.789、0.13、-.15、300.、-267.8230 等均为合法的实数。注意，必须有小数点。

（2）指数形式。指数形式也称为科学记数法，由尾数（可带符号）、阶码标志“e”或“E”以及阶码（只能为整数，可以带符号）组成。例如：2.1E5（等于 2.1×10^5），3.7E-2（等于 3.7×10^{-2}），0.5E7（等于 0.5×10^7），-2.8E-2（等于 -2.8×10^{-2}），.1e0（等于 0.1×10^0），3.e5（等于 3.0×10^5）都是合法的；而 345（无小数点），E7（阶码标志 E 之前无数字），-5（无阶码标志），53.-E3（负号位置不对），2.7E（无阶码）都不是合法的实型数。

需要注意的是，采用指数形式表示实型常量时，在字母 e 或 E 的前后及数字之间不能插入空格。另外，一个实数可以有多种指数表示形式，如 2.3026 可以表示为 0.23026E1、2.3026e0、23.026e-1 等。

2.4.2　实型变量

1. 实型变量的分类

实型变量又称浮点变量，用来存放实型数。实型变量分为单精度（float）、双精度（double）和长双精度型（long double）三种类型。但 ANSI C 并未规定每种类型数据的长度、精度和数值范围，只是规定 float 型的长度小于等于 double 型长度，同时 double 型长度又小于等于 long double 型长度。在 VC 6.0 中，double 型和 long double 型具有完全相同的长度和存储格式，它们是等同的，但其他编译系统可能不同。VC 6.0 中实型数据的长度、有效数字及数值范围如表 2.2 所示。

表 2.2　实型变量的长度、有效数字及数值范围

类型标识符	比特（位）数	有效数字位数	数值范围
float	32	6～7	$-3.402823466\times10^{38}$～$3.402823466\times10^{38}$
double	64	15～16	$-1.7976931348623158\times10^{308}$～$1.7976931348623158\times10^{308}$
long double	64	15～16	$-1.7976931348623158\times10^{308}$～$1.7976931348623158\times10^{308}$

2. 实型变量的定义

```
float a=1.5,b=0.35,c;        /* 定义单精度实型变量 a、b、c，并对 a、b 初始化 */
double x,y,z;                /* 定义双精度实型变量 x、y、z */
```

3. 实型数据在内存中的存放形式

IEEE（Institute of Electrical and Electronics Engineers，电子电气工程师协会）在 1985 年制定了 IEEE 754 二进制浮点运算规范，这是浮点运算事实上的工业标准。VC 6.0 中浮点数的表示遵循 IEEE 754 标准，在存储实型数据时，无论表示形式是小数还是指数，均以指数格式存储，即实数的存储由符号位、指数（阶码）以及尾数（小数）等三部分组成。例如实数 31.4159，在内存中的存放形式如图 2.4 所示。

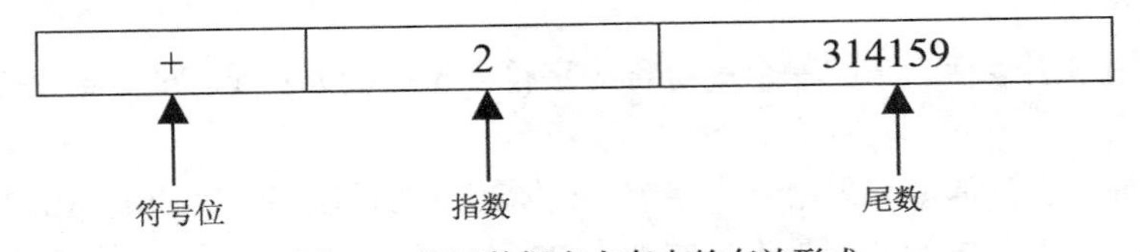

图 2.4　实型数据在内存中的存放形式

图 2.4 是示意图，实际存储时指数、尾数都是二进制数，指数是 2 的幂，用移码表示，尾数用原码表示。详细规定请参阅 IEEE 754 标准。

对于 float 型数据的存储，这三个部分共占 32 位，包括 1 位符号位、8 位指数和 23 位尾数；而 double 型数据则占 64 位，包括 1 位符号位、11 位指数和 52 位尾数。指数部分占的位数多，则表示的数值范围大。尾数部分占的位数多，实型数据的有效数字就多，精度就高。尾数部分就是有效二进制数字，经过计算可换算成如表 2.2 所示的十进制有效数字位数（近似值）。

4. 实型变量的舍入误差

由于实型变量是用有限的存储单元存储的，因此提供的有效数字是有限的，往往会产生误差。一方面在十进制小数转换成二进制时，如果小数最后一位不是 5，则转换的二进制小数往往是无限位，此时产生舍入误差；另一方面一个很大的数和一个很小的数直接进行加或减时，可能会“丢失”小的数。

例 2.3 实型变量的舍入误差。

```
#include <stdio.h>
main()
{
    float a,b;
    a=123456.72e5;              //a 的值很大
    b=a+20;                     //与 a 相比，20 很小
    printf("a=%f\n",a);         //“%f”是输出格式符，作用是将实型数据按小数形式输出
    printf("b=%f\n",b);
}
```

float 型数据的有效数字为 6 位或 7 位，C 语言只能保证有效位数内的数字正确，后面的数字是无意义的，不能准确存储（double 型也是如此）。本例中，“b=a+20”是把 20 加在 a 的后几位上，是无意义的（20 被丢失），即 a 和 b 的值一样。故程序运行结果如下：

```
a=12345671680.000000
b=12345671680.000000
```

2.4.3 实型常量的类型

C 编译系统将实型常量当作双精度来处理。如果要指定一个实型常量为单精度型，可在其后加后缀 f 或 F 作为单精度数来处理。例如：4.5E1F、−4.5E−2F 等。

2.5 字符型数据

2.5.1 字符型常量

1. 字符常量

C 语言中，用单引号括起来的一个字符称为字符常量。例如：'a'、'b'、'='、'+'、'?'等都是字符常量。

在内存中，每个字符常量都占用一个字节，具体存放的是该字符对应的 ASCII 代码值。如'a'、'A'、'1'在内存的字节中存放的分别是十进制整数 97、65 和 49。因此在 C 语言中，一个字符常量

可以看成是“整型常量”，其值就是 ASCII 代码值。另外，还可以进行运算，例如：'a'+5、'A'−5、'1'+10 分别等于整数值 102、60、59。

在 C 语言中，字符常量有以下特点。

（1）字符常量只能用单引号括起来，不能用双引号或其他括号。

（2）字符常量只能是单个字符，因此'abc'是非法的。

（3）C 语言对大小写敏感，在任何时候都区分字母大小写，所以'a'和'A'是不同的字符常量。

（4）空格字符表示为'␣'(此处用␣代表一个空格)，不能写成''(两个连续的单引号)。

（5）数字和数字字符是不同的。如 1 和'1'，1 在内存中存的是 1 的二进制，而'1'存的是 49，即'1'的 ASCII 代码值。

2. 转义字符

在字符集中，有一类字符可直接使用键盘输入，并输入什么就显示什么，如 a、b、@、+等，这类字符称为可显示(可打印)字符，一般的可显示字符直接使用一对单引号括起来就构成了一个字符常量。另一类字符却没有这种特性，它们或者在键盘上没有对应的键，或者当按下键后不能显示键面上的字符，如回车、退格等，这类字符是为控制作用而设计的，故称为控制键。显然，控制字符无法直接使用单引号括起来的方法来构成字符常量，为此，C 语言引入了一种特殊形式的字符——转义字符。

转义字符以反斜线“\”开头，后跟一个字符或一个八进制或十六进制数值。因为此形式将反斜杠后面的字符或数值转换成了另外的含义，故称“转义”字符。如'\n'是换行符，其中的“n”不代表字母 n。常用的转义字符及其含义如表 2.3 所示。

表 2.3　　常用的转义字符及其含义

转 义 字 符	转义字符的含义
\n	换行
\t	横向跳到下一制表位置（代表 Tab 键）
\b	退格
\r	回车
\v	竖向跳格（只对打印机有影响）
\f	走纸换页（只对打印机有影响）
\\	反斜杠符“\”
\'	单引号字符
\"	双引号字符
\a	鸣铃
\ddd	1～3 位八进制数所代表的字符
\xhh	1～2 位十六进制数所代表的字符

每个转义字符只当作一个字符。通常转义字符用来表示控制字符和具有特定含义的字符，如用于表示字符常量的单引号(')、表示转义字符的反斜杠(\)在作为字符常量时，必须表示为'\''、'\\'，但 C 语言字符集中的任何一个字符均可用转义字符来表示。表中的\ddd 和\xhh 正是为此而提出，ddd 和 hh 分别为八进制和十六进制的 ASCII 代码。如\074 表示字符'<'，\76 表示字符'>'，\102 表示

字母'B'，\x0A表示换行等。注意此处的八进制可以不用0开头，十六进制不允许用大写字母X，也不用0x开头。另外，'\0'或'\000'表示ASCII码为0的空字符，不同于空格字符。

3. **字符串常量**

字符串常量是由一对双引号括起的字符序列。例如："CHINA"，"C program"，"12365478"等都是合法的字符串常量。

前面介绍的转义字符也可以出现在字符串中，例如："\\ABCD\\"、"\101\102\x43\x44"等都是字符串，分别表示"\ABCD\"、"ABCD"两个字符串。要特别注意双引号是字符串的定界标符，所以在字符串中再使用双引号时必须使用转义字符"\""。例如："\"ABCD\""是表示""ABCD""这一串字符的。

字符串常量和字符常量是不同的量，它们之间主要有以下区别。

（1）字符常量由单引号括起来，字符串常量由双引号括起来。

（2）字符常量只能是单个字符，字符串常量可以为空字符串，也可以含一个或多个字符。

（3）可以把一个字符常量赋予一个字符变量。由于在C语言中没有字符串变量，因而不能把一个字符串常量赋予一个字符串变量，但可以用一个字符数组来存放一个字符串常量（参见第6章）。

（4）字符常量占一个字节的内存空间。字符串常量占的内存字节数等于字符串中字符数加1，增加的一个字节由系统自动存入字符'\0'（ASCII码为0），作为字符串结束的标志。例如：

字符串" C program "在内存中所占的字节为：

C		p	r	o	g	r	a	m	\0

（1）'A'和"A"的区别。'A'是字符常量，在内存中占一个字节，表示为：

A

而"A"是字符串常量，在内存中占两个字节，表示为

A	\0

（2）空串""(两个连续的双引号)在内存中占一个字节，存储的是'\0'。

（3）包含转义字符的字符串的输出。例如：

```
printf("a\a\bc\0415074\x74y\\q\rwe\"\n");
```

利用printf函数直接输出字符串。在屏幕上输出时，首先在第1列输出"a"，然后遇到"\a"，其作用使计算机主机自带的喇叭鸣叫一声，没有字符输出。下面遇到"\b"，往左退一格，即擦除左边的一个字符，光标移到第1列，然后输出"c"。下面遇到反斜杠及后面一串八进制数字，VC自动截取3位八进制数字作为转义字符，即"\041"，输出其表示的字符"!"，然后输出"5074"。下面遇到转义字符"\x74"输出其表示的字符"t"，然后输出"y\q"。下面遇到"\r"，光标回到第1列，然后输出"we""，取代原位置上的三个字符"c!5"(打印时不会取代，而要留下痕迹)。所以在屏幕上的输出结果如下：

```
we"074ty\q
```

2.5.2 字符变量

字符变量用于存放单个字符常量，使用关键字char来定义。例如：

```
char c1='x',c2='y',c3;
char optr;
```

一个字符变量在内存中占一个字节，当把一个字符常量放入到一个字符变量中时，实际上是将该字符的 ASCII 码值存到存储单元。如'x'的十进制 ASCII 码是 120，'y'的十进制 ASCII 码是 121，所以在 c1、c2 两个单元内存放的是 120 和 121 的二进制代码，存储形式与整数类似。这样使字符型数据和整型数据之间可以通用。可以对整型变量赋以字符值，也可以对字符变量赋以整型值。字符变量可以参与对整型变量所允许的任何运算。在格式化输出时，允许把字符变量按整型变量输出，也允许把整型变量按字符变量输出。整型变量为多字节变量，而字符变量为单字节变量，当整型变量按字符变量处理时，只有低八位参与处理。

例 2.4　字符变量的值。

```
#include <stdio.h>
main()
{
    char a=0x1261,b;
    b=a-32;
    printf("%c,%c\n%d,%d\n ",a,b,a,b);
}
```

上面程序中，a、b 为字符型变量，但赋予的是整型值。对变量 a 赋值时，赋予的值是 0x1261 的低八位 0x61（对应的十进制数是 97，即字符'a'的 ASCII 码）；对变量 b 赋值时，赋予的值是 a-32 的结果，即字符'A' 的 ASCII 码（可参看附录 I ）。a、b 值的输出形式取决于 printf 函数格式中的格式控制符；当格式控制符为%c 时，输出的变量值为字符，当格式控制符为%d 时，对应输出的变量值为整数，因此程序运行的结果为：

```
a,A
97,65
```

需要说明的是：char 型也有带符号和无符号之分，有些系统（如 Turbo C、VC）将 signed char 型简写为 char，其变量的取值范围为−128～127，即按补码存储，最高位为符号位；unsigned char 型变量的取值范围为 0～255。

2.6　算术运算符与算术表达式

运算是对数据的处理操作，参加运算的数据称为运算对象（也称运算量或操作数），运算对象可以是常量、变量、函数或表达式。

标识运算的符号称为运算符，若按运算时运算对象的个数可分为单目运算符（单目运算是指对一个操作数进行操作）、双目运算符、三目运算符等几类。用运算符和括号把运算量连接起来的、符合 C 语言语法规则的式子称为运算表达式。凡是表达式都有一个值，即运算结果。

2.6.1　基本算术运算符

基本算术运算符是指对数据进行简单的算术运算，有：+（加或正号）、−（减或负号）、*（乘）、/（除）、%（求余）等，其中“+”和“−”既可作为双目运算符，又可作为单目运算符，其余都为双目运算符。在使用基本算术运算符时应注意以下几点。

（1）加（+）、减（−）、乘（*）运算和普通运算中的加法、减法和乘法相同。例如：2.1+3.6 的结果是 5.7；2.1*3 的结果是 6.3。

（2）如果双目运算符两边的运算对象的类型不一致，如一边是整型，另一边是实型时，系统自动把整型数据转化为实型数据，使运算符两边的类型达到一致后，再进行运算，其转换规律见本章 2.10。

（3）双目除运算的结果与运算对象的数据类型有关。当两个整数相除时，其结果为整数。如 14/5 的结果为 2。

（4）使用求余运算符（%）时，要求运算符两边运算量必须为整型。在运算符左侧的运算量为被除数，右侧的运算量为除数，运算结果是两数相除后所得的余数，结果的符号与编译系统有关。在 Turbo C 和 VC 中，所得结果的符号与被除数相同。例如：17%-3 的结果为 2，-19%4 的结果为-3。

（5）C 语言中，所有实型数的运算均以双精度方式进行。若是单精度，则在尾数部分补 0，使之转化为双精度数。

（6）正负号运算符为+（正号）和-（负号）。它们为单目运算符，必须出现在运算对象的左边，如-a，其结果等价于 a 的值乘以-1。运算对象可以是整型，也可以是实型，如-52、+3.7。

2.6.2 算术表达式及算术运算符的优先级和结合性

1. 算术表达式

用算术运算符将运算对象连接起来的表达式称为算术表达式。一个表达式有一个值及其类型，它们等于计算表达式所得结果的值和类型。

以下是算术表达式的例子：

```
a+b;
(a*2)/c;
(x+r)*8-(a+b))/7;
```

在 C 语言中，算术表达式求值规律与数学中的四则运算的规律类似，其运算规则和要求如下。

（1）在表达式中，可使用多层圆括号，但左右括号必须配对，运算时从内层圆括号开始，由内向外依次计算表达式的值。

（2）在算术表达式中，若包括不同优先级的运算符，则按运算符的优先级别由高到低进行，若表达式中运算符的级别相同，则按运算符的结合方向进行。

2. 算术运算符的优先级

当表达式中出现多个运算符时，就会碰到哪个先算，哪个后算的问题，这个问题称为运算符的优先级。若一个运算对象两侧有不同的运算符，应先执行“优先级别”高的运算，例如先乘除后加减。表达式 a-b*c，b 的左侧为减号，右侧为乘号，乘号的优先级高于减号，因此相当于 a-(b*c)。圆括号的优先级最高，然后是单目运算符，再然后是双目运算符。基本算术运算符的优先级如表 2.4 所示。C 语言的运算符非常丰富，其优先级共分为 15 级，1 级最高，15 级最低，具体可参看附录Ⅲ。通过圆括号可以改变运算符的优先级，但过分使用圆括号会导致程序可读性差。

3. 算术运算符的结合性

如果在一个运算对象的两侧有两个优先级相同的运算符，则按结合方向顺序处理。C 语言中各运算符的结合方向有两种，即自左至右（称为左结合性）和自右至左（称为右结合性）。同级单目算术运算符的结合性是自右向左，同级双目算术运算符的结合性是自左向右。例如，在计算表达式 x-y+z 时，y 两侧有两个优先级相同的运算符“–”和“+”，按自左至右结合，y 先与“–”号结合，执行 x-y 运算，然后再与“+”结合，执行+z 运算。基本算术运算符的运算对象、运算规则及结合性如表 2.4 所示。

表 2.4　基本算术运算符

对象数	优先级	名称	运算符	运算规则	运算对象	结合性
单目	2	正	+	取原值	整型或实型	自右向左
		负	–	取负值		
双目	3	乘	*	乘法	整型或实型	自左向右
		除	/	除法		
		模	%	整除取余	整型	
	4	加	+	加法	整型或实型	
		减	–	减法		

2.6.3　自增、自减运算符

自增运算符“++”和自减运算符“––”都是单目运算符，自右向左结合，作用是使变量的值增 1 或减 1，结果再存回原变量。它们既可以作前缀运算符（位于运算对象的前面），例如++x 和––x，也可以作后缀运算符（位于运算对象的后面），例如 x++和 x––。

在只需对变量本身进行加 1 或减 1，而不考虑表达式值的情况下，前缀运算和后缀运算的效果完全相同，否则，结果是有区别的。

例 2.5　自增、自减运算符的使用。

```
#include <stdio.h>
main()
{
   int i=5,x;
   x=i++;                          //后缀运算，先把 i 的值赋给 x，然后 i 的值加 1
   printf("i=%d,x=%d\n",i,x);      //i 的值为 6，x 的值为 5
   printf("%d\t",++i);             //前缀运算，先把 i 的值加 1，然后输出 i
   printf("%d\t",--i);             /* 表达式--i 的值为 6  */
   printf("%d\t",i--);             /* 表达式 i--的值为 6  */
   printf("%d\t",-i++);
   printf("%d\n",-i--);
}
```

程序运行结果如下：

```
i=6,x=5
7       6       6       -5      -6
```

使用自增、自减运算符时应注意以下几点。

（1）自增、自减运算符含有赋值的功能，其运算对象可以是整型、实型、字符型、指针型变量或数组元素，但不能是常量和表达式，因为不能给常量或表达式赋值。

（2）C 语言规定，当出现难以区分的若干个+或-组成运算符串时，自左向右取尽可能多的符号组成运算符。如 i+++j 应理解为(i++)+j，而不是 i+(++j)。

（3）不要在一个表达式中对同一个变量进行多次诸如 i++或++i 等运算，例如写成：i++*++i+i--*--i，这种表达式不仅可读性差，而且不同的编译系统对这样的表达式将作不同的解释，因而所得结果也各不相同。

2.7 赋值运算符与赋值表达式

2.7.1 赋值运算符

赋值运算符"="是双目运算符，其左边必须是变量，右边是表达式。赋值运算符的功能是先求出右边表达式的值，然后把此值赋给左边的变量。确切地说，是把数据放入该变量为标识的存储单元中去，将原有的数据替换掉。例如，若 a 和 b 都被定义成 int 型变量

```
a=50    /* 把常量 50 赋给变量 a */
b=a     /* 把 a 中的值赋给变量 b，a 中的值不变 */
```

使用赋值运算符应注意以下几点。

（1）赋值运算符具有自右向左的结合性，其优先级只高于逗号运算符，比任何其他运算符的优先级都低。例如：表达式 a=b=c=9，c 的两边都是赋值运算符，根据自右至左的原则，先将 9 赋给 c，再将 c 赋给 b，最后将 b 赋给 a。

（2）赋值运算符不同于数学中的"等于号"，这里不是等同的关系，而是进行"赋予"的操作。因此，对于表达式 n=n+1 来说，它不是一个合法的数学表达式，而是一个合法的赋值表达式，其作用是取变量 n 中的值加 1 后再放入到变量 n 中。

（3）赋值运算符的左侧只能是变量而不能是常量或表达式。例如：a=7+1=b 不是合法的赋值表达式。

2.7.2 复合赋值运算符

在赋值运算符之前加上其他运算符可以构成复合赋值运算符。C 语言规定可以使用 10 种复合赋值运算符，分为算术复合赋值和位运算复合赋值。复合赋值运算符的优先级与简单赋值运算符的优先级相同，且结合方向也是自右向左。算术复合赋值运算符的运算对象、运算规则与结果如表 2.5 所示，位运算复合赋值后面介绍。

表 2.5　　算术复合赋值运算符

对象数	名称	运算符	运算规则	运算对象	运算结果
双目	加赋值	+=	a+=b*3 相当 a=a+(b*3)	数值型	数值型
	减赋值	-=	a-=b+5 相当 a=a-(b+5)		
	乘赋值	*=	a*=b+7 相当 a=a*(b+7)		
	除赋值	/=	a/=b+9 相当 a=a/(b+9)		
	模赋值	%=	a%=b+2 相当 a=a%(b+2)	整型	整型

采用复合赋值运算符这种写法，可以使源代码更加紧凑，提高编写程序的效率。但必须注意，

复合赋值运算符右边的表达式是由 C 语言编译系统自动加括号的。例如：表达式 c%=a−3 不能理解为 c=c%a−3，应该理解为 c=c%(a−3)。

2.7.3 赋值表达式

由赋值运算符将一个变量和一个表达式连接起来的式子称为赋值表达式，其运算结果为变量的值。赋值运算符具有右结合性。例如：

```
a=b-=c+=5        /*该表达式的计算结果为 a 的值*/
```

该式可理解为

```
a=(b-=(c+=5))
```

再如:

```
a+=a-=a+(a=6)
```

按照圆括号优先级最高以及复合赋值运算符的右结合性原则，该表达式的计算次序为：先把 6 赋予 a；再计算 a+6 得 12；然后计算 a−=12，相当于 a=a−12，结果 a 变为−6；最后计算 a+=−6，使 a 变为−12。

2.8 逗号运算符与逗号表达式

在 C 语言中，“,”称为逗号运算符，其功能是把两个或多个表达式连接起来，组成一个表达式，称为逗号表达式。其形式如下：

```
<表达式 1>,<表达式 2>,<表达式 3>,…,<表达式 n>
```

逗号表达式的结合性为从左到右，即先计算表达式 1，再计算表达式 2，……，最后计算表达式 n。最后一个表达式的值就是逗号表达式的值。

逗号优先级在所有运算符中是最低的。

例 2.6 逗号运算符。

```
#include <stdio.h>
main()
{
    int x,a;
    x=(a=3,6*3);
    printf("a=%d,x=%d\n",a,x);
    x=a=3,6*a;
    printf("a=%d,x=%d\n",a,x);
}
```

在表达式“x=(a=3, 6*3)”中，x 的值等于表达式 6*3 的值；在表达式“x=a=3, 6*a”中，由于逗号运算符的优先级最低，因此 x 的值应等于 a 的值，都为 3。程序运行的结果应为：

```
a=3,x=18
a=3,x=3
```

需要注意的是，并非所有的逗号都是作为逗号运算符，C 语言中有许多逗号作为分隔符使用，如：“int a,b;”或“printf("%d,%d",a,b);”中逗号都是分隔符。

2.9 位运算符

2.9.1 位运算符

位运算是一种对运算对象按二进制位进行操作的运算。位运算不允许只操作其中的某一位，而是对整个二进制位进行操作。在 C 语言中，位运算的对象只能是整型或字符型数据，不能是其他类型的数据，其运算结果仍是整型或字符型数据。

1. “按位取反”运算

运算符“~”是位运算中唯一的一个单目运算符，运算对象在运算符的右边，具有右结合性。其功能是对运算对象的各二进位按位求反，即使每一位上的 0 变 1；1 变 0。例如，~9（假定 9 为带符号的 2 个字节数）的运算结果为−10，即将 9 的二进制 0000000000001001 按位求反后为：1111111111110110，这是补码表示，转换为原码，写成十进制，就是−10。

2. “左移”运算

左移运算符“<<”是双目运算符。运算符左边是移位对象，右边是整型表达式，代表左移的位数，其功能是把“<<”左边的运算数的各二进位全部左移若干位，左移时，右端（低位）补 0，左端（高位）移出的位数丢失，即高位丢弃，低位补 0。例如：

```
char a=19,b;
b=a<<2;
```

将 a 的二进位 00010011（十进制 19）向左移动两位，高位 00 移出，低位补 00，变为 01001100（十进制 76），然后赋给 b（注意 a 的值并没有改变）。左移时，若左端移出的部分不含有效二进制数 1，则每左移 1 位，相当于移位对象乘以 2。某些情况下，可利用这一特性代替乘法，以加快运算速度。

3. “右移”运算

右移运算符“>>”是双目运算符。其功能是把“>>”左边运算对象的各二进位全部右移若干位，“>>”右边的整型表达式指定移动的位数。右移时，右端（低位）移出的二进制数丢失，左端（高位）移入的二进制数分两种情况：对无符号整数和正整数，高位补 0；而对于负数，则高位补 1。例如：

```
short int a=-20,b;
b=a>>2;
```

将变量 a 存储的二进制 1111111111101100（补码）右移两位，左端 00 移出，高位补 11，结果为 1111111111111011（十进制−5），赋给 b。可以看出，与左移相对应，右移时，若右端移出的部分不含有效数字 1，则每右移 1 位，相当于移位对象除以 2。

4. 按位“与”运算

按位与运算符“&”是双目运算符。其功能是参与运算的两个运算对象的各对应的二进位分别进行“与”运算。只有对应的两个二进位均为 1 时，结果位才为 1，否则为 0。参与运算的数以补码方式出现。例如 9&（−5）可写成算式如下：

```
        00000000 00001001           (9 的二进制补码)
      &11111111  11111011           (−5 的二进制补码)
  ---------------------------------------------------
  结果：00000000 00001001           (9 的二进制补码)
```

可见 9&(−5)=9。

按位与运算通常用来对某些位清 0 或保留某些位。例如把 short 型 a 的高八位清 0，保留低八位，可作 a&255 运算（255 的二进制数为 0000000011111111）。

5. 按位“异或”运算

按位异或运算符“^”是双目运算符。其功能是参与运算的两个运算对象的各对应的二进位相异或，当两对应的二进位相同时，则该位的结果为 0；数不同，则该位的结果为 1。参与运算的数仍以补码出现，例如 9^5 可写成算式如下：

```
        00000000 00001001
       ^00000000 00000101
  ------------------------------------
  结果：00000000 00001100       (十进制为 12)
```

6. 按位“或”运算

按位或运算符“|”是双目运算符。其功能是参与运算的两个运算对象的各对应的二进位相或。只要对应的二个二进位有一个为 1 时，结果位就为 1。参与运算的两个数均以补码出现。例如 9|5 可写成算式如下：

```
        00000000 00001001
       |00000000 00000101
  ------------------------------------
  结果：00000000 00001101       (十进制为 13)
```

可见 9|5=13。

说明：

（1）对于按位运算，当两个运算对象的位数不同时，系统会进行如下处理。

① 先将两个运算对象右端对齐。

② 再将位数短的一个运算对象往高位扩充，即：无符号数和正整数左侧用 0 补全；负数左侧用 1 补全。然后，再对位数相等的这两个运算对象按位进行位运算。

（2）对于各个位运算的优先级，按位取反最高，左移和右移一样，即：按位取反 > 左移和右移 > 按位与 > 按位异或 > 按位或，可参看附录Ⅲ。

2.9.2　位运算复合赋值运算符

前面所介绍的五种双目位运算符与赋值运算符结合可以组成扩展的位运算复合赋值运算符，其表示形式及含义如表 2.6 所示。

表 2.6　　位运算赋值运算符及含义

运　算　符	表　达　式	等价的表达式
<<=	a<<=2	a=a<<2
>>=	b>>=n	b=b>>n
&=	a&=b	a=a&b
^=	a^=b	a=a^b
|=	a|=b	a=a|b

2.10 数据类型转换与计算类型长度运算符

C 语言允许参加运算数据值的类型相互转换，转换的方法有两种：自动类型转换和强制类型转换。

2.10.1 自动类型转换

当在表达式中，不同类型的数据在表达式中进行混合运算时，要先转换成同一类型，然后进行运算，转换由编译系统自动完成。

1. 算术转换

当自动转换用于算术运算（加、减、乘、除、取余及负号运算）时可称为算术转换。

转换的原则是：自动将精度低、表示范围小的运算对象类型向精度高、表示范围大的运算对象类型转换，以便得到较高精度的运算结果。具体转换规则如图 2.5 所示。

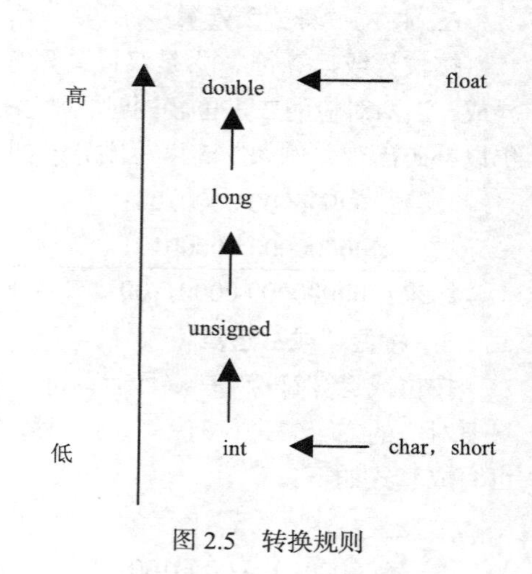

图 2.5 转换规则

说明：

（1）图中横向向左指的箭头为必定转换的类型，即将表达式中的 char 或 short 全部自动转换为相应的 int 型；将 float 转换为 double 型。

（2）图中纵向的箭头表示当一个运算符两端的运算对象类型不一致时，按低级别数据类型指向高级别数据类型转换的原则进行转换，以保证不降低精度。同时，纵向箭头的方向仅表示数据类型级别的高低，而并不表示需要逐级转换。例如，有下面表达式：

```
'A'+(y-5)*9/x
```

其中 x 为 float 型，y 为 double 型，计算时类型自动转换过程如下。

（1）将整型 5 转换为 double 型，然后进行减法运算，结果为 double 型。

（2）将整型 9 转换为 double 型，然后进行乘法运算，结果为 double 型。

（3）将 x 转换为 double 型，然后进行除法运算，结果为 double 型。

（4）将'A'转换为 double 型，然后进行加法运算，最后结果为 double 型。

2. 赋值转换

在赋值运算中，只有在赋值号右侧表达式的类型与左侧变量类型完全一样时，赋值操作才能进行。如果赋值运算符两侧的数据类型不一致，系统自动先把右侧表达式求得的数值按赋值号左边变量的类型进行转换，然后再赋值。这种转换仅限于数值数据之间，通常称为“赋值兼容”。

在赋值转换时，与算术转换类似，低级别数据类型向高级别类型的转换一般不会出现问题，如 float 型向 double 型、整型向浮点型转换。但有些情况的赋值转换可能会出现问题。

（1）将长整型数据赋给短整型或字符型变量时，高位字节的数据将丢失。也就是说，赋值号右边的值不能超出左边变量的数值范围，否则将得不到预期的结果。

例 2.7 赋值转换时高位字节的丢失。

```
#include <stdio.h>
```

```
main ()
{
    short a=289;
    char c;
    long b=98304;
    c=a;          /* 截取 a 的低 8 位赋给 c */
    a=b;          /* 截取 b 的低 16 位赋给 a */
    printf("a=%d\tc=%d\n",a,c);
}
```

运行结果如下：

```
a=-32768        c=33
```

（2）将有符号整型数据赋给无符号整型变量时，把内存中存储的二进制数字原样复制，所以负数将转换为正数。例如，变量 a 被定义为 unsigned short 型，在进行了 a=-1 操作后，a 的值为 65535。这种转换也应注意左边变量的数值范围。

（3）将无符号整型数据赋给有符号整型变量时，复制机制同上。这时若符号位为 1，将按负数处理。

（4）将浮点型数据赋给整型变量时，舍弃浮点数的小数部分。如 i 为整型变量，则执行 i = 3.567 的结果将使 i 的值为 3。

（5）将 double 型数据赋给 float 型变量时，截取前面 7 位有效数字存到 float 型变量，所以右边的数值不能超出左边变量的数值范围。

2.10.2 强制类型转换

强制类型转换是由程序员通过类型标识符实现的，通过强制类型转换可以将一种类型的变量强制转换为另一种类型。其形式为：

(类型标识符) (表达式)

其功能是把表达式的运算结果强制转换成类型标识符所表示的类型。

在使用强制转换时应注意以下几点。

（1）类型标识符和表达式都必须加括号（表达式为单个变量时可以不加括号），如 “(int)(x+y)”，若写成 “(int)x+y”，则成了先把 x 转换成 int 型，再与 y 相加了。

（2）无论是强制转换还是自动转换，都是为了本次运算的需要而对变量的数据长度进行临时性转换，而不改变该变量定义时的类型。

例 2.8 强制类型转换不会改变变量定义的类型。

```
#include <stdio.h>
main()
{
    float f=5.75;
    printf("(int)f=%d,f=%f\n",(int)f,f);
}
```

（int）f 是指取出 f 中的数据，然后转换为 int 型，而 f 的值并不改变。即（int）f 的值为 5（删去了小数），而 f 的值仍为 5.75。因此程序的执行结果如下：

```
(int)f=5,f=5.750000
```

2.10.3 计算类型长度运算符

计算类型长度运算符是 C 语言用于测定某一种类型数据所占存储空间长度的运算符。计算类型长度运算符是单目运算符，其运算对象可以是任何数据类型、变量及表达式。其格式如下：

```
sizeof（运算对象）
```

例 2.9 计算类型长度运算符的使用。

```
#include <stdio.h>
main()
{
    int a;
    float b;
    printf("char:%d byte\n",sizeof(char));
    printf("int:%d byte\n",sizeof(int));
    printf("a:%d byte\n",sizeof(a));
    printf("b:%d byte\n",sizeof(b+1.2));        //表达式 b+1.2 为 double 型
}
```

程序运行结果如下：

```
char:1 byte
int:4 byte
a:4 byte
b:8 byte
```

本章小结

C 语言是一种强类型的语言，各种数据都有其类型。数据类型分为基本类型、构造类型、指针类型和空类型四类。基本类型是 C 语言的基础，也是组成构造类型的元素。本章主要介绍基本类型中的字符型、整型和实型。

在 C 语言中，运算符的作用范围很宽，把除了控制语句和输入输出以外的几乎所有的基本操作都作为运算符处理。运算符从需要运算对象的数量上可分为单目运算符、双目运算符和三目运算符，运算符具有优先级和结合性。本章介绍了算术运算符、赋值运算符、逗号运算符、位运算符、数据类型转换和计算类型长度运算符等。

表达式可以按照运算符分类，如赋值表达式、算术表达式、逗号表达式和位运算符表达式等。每个表达式都有一个值和类型。表达式求值按运算符优先级和结合中所规定的顺序进行。

不同数据类型之间的转换分为自动类型转换和强制类型转换两种方式，高精度向低精度类型转换时要注意误差。

习　　题

1．选择题

（1）下面四个选项中，均是合法整型常量的选项是________。

A. 160, −0xffff, 011　　B. −0xcdf, 01a, 0xe

C. −01, 986, 012, 0668　　D. −0x48a, 2e5, 0x

（2）设 C 语言中，一个 short int 型数据在内存中占 2 个字节，则 unsigned short int 型数据的取值范围为________。

A. 0～255　　B. 0～32767

C. 0～65535　　D. 0～2147483647

（3）下面四个选项中，均是合法的浮点数的选项是________。

A. 160, 0.12, e3　　B. 123, 2e4.2, .e5

C. −.18, 123e, 4, 0.0　　D. −e3 ,234, 1e3

（4）在 C 语言中，char 型数据在内存中存储的是字符的________。

A. 补码　　B. 反码　　C. 原码　　D. ASCⅡ码

（5）若有定义 “char c='\72';”，则变量 c________。

A. 包含 1 个字符　　B. 包含 2 个字符　C. 包含 3 个字符　D. 不合法，c 的值不确定

（6）若有以下定义，则能使其值为 3 的表达式是________。

```
int k=7,x=12;
```

A. x%=(k%=5)　　B. x%=(k−k%5)　　C. x%=k−k%5　　D. (x%=k)−(k%=5)

（7）执行逗号表达式 a=3,b=5,a-=a+b,b=a-b 之后，a 和 b 的值分别为________。

A. 3 和 5　　B. −5 和−2　　C. 8 和 3　　D. −5 和−10

（8）设有定义：char x=3,y=6,z;，则执行语句 z=x^y<<2;后，z 的二进制值是________。

A. 00010100　　B. 00011011　　C. 00011100　　D. 00011000

（9）设变量 n 为 float 类型，m 为 int 类型，则以下能实现将 n 中的数值保留小数点后两位，第三位进行四舍五入运算的表达式是________。

A. n=(n*100+0.5)/100.0　　B. m=n*100+0.5,n=m/100.0

C. n=n*100+0.5/100.0　　D. n=(n/100+0.5)*100.0

（10）下列程序执行后的输出结果是（小数点后只写一位）________。

A. 6 6 6.0 6.0　　B. 6 6 6.7 6.7　　C. 6 6 6.0 6.7　　D. 6 6 6.7 6.0

```
#include <stdio.h>
main()
{
    double d; float f; long l; int i;
    i=f=l=d=20/3;
    printf("%d %ld %f %f \n", i,l,f,d);
}
```

（11）若变量已正确定义并赋值，下面符合 C 语言语法的是________。

A. a:=b+1　　B. a=b=c+2　　C. int 18.5%3　　D. a=a+7=c+b

（12）若变量 a、i 已正确定义，且 i 已正确赋值，合法的语句是________。

A. a==1　　B. ++i;　　C. a=a++=5;　　D. a=int(i);

（13）若有定义：int a=7;float x=2.5，y=4.7;，则表达式 x+a%3*(int)(x+y)%2/4 的值是________。

A. 2.5　　B. 2.75　　C. 3. 5　　D. 0.0

（14）设变量 a 是整型，f 是单精度型，i 是双精度型，则表达式 10+'a'+i*f 值的数据类型为________。

A. int　　B. float　　C. double　　D. 不确定

（15）sizeof(float)是________。

A．一个双精度型表达式　　B．一个整型表达式

C．一种函数调用　　D．一个不合法的表达式

2．填空题

（1）C 语言中的标识符只能由三种字符组成，它们是________、________和________。

（2）以下程序的输出结果是________。

```
# include  <stdio.h>
main()
{
    unsigned short a=65536; int b;
    printf("%d\n",b=a);
}
```

（3）在 C 语言中（以 32 位系统为例），一个 float 型数据在内存中所占的字节数为________，一个 double 型数据在内存中所占的字节数为________。

（4）能正确表示 $\frac{a+b}{a-b}c$ 的 C 语言表达式是________。

（5）若 a 是 int 型变量，且 a 的初值为 6，则计算表达式 a+=a-=a*a 后 a 的值为________。

（6）若有定义：int m=5, y=2;，则计算表达式 y+=y-=m*=y 后的 y 值是________。

（7）若有定义：int a=10, b=9, c=8;，则顺序执行下列语句后，变量 c 中的值是________。

```
c=(a-=(b-5));
c=(a%11)+(b=3);
```

（8）若 a、b 和 c 均是 int 型变量，则计算表达式 a=(b=4)+(c=2)后，a 值为________，b 值为________，c 值为________。

（9）设有定义：int a=10, b=4;，则执行语句 a%=b+1;后，a 的值是________。

（10）若 x 和 n 均是 int 型变量，且 x 和 n 的初值均为 5，则计算表达式 x+=n++后，x 的值为________，n 的值为________。

（11）若 x 和 a 均是 int 型变量，则计算表达式①后的 x 值为________，计算表达式②后的 x 值为________。

① x=(a=4,6*2)。

② x=a=4,6*2。

（12）若有定义：int b=7;float a=2.5,c=4.7;，表达式为：

```
a+(int)(b/3*(int)(a+c)/2)%4
```

则其计算值为________。

（13）下列程序的输出结果是________。

```
#include <stdio.h>
main()
{
    float  i=1.1;
    int x,y;
    x=1.5;
    y=(x+3.5)/5;
    printf("%d\n",i*y);
}
```

（14）以下程序的输出结果是________。

```
#include <stdio.h>
main()
{
    int a=0;
    a+=(a=8);
    printf("%d\n",a);
}
```

（15）下列程序的输出结果是 16.00，请填空。

```
#include <stdio.h>
main()
{
    int a=9, b=2;
    float x= _____, y=1.1,z;
    z=a/2+b*x/y+1/2;
    printf("%f\n", z );
}
```

3. 编程题

（1）编写一个程序求各种类型数据的存储长度。

（2）从键盘输入公里数，屏幕输出其英里数。已知 1 英里 = 1.60934 公里（用符号常量）。

第3章 顺序结构程序设计

本章重点：

※ C语言基本语句的分类

※ 字符数据输入输出函数

※ 格式化输入输出函数

本章难点：

※ 格式化输入输出函数的格式控制字符串

从程序流程的角度来看，程序可以分为三种基本结构，即顺序结构、选择结构和循环结构。这三种基本结构可以组成所有的各种复杂程序，C 语言提供了相应的语句。本章介绍 C 语言中构成顺序结构的一些语句，使读者对C程序有一个初步的认识。

3.1 C语言语句概述

C语言的语句可分为说明语句和可执行语句两大类。说明语句包括变量定义或说明、数据类型定义、函数声明等语句；可执行语句用来向计算机发出操作指令，一条可执行语句编译后可产生若干条机器指令。在函数或复合语句内的说明语句必须在可执行语句的前面。本节介绍的是可执行语句，主要分为简单语句和复合语句，简单语句主要包括表达式语句、函数调用语句、控制语句和空语句等。

3.1.1 简单语句

1. 表达式语句

表达式语句由表达式加上分号“;”组成，其一般形式为：

表达式;

执行表达式语句就是计算表达式的值。例如：

```
i=i+1;          /*将 i+1 的结果存入变量 i 中*/
x+y;            /*加法运算语句，但计算结果不能保留，无实际意义*/
i++;            /*i 值增 1*/
```

2. 函数调用语句

由函数调用加上分号“;”组成。例如：

```
printf("C Program");/*调用库函数，输出字符串*/
```

3. 控制语句

控制语句用于控制程序的流程，C 语言有九种控制语句，可分成以下三类。

（1）条件判断语句：if 语句、switch 语句等。

（2）循环执行语句：do-while 语句、while 语句、for 语句。

（3）转向语句：break 语句、goto 语句、continue 语句、return 语句。

4. 空语句

只有分号“;”组成的语句称为空语句，程序执行时不产生任何动作。程序设计中有时需要加一个空语句来表示存在一条语句，但随意加分号也会导致逻辑上的错误，需要慎用。例如：

```
while(getchar()!='\n')
;
```

本语句的功能是，只要从键盘输入的字符不是回车则重新输入。这里的循环体为空语句。

3.1.2　复合语句

把多个语句用括号“{}”括起来组成的一个语句称复合语句。复合语句也称为“语句块”，复合语句的语句形式如下：

```
{   语句 1;
    语句 2;
      ⋮
    语句 n;
}
```

复合语句在语法上视为一条语句，在括号“{}”内的语句数量不限。例如:

```
{   x=y+z;
    a=b+c;
    printf("%d%d",x,a);
}
```

3.2　字符数据的输入/输出

所谓输入/输出是以计算机主机为主体而言的。从计算机向外部输出设备（如显示器、打印机、磁盘等）输出数据称为“输出”；从输入设备（如键盘、磁盘、光盘、扫描仪等）向计算机输入数据称为“输入”。本章所述的输入/输出设备主要指的是键盘和显示器。

与其他高级语言有所不同，C 语言没有提供输入/输出语句，数据输入/输出是由函数来实现的。在 VC 中，调用输入/输出函数之前，要求使用下面预编译命令对头文件“stdio.h”（stdio 是 standard input/output 的缩写）进行文件包含说明（有些习题没有包含头文件，上机时请自行加上）：

```
#include <stdio.h>
```

输入/输出函数主要包括字符数据的输入/输出函数及格式化输入/输出函数。本节介绍字符数据的输入/输出函数。

3.2.1 字符输出函数（putchar）

putchar 函数是字符输出函数，其功能是在默认输出终端（一般为显示器）上输出单个字符。其一般形式为：

```
putchar(ch)
```

其中，ch 可以是一个字符变量或常量，也可以是一个转义字符。

例 3.1 输出单个字符。

以下为输出单个字符'B'的程序。

```
#include <stdio.h>
main()
{    char ch='B';
     putchar(ch);        /*输出变量的值字符 B*/
     putchar('\n');      /*输出一个换行符*/
     putchar('B');       /*直接输出字符 B*/
     putchar('\n');      /*输出一个换行符*/
     putchar(0x42);      /*使用 ASCII 值输出字符 B*/
     putchar('\n');      /*输出一个换行符*/
}
```

程序运行结果如下：

```
B
B
B
```

3.2.2 字符输入函数（getchar）

getchar 函数是字符输入函数，其功能是从系统默认的输入终端（一般为键盘）输入一个字符，可以是字母字符、数字字符和其他字符等。其一般形式为：

```
getchar();
```

要注意的是，getchar 函数等待输入直到按回车才结束，回车前所输入的全部字符都会在在屏幕上显示，但只有第一个字符作为函数的返回值。

例 3.2 输入单个字符，并输出。程序如下：

```
#include <stdio.h>
main()
{  char c;
   c=getchar();
   putchar(c);
}
```

程序运行结果如下：

```
abc↙
a
```

另外，getchar 函数得到的字符可以赋给字符变量或整型变量，也可以不赋给任何变量，而作为表达式的一部分。例 3.2 可以写成：

```
#include <stdio.h>
main()
{  putchar(getchar());
}
```

3.3　格式化输入/输出函数

3.3.1　格式输出函数（printf）

1. printf 函数的一般调用形式

printf 函数是 C 语言提供的标准输出函数，它的作用是将数据在终端设备（或系统默认的输出设备上）按指定格式输出。printf 函数调用的一般形式为：

```
printf("格式控制字符串", 输出表列);
```

其中，输出表列是以逗号隔开的表达式；格式控制字符串规定输出格式。

格式字符串作用如下。

（1）为各输出项提供输出格式。输出格式的作用是将要输出的数据转换为指定的格式输出。它总是由“%”符号开始，紧跟其后的是格式描述符，说明输出数据的类型、形式、长度、小数位数等。

（2）原样输出普通字符，在程序运行过程中起提示作用。

例 3.3　输出函数 printf 程序示例。

```
#include <stdio.h>
main()
{    int i=3314;
     float a=2.1454;
     printf("i=%d,a=%f,a*10=%e\n",i,a,a*10);
}
```

程序运行结果为：

```
i=3314,a=2.145400,a*10=2.145400e+001
```

在上面 printf 的格式控制串中，“i=”按原样输出，在“%d”的位置上输出变量 i 的值，接着输出一个逗号“,”和“a=”，在“%f”的位置上输出变量 a 的值，又输出一个逗号“,”和“a*10=”，在“%e”的位置上输出 a*10 的值，最后输出一个换行符。

2. printf 函数中常用的输出格式

在 Turbo C 和 VC 中，printf 函数的输出格式的一般形式为：

```
%[标志][宽度指示符][.精度指示符][长度修饰符]格式字符
```

其中，方括号[]中的项为可选项。

（1）格式字符。格式字符用以表示输出数据的类型,格式字符如表 3.1 所示。

表 3.1　　格式字符表

格式字符	说　明
d 或 i	以十进制形式输出带符号整数（正数不输出符号）
o	以八进制形式输出无符号整数（不输出前缀 0）
x,X	以十六进制形式输出无符号整数（不输出前缀 0x），对于 x 用 abcdef 输出；对于 X 用 ABCDEF 输出
U	以十进制形式输出无符号整数
f	以小数形式输出单、双精度实数，隐含输出 6 位小数
e,E	以指数形式输出单、双精度实数，数字部分小数位数为 6 位，指数部分占 5 位，用“E”时，指数以大写表示

续表

格式字符	说　明
g,G	以%f 或%e 中较短的输出宽度输出单、双精度实数，不输出无意义的 0，用“G”时，则指数以大写表示
c	输出单个字符
s	输出字符串
p	输出变量的内存地址

（2）宽度（域宽）指示符。用来指定输出数据项的最小字段宽度，通常用十进制表示。省略宽度指示符时，按实际位数输出；若实际位数大于定义的宽度，也按实际位数输出；若实际位数小于定义的宽度，数据右对齐，左边补以空格。如表 3.2 所示。

表 3.2　　末指定宽度和指定输出宽度时的输出结果

输出语句	输出结果
printf("%3d\n",4321);	4321（按实际位数输出）
printf("%f\n",123.54);	123.540000（按实际需要宽度输出）
printf("%12f\n",123.54);	␣␣ 123.540000（输出右对齐，左边填空格）
printf("%e\n",123.54);	1.235400e + 002（按实际需要宽度输出）
printf("%14e\n",123.54);	␣ 1.235400e + 002（输出右对齐，左边填空格）
printf("%g\n",123.5);	123.5（%f 格式比采用%e 格式输出宽度小）
printf("%8g\n",123.5);	␣␣␣123.5（输出右对齐，左边填空格）

（3）精度指示符。精度指示符以“.”开头，后跟十进制整数。精度指示符通常与宽度指示符结合使用，格式为“m.n”，其中“m”表示输出数据所占总的宽度，“n”表示输出数据的精度。

对于浮点数，“n”表示输出数据的小数的位数，当输出数据的小数位数大于“n”时，截去右边多余的小数，并对截去的第一位小数做四舍五入；当输出数据的小数位数小于“n”时，在小数的最右边添 0。

也可以省略“m.n”中的 m，用“.n”表示小数的位数，并对截去的第一位小数进行四舍五入，这时输出数据的宽度由系统决定。若指定“%.0f”，则不输出小数部分，但要对第一位小数进行四舍五入。

对于 g 或 G，“.n”表示输出的有效数字，并对截去的第一位进行四舍五入，整数部分并不丢失，隐含的输出有效数字为 6 位有效数字。

对于字符串，“.n”则表示要输出字符的个数；如果实际位数大于所定义的精度时，则截去超过的部分。表 3.3 列举了一些指定精度的例子。

表 3.3　　指定精度时的输出结果

输出语句	输出结果
printf("%8.3f\n",123.55);	␣ 123.550
printf("%8.1f\n",123.55);	␣␣␣ 123.6
printf("%8.0f\n",123.55);	␣␣␣␣␣ 124
printf("%g\n",123.56789);	123.568
printf("%.7g\n",123.56789);	123.5679
printf("%.5s\n",“abcdefg”);	abcde

输出数据的实际精度并非完全取决于格式控制串中的宽度和精度，而是取决于数据在计算机内的存储精度。在 VC 中 float 类型有 7 位有效数字，double 类型有 16 位有效数字。如果在格式控制串中指定的宽度和精度超过了相应类型数据的有效数字，输出的多余数字是没有意义的，只是系统用来填充数据宽度而已。

（4）标志。标志字符为–、+、#、空格和 0 五种，其意义如表 3.4 所示。表 3.5 列举了一些使用标志的例子。

表 3.4　标志及其意义

标　志	意　义
–	输出结果左对齐，右边填空格；缺省则输出结果右对齐，左边填空格
+	输出符号（正号或负号）
空格	输出值为正时冠以空格，为负时冠以负号
#	对 c,s,d,u 类无影响；对 o 类，在输出时加前缀 0；对 x 类，在输出时加前缀 0x
0	对数值格式，在指定宽度的同时，输出数据左边空格处填以数字 0

表 3.5　标志的用法

输 出 语 句	输 出 结 果
printf("%6d\n",111);	⊔⊔⊔ 111
printf("%–6d\n",111);	111 ⊔⊔⊔
printf("%+d\n",111);	+111
printf("% d\n",111);/*%和 d 之间有一个空格*/	⊔ 111
printf("% d\n",–111);/*%和 d 之间有一个空格*/	–111
printf("%#o\n",10);	012
printf("%#x\n",16);	0x10
printf("%06.2f\n",1.6);	001.60

（5）长度修饰符。长度修饰符为 h、l 两种，h 表示按短整型（short）输出，可加在格式符 d、o、x、u 前面，如%hd；l 表示按长整型（long）输出，如%ld、%lx 等。l 也可加在格式符 f 前面，但没有什么意义。

例 3.4　输出函数 printf 程序示例。

```
#include <stdio.h>
main()
{  int a=15;
   float b=123.1234567;
   double c=12345678.1234567;
   char d='p';
   printf("a=%d,%5d,%o,%x\n",a,a,a,a);
   printf("b=%f,%lf,%5.4lf,%e\n",b,b,b,b);
   printf("c=%lf,%f,%8.4lf\n",c,c,c);
   printf("d=%c,%8c\n",d,d);
 }
```

程序运行结果如下：

```
a=15,⊔⊔⊔15,17,f
b=123.123459,123.123459,123.1235,1.231235e+002
```

```
c=12345678.123457,12345678.123457,12345678.1235
d=p,␣␣␣␣␣␣␣␣p
```

在例 3.4 中，b 是单精度实数，只能保证 7 位有效数字，因此 b = 123.123459 中，123.1234 是准确的，后面几位是不准确的。而 c 是双精度实数，能保证 16 位有效数字，因此结果每一位都是准确的。

3. 调用 printf 函数时的注意事项

（1）输出表列中的各输出项要用逗号隔开，输出项可以是合法的常量、变量或表达式。格式控制字符串中的格式描述符与输出列表的输出项在数量和类型上应该一一对应。如果格式控制字符串中的格式描述符少于输出项的个数，多余的输出项不予输出；如果格式控制字符串中的格式描述符多于输出项的个数，则对于多余的格式将输出不定值（或 0 值）。

（2）如果格式控制字符串中的格式描述符与对应的输出项类型不匹配，将导致数据不能正确输出，这时系统并不报错。例如在输出长整型数据时，应使用%ld 格式说明，在 VC 6.0 中也可使用%d（因为 int 型和 long 型数据所占字节数相同），但如果使用%hd，将输出错误的数据。

例 3.5 输出函数 printf 程序示例。

```
#include <stdio.h>
main()
{    long a=80000;
     printf("x=%hd\n",a);
}
```

程序运行后的输出结果是：

```
x=14464
```

（3）在格式控制字符串中，除了合法的格式说明外，可以包含任意的合法字符（包括转义字符），这些字符在输出时将原样输出。

（4）如果需要输出一个百分号%，则应在格式控制字符串中用两个连续的百分号“%%”表示。。

（5）在 VC 中，printf 函数的返回值是本次调用输出的字符个数。

（6）尽量不要在输出函数中改变输出变量的值，因为在输出时，先对输出表列的各项求值，然后再输出。输出顺序是从左到右，而求值顺序，有的编译系统是从左到右，有的是从右到左，VC 6.0 是按从右到左进行的。

例 3.6 输出函数 printf 程序示例。

```
#include <stdio.h>
main()
{  int i=8;
   printf("%d\t%d\n",i,++i);
}
```

输出结果为：

```
9    9
```

在 VC 中运行该程序时，对 printf 函数的各输出项按自右至左的顺序求值，即先计算“++i”，i 的值为 9，然后按自左至右输出，得上述结果。

3.3.2 格式输入函数（scanf）

1. scanf 函数的一般调用形式

scanf 函数是 C 语言提供的标准输入函数，它的作用是从终端设备（或系统默认的输入设备）上输入数据。scanf 函数的一般调用形式如下：

```
scanf("格式控制字符串",地址列表);
```

例如：

```
scanf("%d%d",&a,&b);
```

其中 scanf 是函数名，“%d%d”为格式控制字符串；&a，&b 组成地址列表，表示两个输入项。

（1）格式控制字符串的作用是指定输入数据的格式，由“%”符号开始，其后是格式描述符。

（2）各输入项只能是合法的地址表达式，例如&a，&b。“&”是 C 语言中求地址运算符，&a 就是取变量 a 的地址，&b 就是取变量 b 的地址，也就是说各输入项必须是某个存储单元的地址。

2. scanf 函数中常用的格式说明

与 printf 函数中的格式说明相似，每个格式说明都必须用%开头，以一个“格式字符”作为结束。其一般形式如下：

```
%[*][输入数据宽度][长度修饰符]格式字符
```

（1）格式字符。表示输入数据的类型，表 3.6 列出了 scanf 用到的格式字符。

表 3.6　　scanf 格式字符

格式字符	说　明
d,i	输入有符号的十进制整数
o	输入无符号的八进制整数
x,X	输入无符号的十六进制整数
u	输入无符号的十进制整数
f,e	输入实型数（用小数形式或指数形式）
c	输入单个字符
s	输入字符串，结果存入字符数组中。输入时，以第一个非空白字符开始，以第一个空白字符结束，系统自动加上'\0'作为字符串结束标志

（2）“*”符。表示读入该输入项后不赋予相应的变量，即跳过该输入值。例如：

```
scanf("%d%*d%d",&a,&b);
```

当输入为 10 ␣ 25 ␣ 30 时，把 10 赋予 a，25 被跳过，30 赋予 b。

（3）数据宽度。用十进制整数指定输入的宽度，即读取输入数据中相应位数赋给相应的变量，舍弃多余部分。例如：

```
scanf("%5d",&a);
```

当输入 12345678 时，只把 12345 赋予变量 a，其余部分被截去。又如：

```
scanf("%4d%4d",&a,&b);
```

当输入 12345678 时，把 1234 赋予 a，而把 5678 赋予 b。

（4）长度修饰符。长度格式符为 h 和 l。在 VC 环境下，输入 short 型整数，格式控制要求用%hd；输入 double 型数据，必须用%lf 或%le。否则，数据不能正确输入。但在 VC 中，%ld 与%d 一样。

3. 调用 scanf 函数时的注意事项

（1）scanf 函数中的格式字符前可以用一个整数指定输入数据所占宽度，但不可以对实型数指定小数位的宽度。如“scanf("%5.2f",&a);”是非法的，不能企图用此语句输入小数为 2 位的实数。

（2）scanf 中要求给出变量地址，如给出变量名则会出错。如“scanf("%d",a);”是非法的，应改为“scnaf("%d",&a);”。

（3）在输入多个数值数据时，若格式控制字符串中没有非格式字符作为输入数据之间的间隔，则可用空格、Tab 或回车作为间隔。程序在运行时碰到空格、Tab 键、回车或非法数据（如对"%d"输入“12A”时，A 即为非法数据）时即认为该数据结束。例如，假设 a、b、c 为整型变量，若有以下输入语句：

```
scanf("%d%d%d",&a,&b,&c);
```

要求 a = 10，b = 20，c = 30，则数据输入形式应当是：

10 间隔符 20 间隔符 30

此处的间隔符可以是空格、Tab 键、回车符。

（4）在输入字符数据时，若格式控制字符串中没有非格式字符，则认为所有输入的字符均为有效字符。例如：

```
scanf("%c%c%c",&a,&b,&c);
```

若输入为：

```
d␣e␣f↙
```

则把“d”赋予 a，“␣”赋予 b，“e”赋予 c。

若输入为：

```
def↙
```

则把“d”赋予 a，“e”赋予 b，“f”赋予 c。

如果在格式控制字符串中加入空格作为间隔，则输入时各数据之间可加空格。例如: scanf ("%c␣%c ␣%c",&a,&b,&c);。

（5）调用 scanf 函数时，应当注意变量类型与格式字符保持一致，否则虽然编译能够通过，但结果将不正确。

例 3.7　输入函数 scanf 程序示例。

```
#include <stdio.h>
main()
{
    long i;
    double f;
    scanf("%hd%f",&i,&f);
    printf("%d\t%g\n",i,f);
}
```

运行情况如下：

```
1111111111 123↙
-859032121      -9.25596e+061
```

程序中，变量 i 为长整型，但输入格式描述符为%hd(short 型)，所以出错；同样，f 为 double 型，但格式字符为%f(float 型)，照样出错。将 scanf 函数的格式控制字符串改为"%d%lf"或"%ld%lf"，就可得到正确结果。

（6）scanf 函数也有一个返回值，这个返回值就是成功输入的项数。

例 3.8　输入函数 scanf 的返回值程序。

```
#include <stdio.h>
main()
{  int x,y;
   printf("%d\n",scanf("%d%d",&x,&y));
}
```

程序运行的结果为:

```
45 ⊔ 54↙
2
```

（7）当输入数据的个数小于输入项的个数时，程序等待输入，直到满足要求为止。当输入数据的个数大于输入项的个数时，多于的数据并不消失，而是作为下一个输入操作时的输入数据。

例 3.9　输入函数 scanf 程序示例。

```
#include <stdio.h>
main()
{  int a,b,c,d;
   scanf("%d%d",&a,&b);
   printf("a=%d,b=%d\n", a,b);
   scanf("%d%d",&c,&d);
   printf("c=%d,d=%d",c,d);
}
```

程序运行的结果为:

```
45 ⊔ 54 ⊔ 23 ⊔ 89↙
a=45,b=54
c=23,d=89
```

当程序运行到第一个 scanf 时，要求输入两个整数，但这里输入了四个整数，输入数据的个数大于了输入项的个数，这时只将 45 赋给了 a，54 赋给了 b，23 和 89 并没有消失，当运行到第二个 scanf 时，23 和 89 作为该输入操作的输入数据。

3.4　顺序结构程序设计举例

例 3.10　中国古代数学问题“鸡兔同笼问题”。

在同一个笼子里养着鸡与兔，但不知道其中鸡有多少只，兔有多少只，只知道鸡和兔的总数是 a 头，鸡与兔共有 b 只脚，问鸡与兔各有多少只？（假定从笼子的上面数，有 35 个头；从下面数，有 94 只脚。）

由已知条件，列出方程组:

$$\begin{cases} x+y=a \\ 2x+4y=b \end{cases}$$

其中 x 为鸡的只数，y 为兔的只数。

由上面方程组可得到:

$$\begin{cases} x=(4a-b)/2 \\ y=(b-2a)/2 \end{cases}$$

该式表明解出方程的办法，于是编制程序如下：

```
#include <stdio.h>
main()
{  int a,b;
   int x,y;
   printf("Input the head: ");
   scanf("%d",&a);
   printf("Input the feet: ");
   scanf("%d",&b);
   x=(4*a-b)/2;
   y=(b-2*a)/2;
   printf("The Number of chick is %d\n",x);
   printf("The Number of rabbit is %d\n",y);
}
```

运行情况如下：

```
Input the head:35↙
Input the feet:94↙
The Number of chick is 23
The Number of rabbit is 12
```

例 3.11 输入圆的半径，输出圆的周长和面积。

依据圆周长的计算公式：$l = 2\pi r$；面积的计算公式：$s = \pi r^2$，编写程序如下：

```
#include <stdio.h>
#define PI 3.14159
main()
{  float r,l,s;
   scanf("%f",&r);
   l=2*PI*r;
   s=PI*r*r;
   printf("\nl=%8.4f",l);
   printf("\ns=%8.4f",s);
}
```

运行情况如下：

```
5↙
l=␣31.4159
s=␣78.5397
```

本章小结

C 语言的语句主要包括简单语句和复合语句。简单语句主要有表达式语句、函数调用语句、控制语句、空语句等四种，复合语句是把多个语句用括号“{}”括起来组成的一个语句。

C 语言中没有提供专门的输入输出语句，所有的输入输出都是调用标准库函数中的输入输出函数来实现。putchar 函数主要功能是在系统默认的输出设备（显示器）上输出单个字符，getchar 函数主要功能是从系统默认的输入设备（如键盘）输入一个字符。在程序中使用这两个函数时，应使用编译预处理命令“#include <stdio.h>”。printf 是格式化输出函数，可按指定的格式显示数据，

scanf 是格式化输入函数，按照指定的格式输入数据。

习　　题

1. 选择题

（1）putchar 函数可以向终端输出一个________。

A. 整型变量表达式值　　B. 实型变量值

C. 字符串　　D. 字符

（2）分析以下 C 程序，其输出结果是________。

```
#include <stdio.h>
main()
{  int a=2,b=5;
   printf("a=%%%d,b=%d%%\n",a,b);
}
```

A. a=%2,b=%5　　B. a=2,b=5　　C. a=%%2,b=5%%　　D. a=%2,b=5%

（3）分析以下 C 程序，其正确的运行结果是________。

```
#include <stdio.h>
main()
{  long y=-43456;
   printf("y=%-8ld\n",y);
   printf("y=%-08ld\n",y);
   printf("y=%08ld\n",y);
   printf("y=%+8ld\n",y);
}
```

A. y=⊔⊔-43456
y=-⊔⊔43456
y=-0043456
y=-43456

B. y=-43456
y=-43456
y=-0043456
y=+-43456

C. y=-43456
y=-43456
y=-0043456
y=⊔⊔-43456

D. y=⊔⊔-43456
y=-0043456
y=00043456
y=+43456

（4）分析以下 C 程序，其正确的运行结果是________。

```
#include <stdio.h>
main()
{   int y=2456;
    printf("y=%3o\n",y);
    printf("y=%8o\n",y);
    printf("y=%#8o\n",y);
}
```

A. y=⊔⊔⊔2456
y=⊔⊔⊔⊔⊔⊔⊔⊔2456
y=########2456

B. y=⊔⊔⊔4630
y=⊔⊔⊔⊔⊔⊔⊔⊔4630
y=########4630

C. y=2456
y=␣␣␣␣␣2456
y=␣␣␣␣02456

D. y=4630
y=␣␣␣␣␣4630
y=␣␣␣␣04630

（5）输出语句“printf("*%10.2f*\n",57.666);”的输出结果________。

A. *0000057.66*
B. *␣␣␣␣␣57.66*
C. *0000057.67*
D. *␣␣␣␣␣57.67*

（6）已知程序及输入情况如下，程序中输入语句的正确形式应当为________。

```
#include <stdio.h>
main()
{   int a;
    float f;
    printf("Input number:");
    输入语句
    printf("\nf=%f,a=%d\n",f,a);
}
Input number:4.5␣2↙
```

A. scanf("%d,%f",&a,&f);
B. scanf("%f,%d",&f,&a);
C. scanf("%d%f",&a,&f);
D. scanf("%f%d",&f,&a);

（7）已有如下定义和输入语句，若要求a1,a2,c1,c2的值分别为10，20，A和B，当从第一列开始输入数据时，正确的输入方式是________。

```
int a1,a2;char c1,c2;
scanf("%d%c%d%c",&a1,&c1,&a2,&c2);
```

A. 10␣A20B↙
B. 10␣A␣20␣B↙
C. 10A20B↙
D. 10A20␣B↙

（8）阅读以下程序，当输入数据的形式为25, 13, 10↙，正确的输出结果为________。

```
#include <stdio.h>
main()
{   int x,y,z;
    scanf("%d%d%d",&x,&y,&z);
    printf("x+y+z=%d\n",x+y+z);
}
```

A. x+y+z=48
B. x+y+z=35
C. x+z=35
D. 不确定值

（9）阅读以下程序，若运行结果为如下形式，输入输出语句的正确内容是________。

```
#include <stdio.h>
main()
{   int x;
    float y;
    printf("enter x,y:");
    输入语句
    输出语句
}
输入形式 enter x,y:2␣3.4↙
输出形式 x + y = ␣␣␣5.4
```

A. scanf("%d,%f",&x,&y);
B. scanf("%d%f",&x,&y);

printf("\nx + y = %4.2f",x + y);

printf("\nx + y = %4.2f",x + y);

C. scanf("%d%f",&x,&y);

printf("\nx + y = %6.1f",x + y);

D. scanf("%d%3.1f",&x,&y);

printf("\nx + y = %4.2f",x + y);

（10）运行以下程序，输入 9876543210↙，则程序的运行结果是________。

```
#include <stdio.h>
main()
{  int a;
   float b,c;
   scanf("%2d%3f%4f",&a,&b,&c);
   printf("a=%d,b=%f,c=%f\n",a,b,c);
}
```

A. a=98,b=765,c=4321

B. a=10,b=432,c=8765

C. a=98,b=765.000000,c=4321.000000

D. a=98,b=765.0,c=4321.0

2. 解析题

（1）请写出下面程序的运行结果。

```
#include <stdio.h>
main()
{  int x=170;
   float a=513.789215;
   printf("x=%3d,x=%6d,x=%6o,x=%6x,x=%6u\n",x,x,x,x,x);
   printf("x=%-3d,x=%-6d,x=%6d,x=%%6d\n",x,x,x,x);
   printf("a=%8.6f,a=%8.2f,a=%14.8f,a=%14.8lf\n",a,a,a,a);
}
```

（2）执行以下程序时，若从第一列开始输入数据，为使变量 a = 3,b = 7,x = 8.5,y = 71.82，c1 = 'A',c2 = 'a'，请写出正确的数据输入形式（连续几个 scanf 函数等价于一个 scanf 函数）。

```
#include <stdio.h>
main()
{   int a,b;
    float x,y;
    char c1,c2;
    scanf("a=%d b=%d",&a,&b);
    scanf("x=%f y=%f",&x,&y);
    scanf("c1=%c c2=%c",&c1,&c2);
    printf("a=%d,b=%d,x=%f,y=%f,c1=%c,c2=%c",a,b,x,y,c1,c2);
}
```

3. 编程题

（1）编写程序，输入两个整数，求出它们的商数和余数并进行输出。

（2）编写程序，读入三个双精度数，求它们的平均值并保留此平均值小数点后一位数，对小数点后第二位进行四舍五入，最后输出结果。

第4章 选择结构程序设计

本章重点：

※ 关系运算符和关系表达式

※ 逻辑运算符和逻辑表达式

※ 条件运算符和条件表达式

※ if 语句的用法

※ switch 语句的用法

本章难点：

※ if 语句的嵌套

※ switch 语句的用法

4.1 关系运算符和关系表达式

4.1.1 关系运算符

在程序中经常需要比较两个量的大小关系，以决定程序下一步的工作，比较两个量的运算符称为关系运算符。在C语言中有6种关系运算符：

<(小于)、< = (小于或等于)、>(大于)、> = (大于或等于)、== (等于)、! = (不等于)

关系运算符都是双目运算符，运算结果为一个逻辑值，即："真"或"假"，但C语言没有专门的"逻辑值"，而是用"1"代表"真"，用"0"代表"假"。

例如：

5>3	值为"真"，即为"1"
5< = 3	值为"假"，即为"0"
'5' == 5	值为"假"，即为"0"
5! = 3	值为"真"，即为"1"

注意

浮点数是用近似值表示的，当用"= ="比较两个浮点数是否相等时，由于存储误差，可能会得出错误的结果。例如，下面式子在数学上是成立的：

```
1.0/49.0*49.0==1.0
```

但由于 1.0/49.0 得到的值用有限位保存，是近似值，所以在计算机中 1.0/49.0*49.0≠1.0。一般地，在两个浮点数的差非常小时，即可认为相等，可采用如下形式的运算：

fabs(1-1.0/49.0*49.0)<1e-5

其中，fabs 函数用来求绝对值。

4.1.2　关系表达式

所谓关系表达式是指用关系运算符将两个表达式连接起来，进行关系运算的式子，其一般形式为：

表达式 关系运算符 表达式

其中，表达式可以为关系表达式，从而形成嵌套的情形。

在关系表达式的计算中，6 个关系运算符的结合性为左结合，并且优先级低于算术运算符，均高于赋值运算符，其中<、<=、>、>=的优先级相同，高于==和!=，==和!=的优先级相同。例如：

```
a+b>c/d 等效于(a+b)>(c/d)
'a'+1<c 等效于('a'+1)<c
-i-5*j==k+1 等效于(-i-5*j)==(k+1)
a>b==c 等效于(a>b)==c
x=a!=c==d 等效于 x=((a!=c)==d)
```

例 4.1　计算关系表达式的值。

```
#include <stdio.h>
main()
{    char c='k';
     int i=1,j=2,k=3;
     float x=3e+5,y=0.85;
     printf("%d,%d\n",'a'+5<c,-i-2*j>=k+1);
     printf("%d,%d\n",1<j<5,x-5.25<=x+y);
     printf("%d,%d\n",i+j+k==-2*j,k==j==i+5);
}
```

程序运行结果如下：

```
1, 0
1, 1
0, 0
```

在例 4.1 中，字符变量是以它对应的 ASCII 码参与运算的。对于含多个关系运算符的表达式，如 k == j == i + 5，根据运算符的左结合性，先计算 k == j，该式不成立，其值为 0，再计算 0 == i + 5，也不成立，故表达式值为 0。

4.2　逻辑运算符和逻辑表达式

4.2.1　逻辑运算符

C 语言提供了 3 种逻辑运算符：

```
&&（与运算符）、||（或运算符）、!（非运算符）
```

其中，与运算符“&&”和或运算符“||”为双目运算符，非运算符“!”为单目运算符。假定 a 和 b 是两个运算对象，那么逻辑运算可表示为如下 3 种格式：

a&&b，若 a、b 均为真，则 a&&b 为真；

a||b，若 a、b 之一为真，则 a||b 运算结果为真；

!a，若 a 为真，则!a 为假。

与关系运算一样，逻辑运算的结果也是一个逻辑值（“真”或者“假”），以数字“1”和“0”分别代表“真”和“假”。表 4.1 为逻辑运算的真值表。

表 4.1　逻辑运算的真值表

<table>
<tr><th>a</th><th>b</th><th>!a</th><th>!b</th><th>a&&b</th><th>a||b</th></tr>
<tr><td>非 0</td><td>非 0</td><td>0</td><td>0</td><td>1</td><td>1</td></tr>
<tr><td>非 0</td><td>0</td><td>0</td><td>1</td><td>0</td><td>1</td></tr>
<tr><td>0</td><td>非 0</td><td>1</td><td>0</td><td>0</td><td>1</td></tr>
<tr><td>0</td><td>0</td><td>1</td><td>1</td><td>0</td><td>0</td></tr>
</table>

4.2.2　逻辑表达式

逻辑表达式是指用逻辑运算符将两个表达式连接起来的式子，其一般形式为：

表达式　逻辑运算符　表达式

其中，表达式可以为逻辑表达式，从而组成了嵌套的情形。

逻辑运算符的优先级：!（非）→&&（与）→||（或）。另外，“&&”和“||”低于关系运算符，“!”高于算术运算符，逻辑运算符和其他运算符优先级的关系如图 4.1 所示。

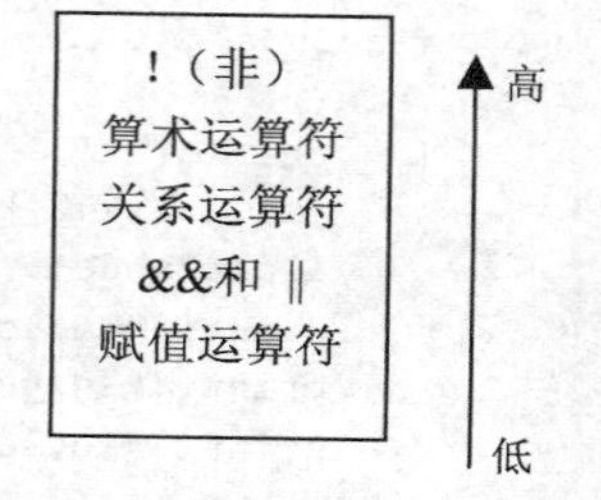

图 4.1　各运算符优先级的关系

逻辑运算符的结合性：与运算符&&和或运算符||具有左结合性，非运算符!具有右结合性。例如：

```
a>b && c>d 等效于(a>b)&&(c>d)
!b==c||d<a 等效于((!b)==c)||(d<a)
a+b>c&&x+y<b 等效于((a+b)>c)&&((x+y)<b)
a && b && c 等效于(a && b) && c
!!!x 等效于!(!(!x))
```

注意

（1）数学式子 $0.5<x<2.0$ 表示 x 的值在大于 0.5 且小于 2.0 的范围内，但在 C 语言中不能用 $0.5<x<2.0$ 这样的关系表达式来表述该数学式子。因为无论 x 取什么值，按照 C 语言的运算规则，要首先计算 $0.5<x$，其值只能是 1 或者 0，一定小于 2.0，所以关系表达式 $0.5<x<2.0$ 的值总是 1，即永远为“真”。只有使用逻辑表达式 x>0.5 && x<2.0 才能正确表述以上的数学式子。

（2）对于&&和||逻辑运算符，如果根据左边的运算对象能断定表达式的结果，则右边的运算对象不被执行，亦即：

① exp1 && exp2：只有 exp1 为“真”时，才计算 exp2。

② exp1 || exp2：只有 exp1 为“假”时，才计算 exp2。

例 4.2　计算逻辑表达式的值。

```
#include <stdio.h>
main()
{   char c='k';
    int i=1,j=2,k=3;
    float x=3e+5,y=0.85;
    printf("%d,%d\n",!x*!y,!!!x);
    printf("%d,%d\n",x||(i=5)&&j-3,i<j&&x<y);
    printf("%d,%d\n",i==5&&c&&(j=8),x+y||i+j+k);
}
```

程序运行结果如下：

```
0, 0
1, 0
0, 1
```

4.3　if 语句及其构成的选择结构

4.3.1　if 语句的形式

1. 单分支 if 语句

该语句的一般形式为：

```
if(表达式) 语句
```

其中，表达式后面的语句称为 if 子句，如果表达式的值为真，则执行其后的 if 子句，否则不执行该 if 子句。其执行过程如图 4.2 所示。

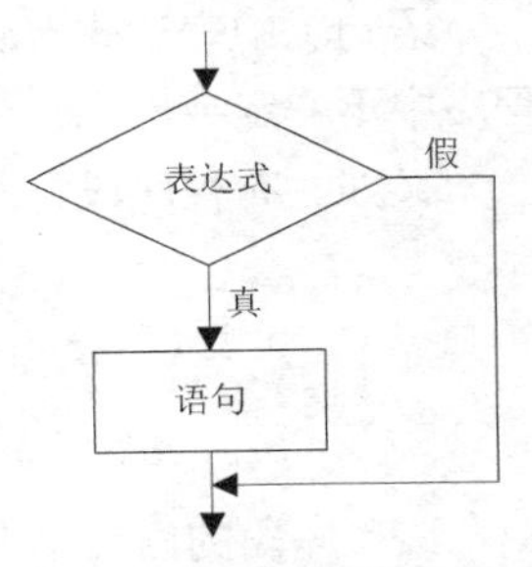

图 4.2　if 语句的执行过程

例 4.3　输入一个数，如果为正数，求其平方根并输出，否则，输出该数。

```
#include <stdio.h>
#include <math.h>
main()
{
    float x,y;
    printf("input one number:");
    scanf("%f",&x);
    y=x;
    if(x>0)  y=sqrt(x);
    printf("y=%f",y);
}
```

运行情况如下：

```
input one number:4↙
y=2.000000
```

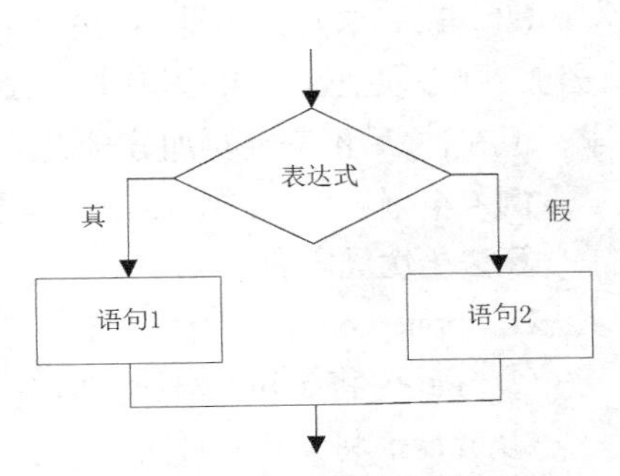

图 4.3　if-else 语句的执行过程

2. 双分支 if 语句

该语句的形式为：

```
if(表达式)
```

```
    语句1;
else
    语句2;
```

其中，语句1称为if子句，语句2称为else子句。其语义是：如果表达式的值为真，则执行语句1，否则执行语句2。其执行过程如图4.3所示。

例4.3的程序可改为：

```
#include <stdio.h>
#include <math.h>
main()
{   float x,y;
    printf("input one number:");
    scanf("%f",&x);
    if(x>0) y=sqrt(x);
    else y=x;
    printf("y=%f",y);
}
```

3. 注意事项

（1）if语句的表达式通常是逻辑表达式或关系表达式，但也可以是其他表达式，如算术表达式或赋值表达式等，甚至也可以是一个常量或变量。例如：

① if(a = 5）语句;

② if(b）语句;

语句①中表达式“a = 5”的值永远为非 0，所以其后的语句总是要执行的，虽然这种情况在程序中不一定会出现，但在语法上是合法的。

又如，有程序段：

```
if(a=b)
    printf("%d",a);
else
    printf("a=0");
```

该程序段的语义是：把b值赋予a，如为非0则输出该值，否则输出“a = 0”字符串。这种用法在程序中是经常出现的。

（2）在if语句中，表达式必须用括号括起来，在语句之后必须加分号。

（3）在if语句的两种形式中，if子句和else子句均为单条语句，如果需要执行一组（多个）语句，则必须把这一组语句用{}括起来组成一个复合语句，使之在语法上满足“一条语句”的要求，但在}之后不需要再加分号。

例4.4 输入3个数a，b，c，要求按由小到大的顺序输出。

算法（伪代码表示）：

① input a,b,c

② if a>b 将a和b对换，即将b的值赋给a，而将a原来的值赋给b

③ if a>c 将a和c对换

④ if b>c 将b和c对换

⑤ output a,b,c

程序如下：

```
#include <stdio.h>
```

```
main()
{  float a,b,c,t;
   scanf("%f%f%f",&a,&b,&c);
   if(a>b)
   { t=a; a=b; b=t;}  /*对换 a 和 b 的值*/
   if(a>c)
   { t=a; a=c; c=t;}
   if(b>c)
   { t=b; b=c; c=t;}
   printf("%5.2f,%5.2f,%5.2f\n",a,b,c);
}
```

运行情况如下：

```
5.3 ⊔ 4.6 ⊔ 6.5↙
⊔ 4.60,⊔ 5.30,⊔ 6.50
```

4.3.2　if 语句的嵌套

在 if 子句或 else 子句中又包含单分支语句或双分支语句，而且这种包含可以任意进行，这种结构称为 if 语句的嵌套。一般形式如下：

```
if(表达式 1)
    if(表达式 2)        语句 1
    else                语句 2
else
   if(表达式 3)         语句 3
   else                 语句 4
```

其中，语句 1、语句 2、语句 3、语句 4 均称为内嵌语句。

应当注意，else 与 if 之间的配对关系。为了避免二义性，C 语言规定 else 总是与它上面的最近的未配对的 if 配对。例如：

```
if(表达式 1)
     if(表达式 2)    语句 1
else
     语句 2
```

虽然，编程者通过书写格式希望 else 与第 1 个 if 配对，但实际上 else 与第 2 个 if 配对。解决这种问题可使用花括号{}改变配对关系。上面的例子可改为：

```
if(表达式 1)
{  if(表达式 2)      语句 1   }
else
     语句 2
```

在使用 if 语句的嵌套结构实现多分支时，往往写成如下规范形式，使得读起来层次分明又不占太多的篇幅。

```
if(表达式 1)
     语句 1;
else if(表达式 2)
```

```
        语句 2;
    else if(表达式 3)
        语句 3;
        ……
    else if(表达式 n)
        语句 n;
    else
        语句 n+1;
```

其语义是：当表达式 i 的值为真时，执行语句 i，然后跳到整个 if 语句之外继续执行程序，否则判断 else 后面表达式 i+1 是否为真。如果所有的表达式均为假，则执行语句 n+1，然后继续执行后续程序，其流程控制如图 4.4 所示。

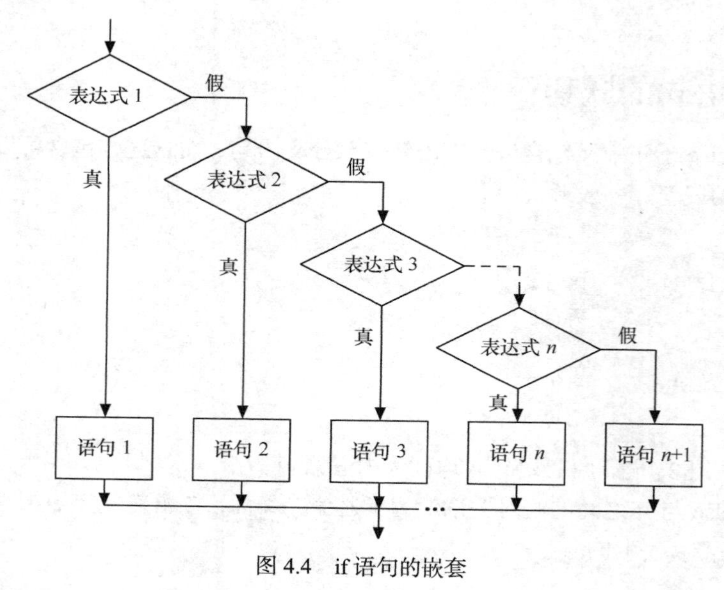

图 4.4　if 语句的嵌套

例 4.5　编写程序判别键盘输入字符的类别。

算法分析：根据输入字符的 ASCII 码来判别字符类型。由 ASCII 码表可知 ASCII 值小于 32 的为控制字符，在 48 和 57 之间为数字“0”到“9”，在 65 和 90 之间为大写字母“A”到“Z”，在 97 和 122 之间为小写字母“a”到“z”，其余则为其他字符。这是一个多分支选择的问题，用 else if 语句编程，判断输入字符 ASCII 码所在的范围，分别给出不同的输出。

```
#include <stdio.h>
main()
{   char c;
    printf("input a character:");
    c=getchar();
    if(c<32)
        printf("This is a control character\n");
    else if(c>=48&&c<=57)
        printf("This is a digit\n");
    else if(c>=65&&c<=90)
        printf("This is a capital letter\n");
    else if(c>=97&&c<=122)
        printf("This is a small letter\n");
```

```
    else
        printf("This is an other character\n");
}
```

程序运行结果如下：

```
input a character:g↙
This is a small letter
```

4.3.3　条件运算符和条件表达式

如果在 if 语句中，只执行单个的赋值语句时，可使用条件表达式来实现，不但使程序简洁，也提高了运行效率。

条件运算符为“?”和“:”，是 C 语言中唯一的一个三目运算符，即要求有三个运算对象。

由条件运算符组成的条件表达式的一般形式为：

```
表达式 1 ? 表达式 2：表达式 3
```

其求值规则为：如果表达式 1 的值为真，则以表达式 2 的值作为整个条件表达式的值，否则以表达式 3 的值作为整个条件表达式的值。它的执行过程如图 4.5 所示。

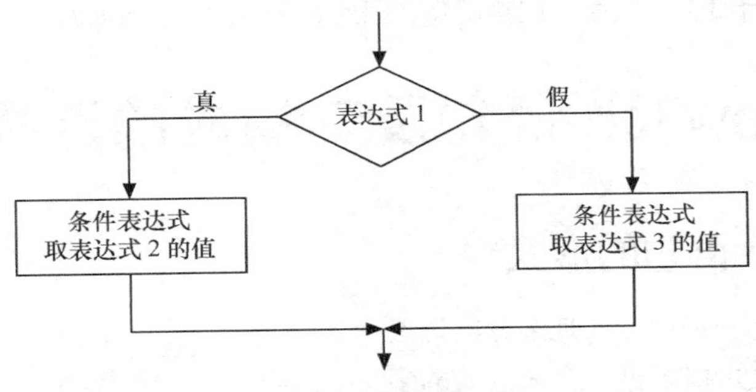

图 4.5　条件运算符执行过程

简单的 if-else 语句可以使用条件表达式代替，例如，求 a 和 b 中的大者的程序段：

```
if(a>b)  max=a;
else max=b;
```

可用条件表达式写为：

```
max=((a>b)?a:b);
```

该语句的语义是：如 a>b 为真，则把 a 的值赋予 max，否则把 b 的值赋予 max。

使用条件表达式时，应注意以下几点。

（1）条件运算符的优先级低于关系运算符和算术运算符，但高于赋值运算符。因此语句“max=((a>b)?a:b);”可以去掉括号改写为：“max=a>b?a:b;”。

（2）条件运算符?和:是一对运算符，不能分开单独使用。

（3）条件运算符的结合方向是自右至左。例如：

```
a>b?a:c>d?c:d
```

应理解为：

```
a>b?a:(c>d?c:d)
```

这也就是条件表达式嵌套的情形，即其中的表达式 3 又是一个条件表达式。

（4）在条件表达式中，表达式 1 的类型可以与表达式 2 和表达式 3 的类型不同，并且表达式 2 和表达式 3 的类型也可以不同，此时条件表达式的值的类型为二者较高的类型。

例 4.6 条件表达式程序示例。

```
#include <stdio.h>
main()
{  int x,y;
   scanf("'%d%d",&x,&y);
   printf("%c\n",x? 'a': 'b');
   printf("%f\n",x>y?1:1.5);
}
```

运行情况如下：

```
5 6↙
a
1.500000
```

条件表达式 x?'a':'b'中，x 是整型变量，“a”、“b” 为字符常量，条件表达式 x?'a':'b'的值的类型为字符型。当计算条件表达式 x>y?1:1.5 的值时，如果 x<=y，则条件表达式的值是 1.5，若 x>y，条件表达式的值为 1，由于 1.5 是实型，比整型高，因此，条件表达式 x>y?1:1.5 的值的类型为实型。

4.4 switch 语句及其构成的选择结构

4.4.1 switch 语句的形式

switch 语句是另外一种用于实现多分支选择结构的语句，其特点是可以根据一个表达式的多种值选择多个分支，因而也称为分情况语句或开关语句。switch 语句的一般形式为：

```
switch(表达式){
     case 常量表达式 1:     语句块 1
     case 常量表达式 2:     语句块 2
          …
     case 常量表达式 n:     语句块 n
     default:              语句块 n+1
}
```

当执行 switch 语句时，首先计算 switch 后面的表达式的值，然后自上至下逐个与 case 后的常量表达式的值相比较，若相等，则以此为入口执行该常量表达式冒号后面的所有语句块，直到 switch 语句结束。当表达式的值与所有 case 后的常量表达式均不相等时，若存在 default，则执行 default 后面的语句块，否则结束 switch 语句。如图 4.6 所示。

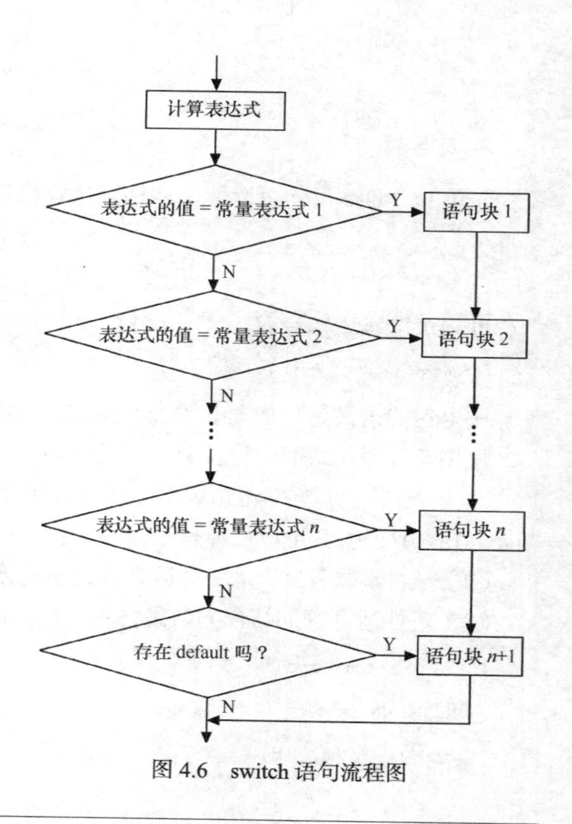

图 4.6 switch 语句流程图

说明：

（1）关键字 switch 后面括号内的表达式可以为整型、字符型和后面讲到的枚举类型。

（2）关键字 switch 后面用花括号{}括起来的部分称为 switch 语句体。

（3）常量表达式是由常量构成的，不含变量和函数。关键字 case 与其后的常量表达式合称为 case 语句标号，并且各常量表达式的值不能相同，否则会出现错误。

（4）在关键字 case 和常量表达式之间一定要有空格，例如 case 10:不能写成 case10:。

（5）各语句块可以是一条或多条语句，不必用{}括起来，也可以为空语句，甚至可以省略语句块。

（6）关键字 default 也起标号作用，代表所有 case 语句标号以外的标号，也可以没有 default 标号。

（7）各个 case 和 default 的出现次序可以任意，但可能会影响程序的执行结果。为了程序的易读性，通常有规律性地书写各 case，并且 default 写在最后。

例 4.7　假设用 1、2……6、7 分别表示星期一、星期二……星期六、星期日。现输入一个数字，输出对应的星期几的英文单词。例如，输入 5，则输出“Friday”。

```
#include <stdio.h>
main()
{   int a;
    printf("input integer number:");
    scanf("%d",&a);
    switch (a)
     {   case 1:   printf("Monday\n");
         case 2:   printf("Tuesday\n");
         case 3:   printf("Wednesday\n");
         case 4:   printf("Thursday\n");
         case 5:   printf("Friday\n");
         case 6:   printf("Saturday\n");
         case 7:   printf("Sunday\n");
         default:   printf("error\n");
     }
}
```

当执行以上程序时，输入 5，则执行 case 5 后面的所有语句，因此输出了 Friday 及以后的所有单词。程序输出结果如下：

```
5↙
Friday
Saturday
Sunday
error
```

这当然是不希望的。为什么会出现这种情况呢?这恰恰反应了 switch 语句的一个特点。在 switch 语句中，“case 常量表达式”只相当于一个语句标号，表达式的值和某常量表达式相等则转向该标号执行，但不能在执行完该标号的语句块后自动跳出整个 switch 语句体，所以出现了继续执行后面语句的情况。这是与前面介绍的 if 语句完全不同的，应特别注意。为了避免上述情况，可以使用 C 语言提供的 break 语句，跳出 switch 语句体。

4.4.2　在 switch 语句中使用 break 语句

break 语句也称间断语句，可以在各语句块之后加上 break 语句。每当执行 break 语句时，立即跳出 switch 语句体。switch 语句通常总是和 break 语句联合使用，使得 switch 语句真正起到分支的作用。

例 4.8　修改例 4.7 的程序，增加 break 语句，流程图如图 4.7 所示，程序如下：

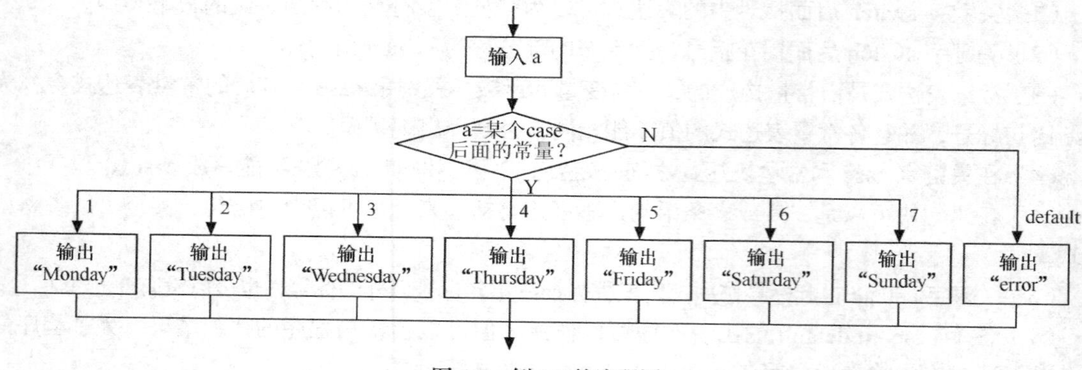

图 4.7　例 4.8 的流程图

```
#include <stdio.h>
main()
{  int a;
   printf("input integer number:");
   scanf("%d",&a);
   switch(a)
   {    case 1:   printf("Monday\n");break;
        case 2:   printf("Tuesday\n");break;
        case 3:   printf("Wednesday\n");break;
        case 4:   printf("Thursday\n");break;
        case 5:   printf("Friday\n");break;
        case 6:   printf("Saturday\n");break;
        case 7:   printf("Sunday\n");break;
        default:  printf("error\n");
   }
}
```

当输入 5 后，程序运行结果如下：

```
5↙
Friday
```

4.5　选择结构程序设计举例

例 4.9　输入一个年份，判断是否公历中的闰年。

算法分析：地球绕日运行周期为 365 天 5 小时 48 分 46 秒（合 365.24219 天），即一回归年。公历的平年为 365 天，比回归年短约 0.2422 天，每四年大约出现一天的偏差，把这一天加于 2 月末（即 2 月 29 日），使当年时间长度变为 366 日，这一年就为闰年。这样，按照每四年一个闰年计算，平均每年就要多算出 0.0078 天，经过四百年就会多出大约 3 天来，因此，每四百年中要减少三个闰年。闰年的计算，归结起来就是通常说的：四年一闰；百年不闰，四百年再闰。如 2000 年是闰年，而 1900 年不是。即，能被 4 整除而不能被 100 整除或者能被 400 整除的年份就是闰年。

```
#include <stdio.h>
main()
{  int year;
```

```
    scanf("%d",&year);
    if(year%4==0 && year%100!=0 || year%400==0) printf("YES");
    else printf("NO");
}
```

上面程序中的 if 语句可使用下面任一语句代替：

```
printf((year%4==0 && year%100!=0|| year%400==0)?"YES":"NO");
printf(year%(year%100?4:400)?"NO":"YES");
```

例 4.10　输入一个不多于 4 位的正整数，求出该数是几位数，并逆序打印出各位数字。

算法分析：设输入的正整数为 x，按其位数多少分为四种情况，①当 x 为 4 位数时，千位不为 0；②当 x 为 3 位数时，千位为 0，百位不为 0；③当 x 为 2 位时，千位和百位为 0，十位不为 0；④当 x 为 1 位时，千位、百位和十位均为 0，个位不为 0。可用 if 语句的嵌套形式完成上述功能。

```
#include <stdio.h>
main()
{  int x,a1,a2,a3,a4;       /* a1,a2,a3,a4 代表个、十、百、千位数字 */
   scanf("%d",&x);
   a1=x%10;                 /* 分解出个位 */
   a2=x/10%10;              /* 分解出十位 */
   a3=x/100%10;             /* 分解出百位 */
   a4=x/1000%10;            /* 分解出千位 */
   if(a4!=0) printf("4:%d%d%d%d\n",a1,a2,a3,a4);
   else if(a3!=0) printf("3:%d%d%d\n",a1,a2,a3);
   else if(a2!=0) printf("2:%d%d\n",a1,a2);
   else printf("1:%d\n",a1);
}
```

运行情况如下：

```
562↙
3:265
```

在全国计算机等级二级 C 和三级上机考试中经常要求对整数的各数字位进行分解，一般地，可表示为：$k=x/10^{(n-1)}\%10$，其中 n 代表第 n 位，k 为第 n 位上的数字。

例 4.11　某公司员工的工资等于保底薪水加上利润提成，已知员工的保底薪水为 500，某月所接工程的利润 profit（整数）与利润提成的关系如下（计量单位：元）：

profit≤1000	没有提成；
1000<profit≤2000	提成 10%；
2000<profit≤5000	提成 15%；
5000<profit≤10000	提成 20%；
10000<profit	提成 25%。

算法分析：本题可以使用 if 语句或 switch 语句完成上述功能。在使用 if 语句时，可使用嵌套的 if 语句，只要按照题中给出的利润与提成的关系进行判断即可，请读者自行完成编程。在使用 switch 语句时，必须将利润 profit 与提成的关系转换成某些整数与提成的关系。通过分析可知，提成的变化点都是 1000 的整数倍（1000、2000、5000、……），如果将利润 profit 整除 1000，则有：

profit≤1000	对应→0、1	提成→0
1000<profit≤2000	对应→1、2	提成→10%
2000<profit≤5000	对应→2、3、4、5	提成→15%

5000<profit≤10000　对应→5、6、7、8、9、10　提成→20%

10000 < profit　对应→10、11、12、……　提成→25%

为解决相邻两个区间的重叠问题，最简单的方法就是利润 profit 先减 1（最小增量），然后再整除 1000 即可：

profit≤1000　对应　0

1000<profit≤2000　对应　1

2000<profit≤5000　对应　2、3、4

5000<profit≤10000　对应　5、6、7、8、9

10000<profit　对应　10、11、12、……

程序如下：

```
#include <stdio.h>
main()
{  long   profit;
   int    grade;
   float  salary=500;
   printf("Input profit:");
   scanf("%ld",&profit);
   grade=(profit-1)/1000;
   switch(grade)
   {  case  0: break;                          /*profit≤1000 */
      case  1: salary += profit*0.1; break;   /*1000<profit≤2000 */
      case  2:
      case  3:
      case  4: salary += profit*0.15; break; /*2000<profit≤5000 */
      case  5:
      case  6:
      case  7:
      case  8:
      case  9: salary += profit*0.2; break;  /*5000<profit≤10000 */
      default: salary += profit*0.25;         /*10000<profit */
   }
   printf("salary=%.2f\n", salary);
}
```

运行情况如下：

```
Input profit:1001↙
salary=600.10
```

本章小结

C 语言中提供了<、<=、>、>=、==、! = 6 种关系运算符以及&&、||、! 3 种逻辑运算符，这些运算符所构成的关系表达式和逻辑表达式经常出现在选择结构中，它们的值决定了程序的流程。

C 语言有两种语句来实现选择结构，一种是 if 语句，其形式主要有单分支 if 语句和双分支 if 语句，可以通过 if 语句的嵌套来实现多分支问题；另一种是 switch 语句，用于多个分支情况，根据表达式的值选择执行不同的语句块，break 语句经常在 switch 语句体中出现，用于跳出 switch

语句体，使 switch 语句真正起到分支作用。此外，使用条件运算符也可以实现简单的选择结构。

习　题

1. 选择题

（1）以下关于运算符优先级的描述中正确的是________。

A. 关系运算符<算术运算符<赋值运算符<逻辑运算符（不含!）

B. 逻辑运算符（不含!）<关系运算符<算术运算符<赋值运算符

C. 赋值运算符<逻辑运算符（不含!）<关系运算符<算术运算符

D. 算术运算符<关系运算符<赋值运算符<逻辑运算符（不含!）

（2）能正确表示“当 x 的取值在[1，10]或[200，210]范围内为真，否则为假”的表达式是________。

A. (x>=1) && (x<=10) && (x>=200) && (x<=210)

B. (x>=1) || (x<=10) || (x>=200) || (x<=210)

C. (x>=1) && (x<=10) || (x>=200) && (x<=210)

D. (x>=1) || (x<=10) && (x>=200) || (x<=210)

（3）对于以下程序，输出结果为________。

```
#include <stdio.h>
main()
{
   int a,b,c;
   a=b=c=0;
   a++ && b++ || c++;
   printf("%d,%d,%d\n",a,b,c);
}
```

A. 1,0,1　　B. 1,1,0　　C. 1,0,0　　D. 1,1,1

（4）两次运行下面的程序，如果从键盘上分别输入 6 和 4，则输出结果是________。

```
#include <stdio.h>
main( )
{  int x;
   scanf("%d",&x);
   if(x++>5)  printf ("%d",x);
   else printf ("%d\n",x--);
}
```

A. 7 和 5　　B. 6 和 3　　C. 7 和 4　　D. 6 和 4

（5）对于以下程序，输出结果为________。

```
#include <stdio.h>
main()
{  int x=3,y=0,z=0 ;
   if(x=y+z) printf ("****");
   else printf ("####");
}
```

A. 有语法错误不能通过编译

B. 输出* * * *

C. 可以通过编译，但不能通过连接，因而不能运行

D. 输出# # # #

（6）下面的程序片段所表示的数学函数关系是________。

```
y=-1;
if(x!= 0)
   if(x>0)  y=1;
   else    y=0;
```

A. $y=\begin{cases}-1(x<0)\\0\ \ (x=0)\\1\ \ (x>0)\end{cases}$　　B. $y=\begin{cases}1\ \ (x<0)\\-1(x=0)\\0\ \ (x>0)\end{cases}$

C. $y=\begin{cases}0\ \ (x<0)\\-1(x=0)\\1\ \ (x>0)\end{cases}$　　D. $y=\begin{cases}-1(x<0)\\1\ \ (x=0)\\0\ \ (x>0)\end{cases}$

（7）对于以下程序，若从键盘输入 2.0↙，则程序输出为________。

```
#include <stdio.h>
main( )
{  float x,y ;
   scanf("%f",&x) ;
   if (x<0.0 ) y=0.0;
   else if ((x<5.0)&&(x!=2.0)) y=1.0/(x+2.0);
   else if (x<10.0 )  y=1.0/x ;
   else y=10.0;
   printf ("%f\n",y );
}
```

A. 0.000000　　B. 0.250000　　C. 0.500000　　D. 1.000000

（8）对于以下程序，输出结果为________。

```
#include <stdio.h>
main( )
{  int x=1,y=0,a=0,b=0 ;
   switch(x)
   {  case 1:
           switch ( y )
           {  case 0:a++;break ;
              case 1:b++;break ;
           }
      case 2:a++;b++;break ;
   }
   printf ("a=%d,b=%d\n",a,b);
}
```

A. a=2,b=1　　B. a=1,b=1　　C. a=1,b=0　　D. a=2,b=2

（9）执行以下程序段后，变量 a，b，c 的值分别是________。

```
int x=10,y=9;
int a,b,c;
a=(--x==y++)?--x:++y;
b=x++;
```

```
c=y;
```

A. a=9,b=9,c=9　B. a=8,b=8,c=10　C. a=9,b=10,c=9　D. a=1,b=11,c=10

（10）若 w=1，x=2，y=3，z=4，则表达式 w<x?w:y<z?y:z 的值是________。

A. 4　B. 3　C. 2　D. 1

2. 填空题

（1）按下列要求写出 C 语言表达式：①________②________③________④________⑤________。

① a，b，c 三个变量中至少有两个大于 0

② a 小于 b 或小于 c

③ a 的绝对值大于 5

④ a 是非正的整数

⑤ a 不能被 b 整数

（2）写出与下列表达式等价的表达式：①________②________③________。

① x<=0　② !0　③ x<0||x>5

（3）当 a=1，b=2，c=3 时，执行以下 if 语句后，a、b、c 中的值分别为________、________、________。

```
if(a>c)
    b=a;  a=c;  c=b;
```

（4）输入一个字符，如果它是一个大写字母，则把它变成小写字母；如果它是一个小写字母，则把它变成大写字母；其他字符不变，请在横线上填入正确内容。

```
main()
{  char ch;
   scanf("%c",&ch);
   if(___) ch=ch+32;
   else if(ch>='a' && ch<='z')___;
   printf("%c",ch);
}
```

（5）下面程序根据以下函数关系，对输入的每个 x 值，计算 y 值。请在横线上填上正确内容。

$$y=\begin{cases} x(x+2) & (2<x\leqslant 10) \\ 2x & (-1<x\leqslant 2) \\ x-1 & (x\leqslant -1) \end{cases}$$

```
main()
{  int x,y;
   scanf("%d",&x);
   if(___) y=x*(x+2);
   else if(___) y=2*x;
   else if(x<=-1) y=x-1;
   else ___;
   if(y!=-1) printf("%d",y);
   else printf("error");
}
```

（6）以下程序根据输入的三角形的三边判断是否能组成三角形，若可以则输出它的面积和三角形的类型。请在横线上填入正确内容。

```
#include "math.h"
main()
{  int a,b,c;
   float s,area;
   scanf("%d%d%d",&a,&b,&c);
   if(___)
   {  s=(a+b+c)/2.0;
      area=sqrt(s*(s-a)*(s-b)*(s-c));
      printf("%f",area);
      if(___)
          printf("等边三角形");
      else if(___)
          printf("等腰三角形");
      else if((a*a+b*b==c*c)||(b*b+ c*c == a*a)||(a*a+c*c==b*b))
          printf("直角三角形");
      else  printf("一般三角形");
   }
   else  printf("不能组成三角形");
}
```

（7）根据以下函数关系，对输入的每个 x 值，计算相应的 y 值。请在程序的横线上填上正确的内容。

$$y=\begin{cases}0 & (x<0)\\ x & (0\leqslant x<10)\\ 10 & (10\leqslant x<20)\\ -0.5x+20 & (20\leqslant x<40)\end{cases}$$

```
main()
{  int x,c;
   float y;
   scanf("%d",&x);
   if(___) c=-1;
   else ___;
   switch(c)
   { case  -1:y=0;break;
     case  0:y=x;break;
     case  1:y=10;break;
     case  2:
     case  3:y=-0.5*x+20;break;
     default :y=-2;
   }
   if(___) printf("y=%f",y);
   else printf("error\n");
}
```

3. 编程题

（1）编写程序，输入一个整数，打印出它是奇数还是偶数。

（2）编写程序计算下面的函数，要求输入 x 的值，输出 y 的值。

$$y=\begin{cases}x & (-5<x<0)\\ x-1 & (x=0)\\ x+1 & (0<x<10)\end{cases}$$

（3）当 a 为正数时，请将以下语句改写成 switch 语句。

```
if(a<30) m=1;
else if(a<40) m=2;
else if(a<50) m=3;
else if(a<60) m=4;
else m=5;
```

（4）对一批货物征收税金，价格在 1 万元以上的货物征税 5%；价格在 5 000 元以上、1 万元以下的货物征税 3%；价格在 1 000 元以上、5 000 元以下的货物征税 2%；价格在 1 000 元以下的货物免税。编写程序，读入货物的价格，计算并输出税金。

（5）编写一个程序，输入某个学生的成绩，若成绩在 85 分以上，则输出“VERY GOOD”；若成绩在 60 分到 85 分之间，则输出“GOOD”；若成绩低于 60 分，则输出“BAD”。

（6）编写程序，输入两个两位数的正整数 x、y，将这两个数合并成一个整数放在 z 中。合并的方式是：将 x 数的十位和个位依次放在 z 的千位和十位上，y 的十位和个位依次放在 z 的百位和个位上。例如，当 x = 12、y = 34 时，z = 1324。（如果输入的数据不是两位正整数，则要给出提示）

第5章 循环结构程序设计

本章重点：

※ while 语句及其构成的循环结构

※ do-while 语句及其构成的循环结构

※ for 语句及其构成的循环结构

※ break 语句和 continue 语句

※ 多重循环结构的实现

本章难点：

※ for 循环结构

※ 多重循环结构的实现

5.1 概　　述

循环结构是高级语言程序设计中一种重要的、常用的控制结构，主要用于解决那些需要重复执行的操作。例如，求若干数之和、迭代求根、对一批考试成绩求平均分等。

循环结构是在重复性的操作过程中找到规律，然后按照指定的条件重复执行某个指定程序段的控制方式，也称重复结构。其特点是在给定条件成立时，反复执行某程序段，直到条件不成立为止。其中给定的条件称为循环条件，反复执行的程序段称为循环体。

C 语言中常见的循环结构语句有以下三种：while 语句；do-while 语句；for 语句。另外，使用 goto 语句与 if 语句一起也可以构成循环结构。goto 语句也称为无条件转移语句，其一般格式如下：

```
        goto 语句标号;
            ⋮
标号：语句
            ⋮
```

说明：其中语句标号是按标识符规定书写的符号，放在某一语句行的前面，标号后加冒号（:）。语句标号起标识语句的作用，与 goto 语句配合使用。

如：loop: i=i+1;

C 语言不限制程序中使用标号的次数，但各标号不得重名。goto 语句的语义是改变程序流向，转去执行语句标号所标识的语句。

例 5.1　用 goto 语句构造循环计算 1 到 100 的整数和。

算法分析：这是一个求连续数累加和的问题。sum 用来存放两数的和，初值为 0，i 用来表示下一个要进行求和的数。

```
#include <stdio.h>
main()
{
   int i=1,sum=0;
loop:sum=sum+i;
   i++;
   if(i<=100)
     goto loop;
   printf("the sum of 1 to 100 is:%d\n",sum);
}
```

运行结果如下：

```
the sum of 1 to 100 is:5050
```

本例用 if 语句和 goto 语句构成循环结构。当变量 i<=100 时即执行 sum=sum+i 进行求和，直至 i>100 时才停止循环。

结构化程序设计方法中，主张限制使用 goto 语句，因为滥用该语句将破坏程序的结构化风格，降低程序的可读性。而且，往往会造成程序流程的混乱，使理解和调试程序都产生困难。

5.2　while 语句

由 while 语句构成的循环称为“当型”循环，其一般形式如下：

while(表达式)语句;

其中表达式是循环条件，语句为循环体，是一条可执行的语句。一般地，表达式中要对某个变量进行判断，通常称这个变量为循环控制变量，简称循环变量。

while 语句的执行过程是：当计算表达式的值为真（非 0）时，执行循环体语句；否则，退出循环。流程如图 5.1 所示。

while 语句特点是：先判断表达式，再执行循环体语句。

例 5.2　统计从键盘输入一行字符的个数。

算法分析：一行字符往往有多个，最后以换行符结束，显然这是一个循环程序。假设变量 n 用来存放字符个数，其初值为 0。每次循环对输入的字符进行判断，如果不是换行符，则执行 n++，否则结束循环。流程图如图 5.2 所示，程序如下。

```
#include<stdio.h>
main()
{
    int n=0;
    printf("input a string:\n");
    while(getchar()!='\n')
      n++;
    printf("%d",n);
}
```

本例程序中的循环条件为 getchar()!='\n'，意思是：只要从键盘输入的字符不是换行符就继续执行循环。变量 n 是用来存放字符个数的，初值为零，每输入一个非换行符，即执行一次循环体语句 n++，从而实现了对输入一行字符的字符个数的计数。

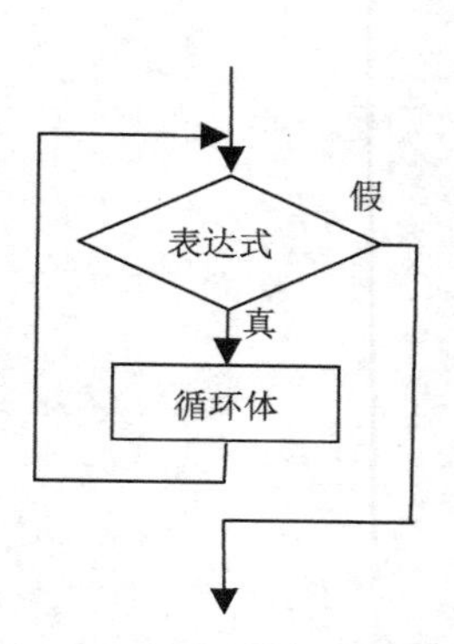

图 5.1　while 型循环的流程图

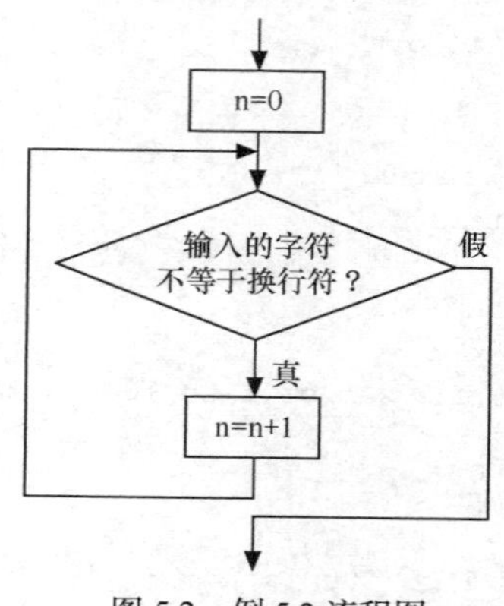

图 5.2　例 5.2 流程图

（1）while 语句中的表达式可以是任意合法的表达式，但一般是关系表达式或逻辑表达式，只要表达式的值为真（非 0）就继续循环。

（2）循环体如包括有一个以上的语句，则必须用花括弧“{}”括起来，组成复合语句。否则，while 语句的作用范围就只是 while 语句后面的第一个分号处。如：

```
while(i<=100)
{
    sum=sum+i;
    i++;
}
```

循环体是由两条语句组成的，如果没有使用花括弧，则 while 语句的作用范围就只是“sum=sum+i;”一条语句了。

（3）应注意循环条件的选择以避免死循环。在循环体重复执行过程中，循环条件必须能够从真变成假，否则循环永远不会结束（死循环）。另外，循环体语句可以为空。如：

```
main()
{
    int m,n=0;
    while(m=3) ;
    printf("%d",n++);
}
```

本例中 while 语句的循环条件为赋值表达式 $m = 3$，因此该表达式的值永远为真，而循环体语句是一条空语句，程序中没有终止循环的手段，因此该循环将无休止地进行下去，形成死循环。

5.3　do–while 语句

由 do-while 语句构成的循环称为“直到型”循环，其一般形式如下：

do

　　语句;

```
while(表达式);   /*注意，句末有分号*/
```

其中语句是循环体，表达式是循环条件。

do-while 语句的执行过程是：先执行一次循环体语句，再判别表达式的值，若为真（非 0）则继续循环；否则，终止循环，亦即直到其值为假（0），终止循环。其流程如图 5.3 所示。

do-while 语句特点是：先执行循环体语句，再判断表达式。

例 5.3　求整数 i，它满足条件：1+2+…+(i-1)<100 且 1+2+ … +i ≥100。

算法分析：本题的实质是求累加和 sum=sum+i，i 的初值为 0，每次循环首先执行 i=i+1，然后执行 sum=sum+i，当 sum<100 时继续循环。如果 sum≥100，则循环结束。此时 sum-i<100，满足题中给出的条件，i 即为所要求的。N-S 流程图如图 5.4 所示。程序如下。

```
#include <stdio.h>
main()
{
    int i=0,sum=0;
    do
    {  i++;
       sum=sum+i;
    }while(sum<100);
    printf("the integer is:%d\n",i);
}
```

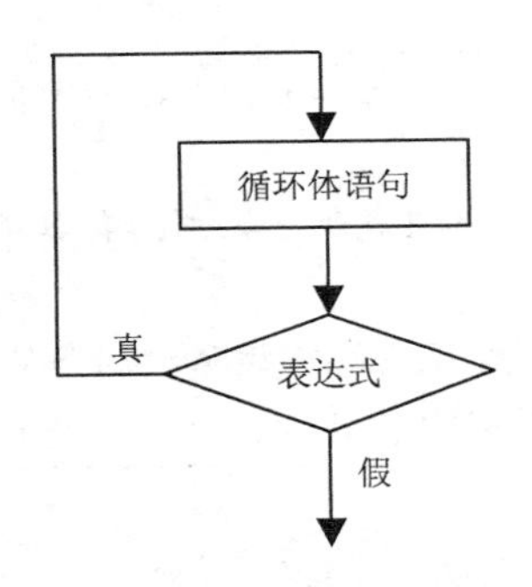

图 5.3　do-while 型循环的流程图

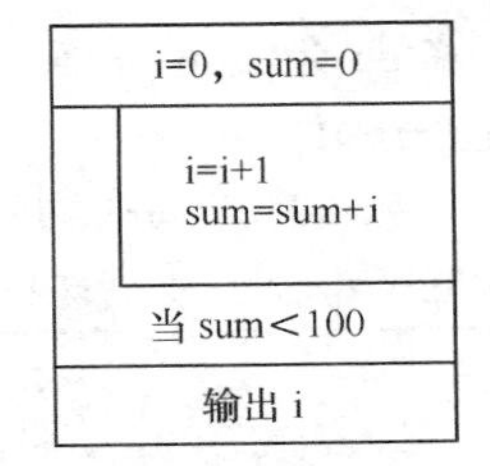

图 5.4　例 5.3 的 N-S 流程图

运行结果：

```
the integer is:14
```

由 do-while 构成的循环与 while 循环十分相似，它们之间的主要区别是：do-while 是先执行后判断，因此 do-while 至少要执行一次循环体；而 while 是先判断后执行，如果条件不满足，则循环体语句一次也不执行。另外，while 语句和 do-while 语句一般都可以相互替换。

例 5.4　任意输入一个正整数，将该数各位颠倒顺序输出。如，输入 1234，输出为 4321。先用 while 语句编写程序如下。

算法分析：根据题目要求，可以采用除 10 取余的方法，依次从输入数的右边截取各位数字输出。

```
#include <stdio.h>
main()
{
    int n,d;
    printf("input a integer:");
    scanf("%d",&n);
```

```
    while(n!=0)
    {
        d=n%10;
        printf("%d",d);
        n=n/10;
    }
}
```

运行结果如下：

```
input a integer:1234↙
4321
```

由于该程序中的循环体至少要执行一遍，所以该程序也可以使用 do-while 语句。程序如下：

```
do
 {
    d=n%10;
    printf("%d",d);
    n=n/10;
 }while(n!=0);
```

进一步，如果将题目要求改为：输入一个非负整数。显然，用 while 语句编写的程序在 n 等于 0 时无输出，应在 while 语句前判断 n 等于 0 时输出的情况。但是用 do-while 语句写的程序却依然可以使用。所以，对于循环体至少要执行一遍的这类问题，编程时就应该尽量使用 do-while 语句。

（1）do-while 循环由 do 开始，一直到 while 结束。do-while 语句的表达式后面则必须加分号，表示 do-while 循环的结束。

（2）在 do 和 while 之间的循环体由多个语句组成时，必须用花括弧“{}”括起来组成一个复合语句。

（3）do-while 和 while 语句相互替换时，要注意修改循环控制条件。

（4）程序中要有使循环条件从真变成假的语句，否则就会造成死循环。

5.4 for 语句

for 语句是 C 语言所提供的功能最强，使用最灵活、最广泛的一种循环结构语句。不仅可以用于循环次数已经确定的情况，而且可以用于循环次数不确定的情况，它完全可以替代 while 语句构成的循环结构。for 语句一般形式是：

```
for(表达式 1;表达式 2;表达式 3)
    语句;
```

说明：

（1）表达式 1 通常用于在进入循环之前给某些变量赋初值，一般是赋值表达式。

（2）表达式 2 通常是用来控制循环是否执行的循环条件，一般为关系表达式或逻辑表达式。

（3）表达式 3 通常用来修改循环重复时循环控制变量的值，一般是赋值表达式。

（4）这三个表达式都可以是任意合法的表达式，甚至是逗号表达式，即每个表达式都可由多个表达式组成。三个表达式都是任选项，都可以省略。

（5）for 后面的语句是循环体，如果由多条语句组成，一定要用花括弧“{}”括起来。

for 语句的执行流程如图 5.5 所示，执行过程如下：

（1）计算表达式 1 的值。

（2）计算表达式 2 的值，若值为真（非 0）则执行循环体一次，否则跳出循环，循环结束，执行循环体下面的语句。

（3）执行循环体。

（4）计算表达式 3 的值，转回第 2 步重复执行。

在整个 for 循环过程中，表达式 1 只计算一次，表达式 2 和表达式 3 则可能计算多次。循环体可能多次执行，也可能一次都不执行。

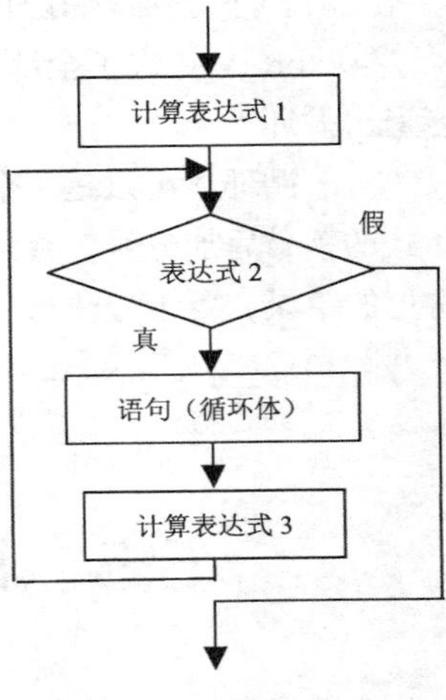

图 5.5　for 型循环流程图

例 5.5　将所有可显示字符与其 ASCII 码的对照表在屏幕上输出。

算法分析：ASCII 码表中前 32 个字符是计算机使用的控制字符，不能在屏幕上直接显示，ASCII 码从 32（空格）到 126（‘～’）都是可显示字符，逐一输出即可。程序如下：

```
#include <stdio.h>
main()
{   char c;
    for(c=32;c<=126;c++)
        printf("%c %d\n",c,c);
}
```

运行结果如下：

```
    32
!   33
……
~   126
```

在使用 for 语句中要注意以下几点。

（1）for 语句中的各表达式都可省略，但分号间隔符不能省。

① for（;表达式 2;表达式 3）省去了表达式 1，循环变量应在 for 语句之前赋初值。如：

```
i=1;
for(; i<100;i++)  sum+=i;
```

② for（表达式 1;;表达式 3）省去了表达式 2。如：

```
for(i=1; ;i++)
{
   sum=sum+i;
}
```

省去表达式 2，即不判断循环条件，循环将无终止地执行下去。要想结束循环，必须设法在循环体内结束循环，否则将造成死循环。

③ for（表达式 1;表达式 2;）省去了表达式 3。如：

```
for(i=1;i<=100;)
{
   sum+=i;
   i++;
```

```
    }
```

此时程序应设法保证正常结束循环，上例中就是用语句 i++修改表达式 2 的值来结束循环。

④ for(;;)省去了全部表达式，此时表示是无限循环，除非通过后面将要介绍的 break 语句才能退出循环。

（2）循环体可以是一个分号，即空语句。反过来说，如果循环体不为空语句时，绝不能在表达式的括号后加分号，否则会被认为循环体是空语句而不能反复执行真正的循环体。这是编程中常见的错误，要十分注意。例如，在下面的程序片段中，sum+=i 就未被反复执行。

```
for(i=1;i<=100;i++) ;
    sum+=i;
```

5.5 break 语句和 continue 语句

C 语言中 break 语句和 continue 语句都是用来控制程序的流程转向的跳转语句。适当灵活地使用它们可以更方便、更简洁地进行程序的设计。

5.5.1 break 语句

break 语句除了能用在 switch 语句中，还可以用在循环语句中跳出本层循环，转去执行后面的程序。由于 break 语句的转移方向是明确的，所以不需要语句标号与之配合。在循环中使用 break 语句时，一般往往与 if 语句配合使用，达到跳出循环，提前结束循环的目的。break 语句的一般形式为：

```
break;
```

break 语句只能在循环语句和 switch 语句中使用，但当 break 出现在循环体中的 switch 语句内时，其作用只是跳出该 switch 语句，并不能终止循环的执行。

例 5.6 计算 r=1 到 r=10 时的圆面积，直到面积 area 大于 100 为止。

算法分析：本题显然是一个循环结构，最多循环 10 次。每次循环都要判断 area 是否大于 100，若是，则强迫循环结束。如图 5.6 所示。

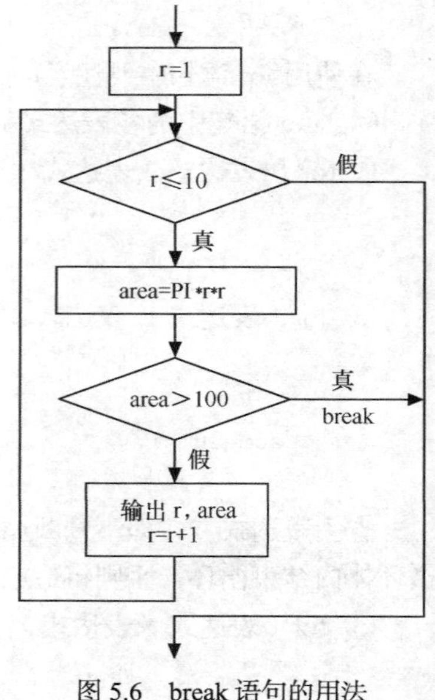

图 5.6 break 语句的用法

```
#include <stdio.h>
#define PI 3.1415926
main()
{
    int r;
    float area;
    for(r=1;r<=10;r++)
    {
        area=PI*r*r;
        if(area>100)   break;
        printf("r=%d  area is: %f\n",r,area);
    }
}
```

运行结果：

```
r=1  area is: 3.141593
```

```
r=2  area is: 12.566370
r=3  area is: 28.274334
r=4  area is: 50.265480
r=5  area is: 78.539818
```

上例中当 r = 6 时，area 的值大于 100，所以 if 语句中的表达式 area>100 的值为 1，于是就执行 break 语句，跳出循环；但如果没有 break 语句，程序将进行 10 次循环。

5.5.2　continue 语句

continue 语句只能用在循环体中，其一般形式是：

```
continue;
```

其语义是：结束本次循环，即不再执行循环体中 continue 语句之后的语句，转入下一次循环条件的判断与执行。同样 continue 一般也要与 if 语句配合使用。

在 while 和 do-while 循环中，continue 语句使得流程直接跳到循环控制条件的判断部分。在 for 语句中，遇到 continue 后，跳过循环体中余下的部分，而去对 for 语句中的“表达式 3”求值。

例 5.7　输出 100 以内能被 7 整除的数。

算法分析：对 7～100 的每一个数进行测试，如该数不能被 7 整除，即模运算不为 0，则不输出这个数，转去执行下一次循环；否则输出能被 7 整除的数。流程图如图 5.7 所示，程序如下。

```
#include <stdio.h>
main()
{
    int n;
    for(n=7;n<=100;n++)
    {  if(n%7!=0)
           continue;
       printf("%d ",n);
    }
}
```

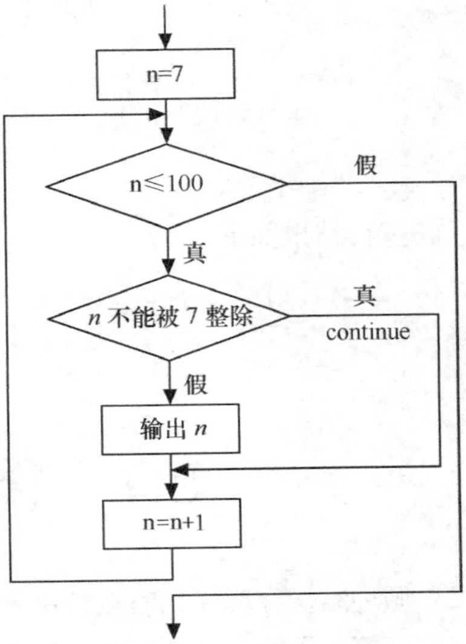

图 5.7　continue 语句的用法

运行结果：

```
7 14 21 28 35 42 49 56 63 70 77 84 91 98
```

本例通过使用 continue 语句来转去执行下一次循环。当然，不使用 continue 语句也可以，只要将循环体改为如下语句即可：

```
if(n%7==0) printf("%d ",n);
```

break 语句和 continue 语句的主要区别是：break 语句结束整个循环过程，不再判断执行循环的条件是否成立；而 continue 语句则是只结束本次循环，而不是终止整个循环的执行。

5.6　循环的嵌套

循环嵌套是指在一个循环的循环体内完整地包含另外一个或另外几个循环结构，也称多重循环。前面介绍的三种循环（while 循环、do-while 循环、for 循环）都可以相互嵌套。循环的嵌套可以多层。

循环嵌套常用于解决矩阵运算、报表打印这类问题。同时，在编写程序时，嵌套循环的书写形式一般采用锯齿型的右缩进形式。

使用嵌套循环时，应注意以下问题：

（1）循环嵌套不能交叉，即在一个循环体内必须完整地包含另一个循环。

（2）内外循环的循环控制变量不能重名。

（3）同类循环可以多层嵌套，不同类的循环也可以相互嵌套。

（4）循环嵌套的结构中每一层的循环在逻辑上必须是完整的。

（5）注意内层循环的初值设定以及内层循环体的执行次数和范围。

下面程序可用于演示嵌套循环的执行过程。

```
#include <stdio.h>
main()
{
    int i,j;
    for(i=0;i<3;i++)
    {
        printf("i=%d:",i);
        for(j=0;j<4;j++)
           printf("j=%-4d",j);
        printf("\n");
    }
}
```

外层循环

内层循环

运行结果如下：

```
i=0:j=0   j=1   j=2   j=3
i=1:j=0   j=1   j=2   j=3
i=2:j=0   j=1   j=2   j=3
```

5.7 循环结构程序设计举例

循环结构在程序语言设计中占有十分重要的位置，几乎在现实的每个程序中都出现。另外，全国计算机等级考试要求的算法中很多是由循环结构构成的，所以必须熟练掌握循环结构。下面介绍一些循环结构常见的典型算法。

1. 累加、连乘算法

例如，求 $\sum_{i=1}^{n} i$、$n!$等，下面的例子用到了累加和连乘。

例 5.8 国王的许诺。相传国际象棋是古印度舍罕王的宰相达依尔发明的。舍罕王十分喜欢象棋，决定赏赐自己的宰相，如何赏赐让宰相自己选择。这位聪明的宰相指着 8 × 8 共 64 格的象棋盘说："陛下，请您赏给我一些麦子吧，就在棋盘的第 1 格子中放 1 粒，第 2 格子中放 2 粒，第 3 格子中放 4 粒，以后每一格都比前一格增加一倍，依次放完棋盘上的 64 个格子，我就感恩不尽了。"舍罕王让人扛来一袋麦子，他要兑现他的许诺。

请编程计算舍罕王共要赏赐他的宰相多少粒麦子？合多少立方米？（1 立方米麦子约 1.42e8 粒）

算法分析：其实这个问题解决起来比较简单。虽然题目叙述很多，但是应当先抽象出它的数学模型。

达依尔要求：第 1 个格子赏 1 粒麦子，第 2 个格子赏 2 粒麦子，第 3 个格子赏 4 粒麦子，……以后每一格都是前一格的 2 倍，直到赏够 64 个格子为止。因此不难得出这样的结论：达依尔要求的是第 i 个格子赏 2^{i-1} 粒麦子（i=1，2，…，64）；而达依尔希望得到麦粒的总数便是：$sum=2^0+2^1+2^2+\cdots+2^{63}$。

```
#include <stdio.h>
main()
{
   double sum,t;
   int i;
   for(t=1,sum=1,i=1;i<=63;i++)
   {   t=t*2;
       sum=sum+t;
   }
    printf("总麦粒数为：%e\n",sum);
    printf("折合体积为：%e 立方米\n",sum/1.42e8);
}
```

运行结果如下：

```
总麦粒数为：1.844674e+019
折合体积为：1.299066e+011 立方米   /*国王永远无法兑现对宰相许下的诺言*/
```

这类问题要注意各变量的初始化，t 为累乘器，初值通常为 1；sum 为累加器，初值有时为 0，有时为参与累加的第一个数据，此例中 sum 初值为 1（即 2^0）；i 为计数器，初值为 1（即第二项 2^1 的指数），这样循环 63 次完成题意要求。

2. 穷举算法

穷举是指列出各种可能的情况，找出符合问题的解答。

例 5.9　公元前五世纪，我国古代数学家张丘建在《算经》一书中提出了“百鸡问题”：鸡翁一，值钱五；鸡母一，值钱三；鸡雏三，值钱一。百钱买百鸡，问鸡翁、鸡母、鸡雏各几何？

算法分析：设鸡翁、鸡母、鸡雏的个数分别为 i，j，k，按照题意可得下面不定方程：

$$\begin{cases}5i+3j+k/3=100\\ i+j+k=100\end{cases}$$

所以此问题可归结为求这个不定方程的整数解。

题意给定共 100 钱要买百鸡，若全买鸡翁最多买 100/5 = 20 只，所以 i 的值在 0～20 之间；同理，j 的取值范围在 0～100/3（即 33）之间，而 k 的值可通过 i 和 j 决定，并且 k 能被 3 整除。N-S 流程图如图 5.8 所示，程序编写如下：

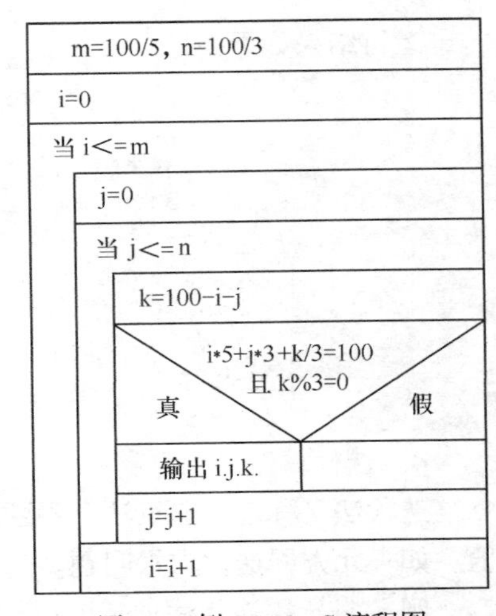

图 5.8　例 5.9 N－S 流程图

```
#include <stdio.h>
main()
{
    int i,j,k;
    int m =100/5, n=100/3;
    for(i=0; i<=m; i++)
    {
        for(j=0; j<=n; j++)
        {   k=100-i-j;
            if(i*5+j*3+k/3 == 100&&k%3 == 0)
            printf("i=%d,j=%d,k=%d\n",i,j,k);
         }
    }
}
```

运行结果如下：

```
i=0,j=25,k=75
i=4,j=18,k=78
i=8,j=11,k=81
i=12,j=4,k=84
```

3. 递推算法

利用前边已知的数据推算后边未知的数据。该类问题的算法一般都是用递推算法实现，关键在于找到各数据项之间的关系，即通项表达式。

例 5.10 编程输出 Fibonacci 数列的前 40 项，每行输出 4 项。Fibonacci 数列为：1，1，2，3，5，8，…，即第一项和第二项均为 1，从第三项开始，每项是前两项之和。

算法分析：根据条件，可以写出该问题的通项表达式：

$$F_1 = 1 \qquad (n = 1);$$
$$F_2 = 1 \qquad (n = 2);$$
$$F_n = F_{n-1}+F_{n-2} \qquad (n\geqslant 3)。$$

根据上面式子，画出 N-S 流程图如图 5.9 所示，程序编写如下：

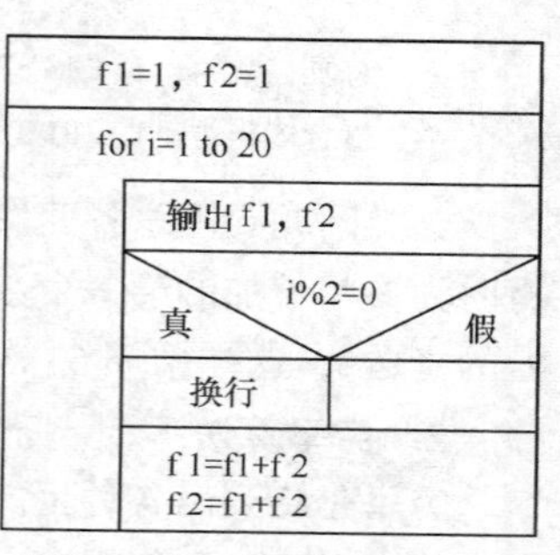

图 5.9 例 5.10 N－S 流程图

```
#include <stdio.h>
main()
{
    long f1,f2;
    int i;
    f1=f2=1;
    for(i=1;i<=20;i++)
    {  printf("%12ld %12ld",f1,f2);
       if(i%2==0)   printf("\n");   /* 控制输出，每行四个 */
       f1=f1+f2;                    /* 前两个加起来赋值给第三个 */
       f2=f1+f2;                    /* 前两个加起来赋值给第三个 */
    }
}
```

运行结果如下：

```
          1           1           2           3
          5           8          13          21
         34          55          89         144
        233         377         610         987
       1597        2584        4181        6765
      10946       17711       28657       46368
      75025      121393      196418      317811
     514229      832040     1346269     2178309
    3524578     5702887     9227465    14930352
   24157817    39088169    63245986   102334155
```

4. 迭代算法

迭代法又称逐次逼近法，不断用已求出的值带入求出新的值，常用来求解各类方程根的近似值。如一元方程迭代求根问题。

例 5.11 用迭代法求某个正数 a 的平方根。已知求平方根的迭代公式为：

$$x1 = \frac{1}{2}\left(x0 + \frac{a}{x0}\right)$$

算法分析：根据指定的方程，指定迭代初值 x0，然后利用 x0 计算出 x1，重复使用迭代方程，计算出一系列的 x0，x1。直到|x0−x1|<1e−5，即迭代计算结果接近某一程度为止。

根据公式编写程序如下：

```
#include <stdio.h>
#include<math.h>
main()
{   float a,x0,x1;
    printf("\n input a:");
    scanf("%f",&a);
    if(a<0)
        printf("error!\n");        /*不能求负数的平方根*/
    else
    {   x0=a/2;
        x1=(x0+a/x0)/2;
        do
        {  x0=x1;
           x1=(x0+a/x0)/2;
        }while(fabs(x0-x1)>1e-5);
        printf("sqrt(%f)=%f\n",a,x1);
    }
}
```

如果 a=2，将输出以下结果：

```
sqrt(2.000000)=1.414214
```

本章小结

C 语言中常用的三种循环语句：while 语句、do-while 语句和 for 语句。

while 循环是“当型循环”，是先判断后执行，故循环体可能执行，也可能不执行。而 do-while 循环是“直到型循环”，是先执行后判断，循环体至少被执行一次。for 循环也是一种“当型循环”，即也是先判断后执行，是这三种循环方式里最为灵活的一种。

for 循环一般多用于描述循环次数已知的情况，而另外两种循环则多用于描述次数未知的循环。但这不是绝对的，这三种循环可以互相替换。

在编写循环程序时，一方面要注意相关变量的初始化，如循环体中用到的变量；另一方面要注意避免程序陷入死循环，这就应保证循环变量的值在运行过程中可以得到修改，从而结束循环。

三种循环结构可以相互嵌套，组成多重循环。循环之间可以并列但不能交叉。

break、continue 语句可以使程序设计更为灵活、方便。二者的区别比较明显：break 语句结束整个循环过程，而 continue 语句则是只结束本次循环。

习　　题

1．选择题

（1）下面这个程序的输出是________。

```
#include <stdio.h>
main()
{
     int y=10;
     while(y--);
     printf("y=%d\n", y);
}
```

A. y = 0　　B. while 构成死循环　　C. y=1　　D. y=−1

（2）循环语句 while（!E）;中的表达式!E 等价于________。

A. E!=0　　B. E!=1　　C. E==0　　D. E==1

（3）以下程序执行后的输出结果是________。

```
#include <stdio.h>
main()
{
     int x=0,y=0;
     while(x<20) x+=3,y++;
     printf("%d,%d\n",y,x);
}
```

A. 7,21　　B. 8,24　　C. 1,21　　D. 21,7

（4）假定 *a* 和 *b* 为 int 型变量，则执行以下语句后 *b* 的值为________。

```
a=1;b=10;
do
{
  b-=a; a++;
}while(b--<0);
```

A. 9　　B. −2　　C. −1　　D. 8

（5）设有定义：int a=5;，则执行以下语句后，打印的结果是________。

```
do
{
   printf("%2d\n",a--);
}while(!a);
```

A. 5　　B. 不打印任何内容　　C. 4　　D. 陷入死循环

（6）循环 “for(i=0,j=5;++i!=--j;)printf("%d %d", i, j);” 将执行________。

A. 6 次　　B. 3 次　　C. 0 次　　D. 无限次

（7）以下程序执行后输出结果是________。

```
#include <stdio.h>
main()
{   int i,sum;
    for(i=0,sum=0;    i<100;    )
        sum+=i;
        i++;
    printf("%d,%d\n",i,sum);
}
```

A. 101,5050　　B. 100,5050

C. 99,5050　　D. 无限循环，不会正常结束

（8）设有定义：int x,y;，则以下 for 循环执行的次数为________。

```
for(x=0,y=0;(y!=123)&&(x<4);x++);
```

A. 3　　B. 4　　C. 不定　　D. 无限循环

（9）以下程序执行后的输出结果是________。

```
#include <stdio.h>
main()
{
   int i;
   for(i=0;  i<10;  i++);
      printf("%d",i);
 }
```

A. 0　　B. 123456789　　C. 0123456789　　D. 10

（10）以下程序的输出结果是________。

```
#include <stdio.h>
main( )
{
   int i;
   for(i='A';i<'I';i++,i++)
       printf("%c",i+32);
   printf("\n");
}
```

A. 编译不通过，无输出　　B. aceg

C. acegi　　D. abcdefghi

（11）以下叙述错误的是________。

A. 使用 while 和 do-while 循环时，循环变量初始化的操作应在循环语句之前完成

B. while 循环是先判断表达式，后执行循环体语句

C. do-while 和 for 循环均是先执行循环体语句，后判断表达式

D. for、while 和 do-while 循环中的循环体均可以由空语句构成

（12）下列程序是求 1～100 的累加和，其中有三个不能够完成规定的功能，只有一个能正确完成累加和，它是________。

A. s=0;i=0;

```
while(i<=100)
   s+=i++;
```

B. s=0;i=1;

```
while(i++<100)
   s+=i;
```

C. s=0;i=0;

```
while(i<100)
   s+=i++;
```

D. s=0;i=1;

```
while(++i<=100)
   s+=i;
```

（13）以下不形成死循环的是________。

A. for(;　;　x+=i);

B. while (1) x++;

C. for (i=10;　;　i--) sum+=i;

D. for (;　(c=getchar())!='\n'　;) printf("%c",c);

（14）下列程序的运行结果为________。

```
#include<stdio.h>
main()
{
```

```
    int k=1; char c='A';
    do
    {   switch(c++)
        {   case 'A': k++;   break;
            case 'B': k--;
            case 'C': k+=2;  break;
            case 'D': k=k%2; continue;
            case 'E': k=k*2; break;
            default:   k=k/3;
        }
       k++;
    }while(c<'F');
    printf("k=%d\n",k);
}
```

A. k=1　　B. k=15　　C. k=12　　D. 以上结果都不对

（15）执行下述程序的输出结果是________。

```
#include <stdio.h>
main()
{
    int i=0,j=0;
    for(j=9;i<j;i++)
    {   for(i=9;i<j;i++)
            if(!(j%i))
                break;
        if(i>=j-1)
          printf("%d\n",j);
    }
}
```

A. 11　　B. 10　　C. 9　　D. 1011

2. 填空题

（1）华氏温度和摄氏温度的转换公式为 C=5/9 × (F-32)，其中 C 表示摄氏温度，F 表示华氏温度。要求输出从华氏 0° 到华氏 300°，每隔 20° 输出一个值。

```
#include <stdio.h>
main()
{
   int upper,step;
   float fahr=0,celsius;
   upper=300;step=20;
   while(_____<= upper)
     {   _____ ;
        printf("%4.0f,%6.1f\n",fahr,celsius);
        _____ ;
     }
}
```

（2）当执行以下程序段后，*i* 的值是________，*j* 的值是________，*k* 的值是________。

```
int a,b,c,d,i,j,k;
a=10; b=c=d=5; i=j=k=0;
for( ; a>b; ++b) i++;
while(a>++c) j++;
do  k++;   while(a>d++);
```

（3）用 for 循环打印 1 4 7 10 13 16 19 22 25，请完善 printf 函数。

```
for (i=1; i<=9; i++)
   printf("%3d", ______);
```

（4）下面程序用来计算 x^y，其中 y 为整型变量且 $y \geq 0$。

```
#include <stdio.h>
main()
{
   float x,z;
   int y;
   printf("input x and y:\n");
   scanf("%f,%d",&x,&y);
   for(z=1;y>0 ;______)
       ______;
   printf("z=%f\n",z);
}
```

（5）下面程序的输出结果是________。

```
#include <stdio.h>
main()
{   int x=9;
    for( ; x>0;  )
    {  if(x%3==0)
        {   printf("%d ",--x);  continue; }
       x--;
    }
}
```

（6）在全国计算机等级 C 语言上机考试中，不少试题与素数有关。下面的程序将输出 3～100 之间的所有素数，请填空（判断素数的方法有多种，请自行总结）。

```
#include<stdio.h>
main()
{   int i,j;
    for (i=3;  i<=100;  i++)
    {    for (j=2;  j<=i-1;_______ )
            if (_______)    break;
         if (_______)
            printf("%3d",i);
    }
    printf("\n");
}
```

（7）已知：任意一个正整数的立方都可以写成一串连续奇数的和。例如：

$13 \times 13 \times 13 = 2197 = 157 + 159 + \cdots + 177 + 179 + 181$，下列程序可以验证上述定理。

```
#include <stdio.h>
main()
{  long int n,i,k,j,sum;
   printf("Enter n=");
   scanf("%ld",&n);
   k=n*n*n;
   for(i=1;i<k/2;i+=2)
   { for(j=i,sum=0; _____ ;j+=2)
        sum+=j;
```

```
    if(_____)
        printf("%ld*%ld*%ld=%ld=form%ldto%ld\n",n,n,n,sum,i,___);
    }
}
```

（8）计算 $s=\sum_{i=1}^{20} i!$ 的程序如下，请填空。

```
#include <stdio.h>
main()
{   long int s,p;
    int i,j;
    ______;
    for(i=1;  i<=20;  i++)
    {   _______;
        for(j=1; _______ ;j++)   /*  计算 i!  */
            p=p*j;
        s=s+p;
    }
    printf("s=%ld\n",s);
}
```

3. **改错题**　每个/****found****/下面的语句中都有一处错误，请将错误的地方改正。注意：不得增行或删行，也不得更改程序的结构。

（1）按顺序读入 10 名学生 4 门课程的成绩，计算出每位学生的平均分并输出。程序如下。

```
#include <stdio.h>
main()
{   int n,k,score,sum;
    float ave;
    /**********found**********/
    For(n=1;n<=10;n++)
    {  sum=0;
    /**********found**********/
      for(k=0;k<=4;k++)
       {   scanf("%d",&score);
           sum+=score;
       }
      /**********found**********/
     ave=sum/4;
     printf("NO.%d:%f\n",n,ave);
    }
}
```

（2）一个三位数，其各位数字的立方和等于该数本身，此数称为“水仙花数”，如：153 是一个“水仙花数”，因为 $153=1^3+5^3+3^3$。下列程序为打印出所有水仙花数的程序。

```
#include <stdio.h>
main()
{   int  i,j,k,m;
    for(i=1;  i<=9;  i++)
    /*********found **********/
      for(j=0;  j<9;  j++)
          for(k=0;  k<=9;  k++)
          { /********* found *********/
```

```
            m=100*k+10*j+i;
            if(m==i*i*i+j*j*j+k*k*k)  printf("%d  ",m);
        }
}
```

（3）根据以下公式求 π 值。例如，给指定精度的变量 eps 输入 0.0005 时，应当输出 Pi=3.140578。

$$\frac{\pi}{2}=1+\frac{1}{3}+\frac{1}{3}\times\frac{2}{5}+\frac{1}{3}\times\frac{2}{5}\times\frac{3}{7}+\frac{1}{3}\times\frac{2}{5}\times\frac{3}{7}\times\frac{4}{9}+\cdots$$

```
#include <stdio.h>
main()
{
  double r,eps,temp;
  int m=1;
  printf("\nPlease enter a precision: ");
  scanf("%lf",&eps);
  r=0.0;
  /*******found*********/
  temp=0;
  /********found********/
  while(temp <=eps)
  {
    r+=temp;
    temp=(temp*m)/(2*m+1);
    m++;
  }
  /********found********/
  printf("\neps=%lf,Pi=%lf\n\n",eps,r);
}
```

（4）计算并输出 n 以内最大的 10 个能被 11 或 19 整除的自然数之和。若 n 的值为 300，则输出为 2646。

```
#include <stdio.h>
main()
{
   int m=0,mix=0,n;
   /********found********/
   scanf("%d",n);
   while((n>=2) && (mix<10))
   {   /*******found*********/
      if((n%11=0) || (n%19=0))
      {
        m=m+n;
        mix++;
      }
      n--;
   }
   printf("%d\n",m);
}
```

（5）统计一个无符号整数中各位数字值为 0 的个数，并求出各位上的最大数字值。例如，若输入无符号整数 10080，则数字值为 0 的个数为 3，各位上数字值最大的是 8。

```
#include <stdio.h>
main()
```

```
{   unsigned m;
    int n=0,max=0,t;
    scanf("%d",&m);
    do
    {
        /*******found********/
        t=m/10;
        /*******found********/
        if(t=0)   n++;
        if(max<t)   max=t;
        /*******found********/
        m=m%10;
    } while(m);
   printf("\nThe result: max=%d z=%d\n",max,n);
}
```

4. 编程题

（1）求下列式子的值。

$$1-\frac{1}{2}+\frac{1}{3}-\frac{1}{4}\cdots+\frac{1}{99}-\frac{1}{100}$$

（2）编程求 1～10 的阶乘，并分别显示在屏幕上。

（3）输入 n 值，输出由*组成的高为 n 的等腰三角形 。

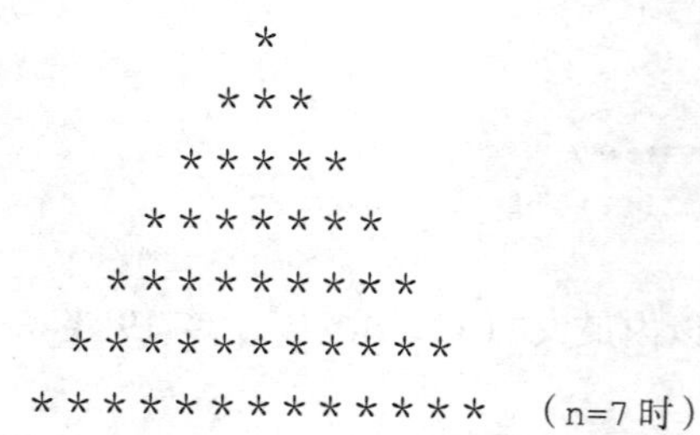

（4）一个数如果恰好等于它的因子之和，这个数就称为“完数”。如，6 的因子为 1、2、3，而 6=1+2+3，因此 6 是“完数”。编程序找出 1000 之内的所有完数，并按下面格式输出其因子：

```
6 its factors are 1,2,3
```

（5）某人打靶，8 发打了 53 环，全部命中在 10 环、7 环和 5 环上，问：他命中 10 环、7 环和 5 环各几发?

（6）猴子吃桃问题。猴子第一天摘下若干个桃子，当即吃了一半，还不过瘾，又多吃了一个。第二天早上又将剩下的桃子吃掉一半，又多吃了一个。以后每天早上都吃了前一天剩下的一半零一个。到第十天早上想再吃时，就只剩一个桃子了。求第一天共摘多少桃子。

（7）用牛顿迭代法求下面方程在 1.5 附近的根。

$$2x^3-4x^2+3x-6=0$$

（8）输入两个正整数 m 和 n，求其最大公约数和最小公倍数。

第 6 章 数组

本章重点：

※ 一维数组与二维数组的定义、初始化以及数组元素的引用

※ 字符数组的定义、初始化以及数组元素的引用

※ 字符串处理函数的使用

本章难点：

※ 数组下标与数组长度的区别

※ 字符串与字符数组的区别

※ 数组应用的一些基本算法

数组是指具有相同类型的数据组成的序列，是有序集合。数组是一种最简单的构造类型，其成员称为“数组元素”，每个数组元素都可以被当作单个变量来使用。一个数组的各元素具有相同的数组名，但具有不同的下标。数组在内存中占有连续的存储单元。本章主要介绍一维数组、二维数组以及字符数组的定义、数组元素的引用以及数组应用的一些基本算法。

6.1 一 维 数 组

6.1.1 一维数组的定义

当数组中的每个元素只带有一个下标时，称为一维数组。数学中的向量、级数等都可使用一维数组来表示。与使用变量相同，在使用数组前必须定义，数组定义的形式为：

```
类型标识符  数组名[整型常量表达式];
```

说明：

（1）类型标识符用来定义数组元素的类型，可以是任何基本数据类型，如 int、float、char 等，也可以是以后介绍的指针或构造类型。

（2）数组名是用户定义的数组标识符，必须遵循标识符的命名规则，并且在一个函数内，数组名不能与变量名相同。

（3）整型常量表达式用来说明数组元素的个数（称为数组长度或数组大小），只能包含整型常量或字符，不能包含变量或函数。例如：

```
①int a[5],b['A'];            /* a 和 b 为数组名，分别包含 5 个、65 个整型数组元素*/
②#define N 10
  float x[N*3];              /* 实型数组 x 有 30 个元素*/
```

下面的定义是非法的：

```
①int 567[10];                /* 不符合标识符的命名规则*/
②float x(10);                /* 不能使用圆括弧说明数组长度 */
③int m=5;
  double y[m];               /* 不能使用变量 m 说明数组长度 */
④int a[5.9];                 /* 不能使用实型数说明数组长度  */
⑤float x[max(3,8)];          /* 不能使用函数 max(3,8)说明数组长度  */
⑥main()
  {   int a;
      float a[5];            /* 数组名 a 不能与变量名 a 相同 */
       …
  }
```

（4）数组名和变量名可以同时出现在一个定义语句中，例如：

```
int m,n,a[5];
```

6.1.2 一维数组元素的引用

当定义了一维数组之后，就可以引用这个一维数组中的任何元素。引用方式如下：

数组名[下标]

其中，下标是数组元素在整个数组中的顺序号，从 0 开始；下标可以是整型常量、整型变量或整型表达式，也可以是字符表达式或后面介绍的枚举类型表达式。例如，若有以下定义语句：

```
int a[5];
```

则说明数组 a 共有 5 个元素，分别表示为 a[0]、a[1]、a[2]、a[3]、a[4]，但 a[5]不是数组 a 的元素。

与普通变量一样，可以对数组元素进行赋值、输入输出，也可以在表达式中引用。下面有关数组元素的引用都是合法的。

```
a[0]=10+2;
a[1]=a[0]+a[3];
scanf("%d",&a[3]);
a['C'-'A']=8;           /* 等效于 a[2]=8 */
a[n*2]=a[0]+a[2*2];     /* n 为整型变量*/
printf("%d\n",a[4]);
```

例 6.1 输出一维数组的全部元素。

```
#include <stdio.h>
main()
{
   int s[10];
   int i;
   for(i=0;  i<=9;  i++)
       s[i]=i*i;
   for(i=0;  i<=9;  i++)
```

```
        printf("%4d",s[i]);
    }
```

运行结果为：

```
0  1  4  9  16  25  36  49  64  81
```

例 6.1 中，使用 for 循环语句为一个含有 10 个元素的 int 型数组 s 进行赋值，即 s[0]、s[1]、s[2]、……、s[9]依次赋值为 0、1、4、……、81，然后利用 for 循环语句将数组 s 中的所有元素打印出来。这是对数组元素进行操作的最基本算法。

在引用数组元素时，应注意以下几点。

（1）一个数组元素实质上就是一个变量名，代表内存中的一个存储单元。

（2）一个数组不能整体引用。例如对于例 6.1 中所定义的数组 s，不能用数组名 s 来代表 s[0]～s[9]这 10 个元素进行输入输出。

（3）C 语言程序在运行过程中，系统并不自动检验数组元素的下标是否越界。如将例 6.1 中的“i<=9”改为“i<=15”，程序照样能够运行。由于下标越界，可能会造成不可预料的程序运行结果。

6.1.3　一维数组的存储与初始化

1. 一维数组的存储

C 编译程序为每个数组在内存开辟一片连续的存储空间，各数组元素按下标从小到大连续排列，每个元素占用相同的字节数。数组的“有序性”即体现在此。另外，数组名是常量，代表数组所占存储空间的起始地址，也就是第 0 号元素的地址。

例如，对数组定义“int a[8];”，则数组 a 的存储如图 6.1（a）所示。

(a)		(b)	
a[0]		a[0]	0
a[1]		a[1]	1
a[2]		a[2]	2
a[3]		a[3]	3
a[4]		a[4]	4
a[5]		a[5]	5
a[6]		a[6]	6
a[7]		a[7]	7

图 6.1　数组的存储空间及初始化

2. 一维数组的初始化

在数组定义的同时，可以对数组的各个元素指定初值，这个过程称为“数组初始化”。实际上，初始化赋值在编译时将各数据存入各元素对应的存储单元，其形式有以下几种。

（1）对数组所有元素赋初值。例如：

```
int a[8]={ 0,1,2,3,4,5,6,7 };
```

初始化后，a[0]=0，a[1]=1，a[2]=2，a[3]=3，a[4]=4，a[5]=5，a[6]=6，a[7]=7，如图 6.1（b）所示。

（2）对数组部分元素赋初值。例如：

```
int a[8]={0,1,2,3,4};
```

表示只给 a[0]～a[4]5 个元素赋值，而后 3 个元素自动赋 0 值。一个数组中全部元素值为 0 时，可写成：

```
int b[5]={0};
```

（3）通过赋初值来确定数组的大小。例如：

```
int a[5]={1,2,3,4,5};
```

可写为：

```
int a[]={1,2,3,4,5};
```

在给数组元素赋初值时，只能给元素逐个赋值，不能给数组整体赋值。例如给 10 个元素全部赋 1 值，只能写成如下形式：

```
int a[10]={1,1,1,1,1,1,1,1,1,1};
```

而不能写为："int a[10]=1;" 或 "int a[10]={1*10};"。

在程序中，经常通过循环并结合赋值语句来为数组赋值。

例 6.2 通过循环和赋值语句为数组赋值。

```
#include <stdio.h>
main ()
{
  int a[5];
  int b[]={1,3,5,7,9};
  int i;
  for(i=1; i<=5; i++)
  {
     a[i-1]=2*i-1;                 /* 为数组 a 的元素赋值 */
     printf("%4d",a[i-1]);         /* 输出数组元素 */
  }
  printf("\n");
  for(i=0;i<=4;i++)
  {
     a[i]=b[i]*b[i];               /* 通过已赋值数组 b 的元素为数组 a 的元素赋值 */
     printf("%4d",a[i]);
  }
 printf("\n");
}
```

程序运行的结果：

```
1   3    5   7   9
1   9   25  49  81
```

6.1.4 一维数组程序设计举例

例 6.3 "用冒泡排序法"对一维数组中的整数进行排序（由小到大）。

算法分析：排序的算法非常多，如冒泡排序、插入排序、选择排序、快速排序、堆排序、归并排序、基数排序、希尔排序等。冒泡排序法是一种简单的排序方法，将待排序的数组元素看作是竖着排列的"气泡"，较小的元素看成轻"气泡"。每趟比较，将"大"数移到它应该放的位置。假如有 6 个数据，则头两趟比较情况如图 6.2 所示（带圈的数字是已排好的），共需比较 5 趟。

第 1 次	第 2 次	第 3 次	第 4 次	第 5 次	
9	8	8	8	8	8
8	9	5	5	5	5
5	5	9	7	7	7
7	7	7	9	3	3
3	3	3	3	9	1
1	1	1	1	1	⑨

第一趟

第 1 次	第 2 次	第 3 次	第 4 次	
8	5	5	5	5
5	8	7	7	7
7	7	8	3	3
3	3	3	8	1
1	1	1	1	⑧

第二趟

图 6.2 "冒泡排序法"示意图

一般地，假设数组 a 中有 n 个元素，则要进行 n-1 趟比较。

第 1 趟：对 n 个数，从上往下，比较相邻的两个数，小者调上，大者调下。反复执行 n-1 次，最大者沉到底，存放至 a[n-1]中。

第 2 趟：除最大数之外，对剩余的 n-1 个数，从上往下，比较相邻的两个数，小者调上，大者调下。反复执行 n-2 次，第 2 大者存放至 a[n-2]中。

……

第 j 趟：除已排好的数之外，对剩余的 n-j+1 个数，从上往下，比较相邻的两个数，小者调上，大者调下。反复执行 n-j 次，第 j 大者存放至 a[n-j]中。

……

第 n-1 趟：对最后剩余的 2 个数进行比较，小者调上，大者调下。执行 1 次，排序结束。

下面使用逐步求精法设计算法，为简单起见不考虑数组的输入和输出。

（1）排序框架

```
for(j=1  to  n-1)
    对剩下的 n-j+1 个数(a[0]～a[n-j])进行相邻比较，共比较 n-j 次。
```

（2）对循环体求精

```
for(i=0  to  n-j-1)
    if(a[i]>a[i+1])  {  交换 a[i]和 a[i+1]  }
```

至此，冒泡排序法的程序可编写如下：

```
#include <stdio.h>
main()
{
    int a[50],i,j,t,n;
    printf("\n input number of data:");
    scanf("%d",&n);                    /* 输入数据个数 */
    printf("input %d numbers:\n",n);
    for(i=0; i<n;  i++)                /* 输入待排序的原始数据 */
         scanf("%d",&a[i]);
    for(j=1;  j<=n-1;  j++)            /* 对 a 数组中的 n 个数进行排序 */
         for(i=0;  i<=n-j-1;   i++)
             if(a[i]>a[i+1])
             {  t=a[i];    a[i]=a[i+1];  a[i+1]=t;   }
    for(i=0;  i<n;  i++)               /* 输出排序后 a 数组中的数据 */
         printf("%4d",a[i]);
}
```

6.2　二维数组与多维数组

6.2.1　二维数组的定义

1. 二维数组的定义方式及说明

当数组中每个元素带有两个下标时，这样的数组为二维数组。在逻辑上可以把二维数组看成是一个具有行和列的表格或矩阵。利用二维数组可以表示数学中的行列式、矩阵等。

二维数组定义的一般形式是：

```
类型标识符 数组名[常量表达式 1][常量表达式 2];
```

其中常量表达式的值只能是正整数，常量表达式 1 表示第一维（行）的长度，常量表达式 2 表示第二维（列）的长度。如：

```
int a[3][4];
```

定义 a 为一个 3 行 4 列的二维数组，a 为数组名，数组中每个元素都是整型，共有 3 × 4 个元素。另外，也可以把 a 看作是一种特殊的一维数组，它有 3 个元素：a[0]、a[1]和 a[2]，每个元素又是一个一维数组，并包含有 4 个 int 型元素，如图 6.3 所示。

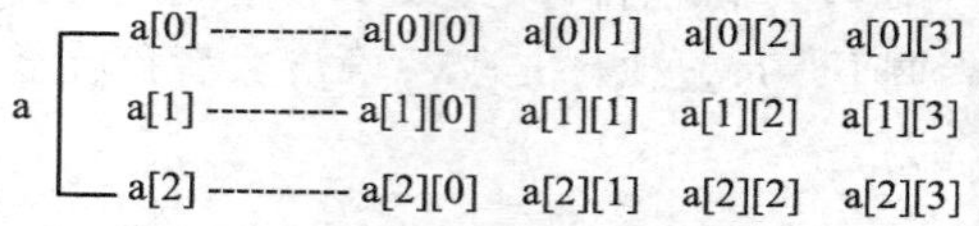

a
a[0] ---------- a[0][0] a[0][1] a[0][2] a[0][3]
a[1] ---------- a[1][0] a[1][1] a[1][2] a[1][3]
a[2] ---------- a[2][0] a[2][1] a[2][2] a[2][3]

图 6.3 二维数组的一维表示方法

二维数组中每个元素都有两个下标，第一个方括号中的下标代表行号，称行下标；第二个方括号中的下标代表列号，称列下标。行下标和列下标的下限都为 0，在这里，a 数组的行下标的上限为 2，列下标的上限为 3。

C 语言允许在一个定义行中定义同一类型的变量、一维数组和二维数组（或多维数组）。如：

```
int j,c[3],b[3][4];
```

2. 二维数组在内存中的排列顺序

二维数组中的元素在内存中占一系列连续的存储单元。C 语言规定，二维数组在内存中的排列顺序是“按行存放”，即在内存中先存第 0 行的元素，然后再存放第 1 行的元素，以此类推。图 6.4 表示数组 a 在内存中的存放。

……
a[0][0]
a[0][1]
a[0][2]
a[0][3]
a[1][0]
a[1][1]
a[1][2]
a[1][3]
a[2][0]
a[2][1]
a[2][2]
a[2][3]
……

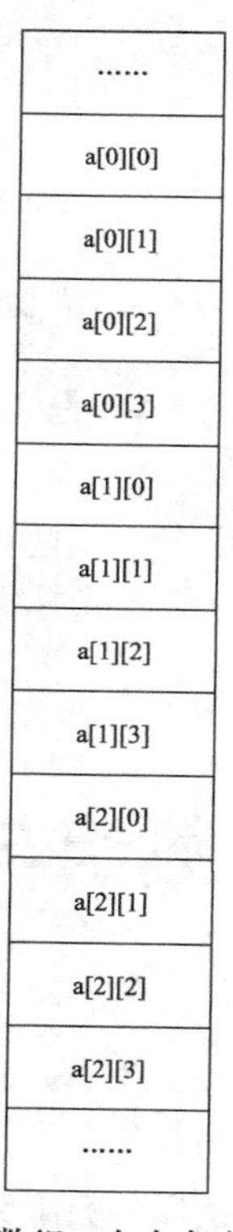

图 6.4 数组 a 在内存中的存放

6.2.2　二维数组元素的引用

二维数组的元素也称为双下标变量，其引用形式为：

数组名[下标 1][下标 2]

其中，下标和一维数组一样，可以是常量、变量、表达式等，但类型必须为整型。

例如，若有如下定义语句：

```
int i,j;  double a[2][3];
```

则 a[1][1]，a[i][j]，a[i+1][j+1]都是合法的数组引用形式。

（1）数组定义与数组元素的引用在形式中有些相似，但这两者具有完全不同的含义。数组定义的方括号中给出的是某一维的长度，而数组元素引用时给出的下标是该元素在数组中的位置的标识。前者只能是常量，后者可以是常量、变量或表达式。

（2）不要越界使用，例如：

```
int a[3][4];
   …
a[3][4]=10;    /*超越数组定义中的上、下界*/
```

例 6.4　向一个二维数组输入值并输出此数组全部元素。

```
#include <stdio.h>
main()
{
  int i,k,a[3][2];
  for(i=0;i<3;i++)
      for(k=0;k<2;k++)
           scanf("%d",&a[i][k]);
  for(i=0;i<3;i++)
     for(k=0;k<2;k++)
          printf("\na[%d][%d]=%d",i,k,a[i][k]);
}
```

当输入程序的数字分别为 1 2 3 4 5 6

程序运行的结果为：

```
a[0][0]=1
a[0][1]=2
a[1][0]=3
a[1][1]=4
a[2][0]=5
a[2][1]=6
```

6.2.3　二维数组的初始化

二维数组的初始化和一维数组初始化的方法基本相同，也是在定义数组时给出数组元素的初值。二维数组的初始化有以下几种方式。

（1）分行给二维数组赋初值。如：

```
int a[3][4]={{1,2,3,4},{5,6,7,8},{9,10,11,12}};
```

此种方法是将第一对花括号内的四个初始值赋给数组 a 的第 0 行元素，第二对花括号内的值赋给第 1 行元素，第三对花括号内的值赋给第 2 行元素，即按行赋初值。可将初始值分成几行书写，也就是一对花括号占一行，这样更加清晰。

（2）可以将所有数据写在一个花括号内，按数组排列的顺序对元素赋初值。如：

```
int a[3][4]={1,2,3,4,5,6,7,8,9,10,11,12};
```

系统在编译时按照数组在内存中的顺序依次将各初始值赋给数组元素，若数据不足，系统将给后面的元素自动赋初值 0。这种方法不易检查，容易遗漏。以方法（1）为好，一对花括号对应一行，界限清楚，容易检查。

（3）可对部分元素赋初值，其余元素自动赋初值 0。如：

① int a[3][4]={{1},{5},{9}};

等价于：

```
int a[3][4]={{1,0,0,0},{5,0,0,0},{9,0,0,0}};
```

② int a[4][3]={{1,2},{4,5}};

等价于：

```
int a[4][3]={{1,2,0},{4,5,0},{0,0,0},{0,0,0}};
```

（4）在定义二维数组时，可以用初始化的方法来隐含定义第一维的大小，即可以省略数组定义中第一个方括号中的常量表达式，但不能省略第二个方括号中的常量表达式。例如：

```
int a[ ][4]={1,2,3,4,5,6,7,8,9};
```

这种情况下确定第一维大小的规则为：当初值的个数能被第二维的大小整除时，所得商就是第一维的大小；否则，第一维的大小为所得商数加 1。因此，数组 a 第一维的大小为 3，即以上语句等价于：

```
int a[3][4]={1,2,3,4,5,6,7,8,9};
```

其中，a[2][1]、a[2][2]和 a[2][3]初始化为 0。下面数组定义是错误的：

```
int a[3][ ]={1,2,3,4,5,6,7,8,9,10,11,12};
```

（5）在定义时也可以只对部分元素赋初值而省略第一维长度，但应分行赋初值。如：

```
int a[ ][4]={{0,0,3},{0},{0,10}};
```

6.2.4 二维数组程序设计举例

例 6.5 将矩阵的行和列互换。例如

原矩阵为 $a=\begin{pmatrix}1 2 3\\4 5 6\end{pmatrix}$ 转置后的矩阵为 $b=\begin{pmatrix}1 & 4\\2 & 5\\3 & 6\end{pmatrix}$

程序如下：

```
#include <stdio.h>
main()
{
   int a[2][3],b[3][2],i,j;
   for(i=0;i<=1;i++)
       for (j=0; j<=2;j++)
            scanf("%d",&a[i][j]);        /*输入一个 2×3 的矩阵存入数组 a*/
   for(i=0;i<=1;i++)
```

```
        for (j=0; j<=2;j++)
            b[j][i]=a[i][j];                /*将数组 a 中矩阵转置后存入数组 b*/
    for(i=0;i<=2;i++)
    {
        for(j=0;j<=1;j++)
        printf("%4d",b[i][j]);
        printf("\n");                        /*输出数组 b 中的 3×2 矩阵*/
    }
}
```

例 6.6 求 N 行 N 列正方阵的两条对角线元素之和（每个元素不得重复加）。

算法分析：一个 N 阶方阵两条对角线包含主对角线和副对角线，主对角线为所有第 i 行第 i 列元素的全体（i=0,1, 2, 3… N−1），即从左上到右下的一条斜线；副对角线（或称次对角线）为所有第 i 行第（N−i−1）列元素的全体，即从右上到左下的一条斜线。使用一个循环对两条对角线的元素进行累加，但当 N 为奇数时，a[N/2][N/2]加了二次，所以最后要减去。

```
#include <stdio.h>
#define N 5
main()
{
    int a[N][N]={{1,2,3,4,5},{2,3,4,5,1},{3,4,5,1,2},{4,5,1,2,3},{5,4,3,2,1}};
    int i,j,sum=0;
    printf("\nThe %d x %d matrix:\n",N,N);
    for(i=0;  i<N;  i++)
    {
        for(j=0;  j<N;  j++)
            printf("%4d",a[i][j]);
        printf("\n");
    }
    for(i=0;  i<N;  i++)
        sum+=a[i][i]+a[i][N-i-1];
    if(N%2!=0)   /* 判断 N 是不是奇数 */
        sum-=a[N/2][N/2];
    printf("\nThe sum of all elements on 2 diagnal is %d.",sum);
}
```

6.2.5 多维数组概述

C 语言允许有大于二维的数组，维数的限制（如果有的话）是由具体的编译系统决定的。定义多维数组的一般形式为：

类型标识符 数组名[常量表达式 1][常量表达式 2]…[常量表达式 k];

如语句：

```
int a[2][3][2],b[2][3][4][5];
```

定义了三维数组 a 和四维数组 b，分别有 2 × 3 × 2 个和 2 × 3 × 4 × 5 个元素。

多维数组的元素在内存中存放时，类似于二维数组，数组元素第一维的下标变化最慢，最右边的下标变化最快。多维数组的存储量随着维数的增加呈指数增长，因此不常用。

关于多维数组，需要注意一点：由于编译系统要花大量时间计算数组下标，因此存取多维数组中的元素要比存取一维数组的元素花更多的时间。由于这个和其他原因，大量的多维数组一般采用 C 语言动态分配函数及指针的方法，每次对数组的一部分动态地分配存储空间。

6.3 字符数组与字符串

6.3.1 字符数组的定义

字符数组是存放字符型数据的数组，其中每个数组元素中存放的都是单个字符。字符数组中的元素都可以作为一个字符型变量来使用，处理方法和前面介绍的一维数组或多维数组完全相同。

字符数组的定义方法与前面介绍的类似。例如：

```
char c[10];
```

由于字符型和整型通用，所以也可以定义 int c[10]来存储字符，但浪费存储空间。

同样也可以定义二维或多维字符数组。例如：

```
char d[5][10];
```

6.3.2 字符数组的初始化

字符数组也允许在定义时作初始化赋值，最容易理解的方式是为每个元素依次指定一个字符。例如：

```
char c[10]={'p', 'r', 'o', 'g', 'r', 'a','m'};
```

如果括号中提供的初值个数（即字符个数）大于数组长度，则编译出错；如果小于数组长度，则只将这些字符按顺序赋给数组中前面那些元素，其余元素默认为空字符（即'\0'），所以 c[7]、c[8]、c[9]均赋值为'\0'。再如：

```
char s[5]={'\0'};
```

s 数组的全部元素均为'\0'。

若初值个数等于数组长度，则定义字符数组时，其长度可省略，系统会自动根据初值个数确定数组长度。例如：

```
char str[]={'s','t','r','i','n','g','!'};  /* 数组长度为 7 */
```

也可以定义和初始化二维字符数组，例如：

```
char ca[][5]={{'a'},{'b','b'},{'c','c','c'}};
```

定义了 3 行 5 列字符数组，ca[0][0]赋初值为'a'，ca[1][0]、ca[1][1]为'b'，ca[2][0]、ca[2][1]、ca[2][2]为'c'，其他元素为'\0'。

6.3.3 字符数组元素的引用

与其他类型的数组一样，可以引用字符数组中的每个元素。

例 6.7 输出下面所示的图形

```
   *
  * *
 *   *
  * *
   *
```

```
#include <stdio.h>
main()
{
    char d[5][5]={ {' ', ' ', '*'},
                   {' ', '*', ' ', '*'},
                   {'*', ' ', ' ', ' ', '*'},
                   {' ', '*', ' ', '*'},
                   {' ', ' ', '*'}
                 };    /* 二维字符数组初始化  */
    int i,j;
    for( i=0;i<5;i++)
    {
        for(j=0;j<5;j++)
            if(d[i][j]!='\0')
                printf("%c",d[i][j]);
        printf("\n");
    }
   printf("\n");
}
```

6.3.4　字符串与字符数组

1. 字符串与字符数组关系

C 语言本身并没有设置一种类型来定义字符串变量，而是将字符串存储于字符数组来进行处理，但字符数组并不等同于字符串变量。

字符串以字符'\0'作为结束标志，每一个字符串常量都要占用内存中一串连续的存储空间。也就是说，C 语言对字符串常量是按照字符型一维数组进行存储的，编译系统给出存放每个字符串常量的存储空间的首地址。从这个首地址开始，在遇到第一个'\0'时，表示字符串结束，由它前面的字符组成字符串。

对于字符串常量，C 编译系统会自动在末尾添加一个'\0'作为结束符。例如：字符串常量"Hello"共有 5 个字符，即其长度为 5，但在内存中占 6 个字节，最后一个字节存储的是'\0'。

字符数组的每个元素可存放一个字符，但并不要求它的最后一个字符必须为字符串结束标志'\0'。而与字符串有关的大量操作都与字符串结束标志'\0'有关，因此，只有在字符数组中的有效字符后加上'\0'这一特定情况下，才可以把这种字符数组“看作”字符串变量。

由上可知，字符数组可以用来存放字符串，所以可以直接用字符串常量来为字符数组初始化。例如：

```
char c[20]={ "computer & C" };
```

数组名 c 是字符串的首地址。习惯上可省略花括弧，简写成：

```
char c[20]="computer & C";
```

由于"computer & C"是字符串常量，系统会自动在最后加入字符串结束标记'\0'，所以不必人为加入，此时应注意数组越界，下面的写法是错误的：

```
char c[12]="computer & C";
```

原因是没有为'\0'预留空间，为避免这种问题，可使用下面形式定义。

```
char c[]="computer & C";    /*数组大小为 13，字符串长度为 12*/
```

等价于：

```
char c[]={'c','o','m','p','u','t','e','r',' ','&',' ','C','\0'};
```

此时，是通过逐个元素赋初值的方法进行初始化，所以必须加上'\0'。如果没有这个'\0'，则是不能当成字符串使用的；如误作字符串来操作，则系统将在其后的内存中找一个距它最近的'\0'作为其结束标记，可这能导致错误的结果。下面的初始化默认 c[12]为'\0'，因此可将 c 当成字符串使用：

```
char c[13]={'c','o','m','p','u','t','e','r',' ','&',' ','C'};  /* 数组大小只要≥13 即可 */
```

对于二维字符数组，因为 C 语言规定可以把一个二维数组当成多个一维数组处理，所以二维字符数组的每行可存放一个字符串。以下初始化都是合法的：

```
char ca[3][5]={{"a"},{"bb"},{"ccc"}};
char ca[][5]={"a","bb","ccc"};
```

其中，ca[0]、ca[1]、ca[2]等都是一维数组名，初始化后也就是字符串的首地址。

注意

因为字符数组名是地址常量，所以，不能通过赋值语句将字符串常量或其他字符数组中的字符串直接赋给字符数组。例如，以下的赋值语句是非法的：

```
char c[13],s[13],ca[3][13];
c="computer & C";
s=c;      ca[0]=c;
```

2. 字符串的输入输出

在 C 语言提供的字符串输入输出库函数中，有的还可输入输出单个字符，在使用这些函数前应包含头文件 stdio.h。

（1）scanf 和 printf 函数。scanf 和 printf 函数用于输入输出单个字符和字符串。

例 6.8 使用 scanf 和 printf 函数。

```
#include <stdio.h>
main()
{   char str[20];
    int i;
    for(i=0;  i<=12;  i++)
        scanf("%c",&str[i]);  /* 输入的不是字符串，没有串结束符*/
    for(i=0;  i<=12;  i++)
      printf("%c",str[i]);  /* 按字符输出 */
    printf("\n");
    scanf("%s",str);
    printf("%s\n",str);
}
```

程序运行结果如下：

```
computer & C↙
computer & C

computer & C↙
computer
```

程序运行时，输入循环要读取 13 个字符，赋给数组 str，按照上面的输入，赋给元素 str[12]的是换行字符，所以输出时多了一个空行。另外，C 语言规定，用 scanf 函数输入字符串时，以空格、制表或回车符作为字符串间隔的符号，因此虽然第二次也输入了字符串 computer & C，但只能显示 computer。

（2）gets 函数。使用 gets 函数可以完整地读入带有空格的字符串，其一般形式为：

```
gets(str);
```

其中 str 是存放字符串的起始地址。它可以是字符数组名、字符指针或字符数组元素的地址。调用 gets 函数时，将从这一地址开始依次存放从终端键盘读入的字符串（包括空格符），直到读入换行符为止。例 6.8 中的“scanf("%s",str);”如果改为“gets(str);”，则“printf("%s",str);”语句可以输出完整的字符串 computer & C。

（3）puts 函数。C 语言还提供了一个 puts 函数，用来输出一个字符串，其一般形式为：

```
puts(str);
```

其中 str 是存放字符串的起始地址，puts 函数从这一地址开始依次输出存储单元中的字符，遇到第一个'\0'符号时结束输出，并自动换行。注意：puts 函数一次只能输出一个字符串。

例 6.9　使用 gets 和 puts 函数输入输出字符串。

```
#include <stdio.h>
main()
{
  char str[13];
  gets(str);
  puts(str);
}
```

运行情况如下：

```
computer & C ↙
computer & C
```

6.3.5　字符串处理函数

C 语言提供了丰富的字符串处理函数，以减轻编程人员的负担，这些函数大致可分为字符串的输入、输出、合并、修改、比较、转换、复制、搜索等几类。前面已介绍了字符串输入输出的函数，下面再介绍几个常用的字符串函数，使用前应包含头文件 string.h。

（1）字符串连接函数 strcat，其格式为：

```
strcat(字符数组名 1，字符串 2)
```

功能：把字符串 2 连接到字符数组 1 中字符串的后面，并删去字符串 1 的串标志'\0'，结果字符串的长度是两个字符串长度之和。字符串 2 可以是字符数组，也可以是字符串常量。函数返回值是字符数组 1 的首地址。例如：

```
char st1[30]="My name is ",st2[]="John";
strcat(st1,st2);
puts(st1);
```

输出：

```
My name is John
```

在使用 strcat 函数时，字符数组 1 应定义足够的长度，否则可能会发生问题。

（2）字符串复制函数 strcpy，其格式为：

strcpy(字符数组名 1，字符串 2)

功能：把字符串 2 连同串结束标志'\0'复制到字符数组 1 中。字符串 2 可以是字符数组，或字符串常量；当字符串 2 是字符串常量时，相当于把一个字符串赋予一个字符数组。例如：

```
char st1[15],st2[]="C Language";
strcpy(st1,st2);    或者 strcpy(st1, "C Language");
```

strcpy 函数要求字符数组 1 的长度不小于字符串 2 的长度，否则可能会出现问题。

（3）字符串比较函数 strcmp。功能为比较两个字符串的大小，其格式为：

strcmp(字符串 1，字符串 2)

其中，字符串 1 和字符串 2 可以是字符数组名或字符串常量。

函数返回值是一个整数，即：

若字符串 1 = 字符串 2，函数返回值为 0；

若字符串 1>字符串 2，函数返回值为一个正整数；

若字符串 1<字符串 2，函数返回值为一个负整数。

字符串比较的方法是：从左到右按照 ASCII 码大小比较两个字符串对应位置上的字符，若相等则继续比较，直到出现不同的字符或遇到'\0'为止。若全部字符相同，则认为相等；若出现不同字符，以第一个不同的字符的比较结果为准，并由函数返回值返回比较结果。

例 6.10 strcmp 函数的使用。

```
#include <stdio.h>
#include <string.h>
main()
{   int k;
    static char st1[15],st2[]="C Language";
    printf("input a string:\n");
    gets(st1);
    k=strcmp(st1,st2);
    if(k==0) printf("st1=st2\n");
    if(k>0) printf("st1>st2\n");
    if(k<0) printf("st1<st2\n");
}
```

本程序中把输入的字符串和数组 st2 中的字符串比较，比较结果存到 k 中，根据 k 值再输出结果提示串。当输入为"dbase"时，由 ASCII 码可知"dbase"大于"C Language"，故 k>0，输出结果为“st1>st2”。

C 语言不允许使用关系运算符比较两个字符串大小，例如：

if(st1>=st1) printf("st1>st2\n");

（4）测字符串长度函数 strlen。其格式为：

strlen(字符串)

功能：计算字符串的实际长度（不含字符串结束标志'\0'），并作为函数返回值。例如：

```
int k;
char st[]="C language";
k=strlen(st);   或者 k=strlen("C language");
```

6.3.6　字符数组程序设计举例

例 6.11　输入一行字符，统计其中有多少个单词，单词之间用空格分隔开。

算法分析：单词的数目可以由空格出现的次数决定（连续的若干个空格作为出现一次空格；一行开头的空格不统计在内）。如果测出某一个字符为非空格，而它的前面的字符是空格，则表示"新的单词开始了"，此时使 num（单词数）累加 1。如果当前字符为非空格而其前面的字符也是非空格，则意味着仍然是原来那个单词的继续，num 不应再累加 1。前面一个字符是否空格可以从 word 的值看出来，若 word 为 0，则表示前一个字符是空格；如果 word 为 1，意味着前一个字符为非空格。

```
#include "stdio.h"
main()
{
      char string[81];
      int i, num=0, word=0;
      char c;
      gets(string);
      for(i=0;(c=string[i])!='\0';i++)
         if(c==' ') word=0;      /* 连续空格时 word 重复赋 0  */
         else if(word==0)        /* 新的单词开始了  */
         {   word=1;
             num++;
         }
      printf("There are %d words in the line.\n",num);
}
```

例 6.12　从键盘上输入若干个字符串（长度小于 80），存入二维数组。然后对其进行排序（由小到大）并按次序输出。

算法分析：二维字符数组的每行可存放一个字符串。用字符串比较函数比较各行的大小，进行排序，最后输出结果。这里也采用冒泡排序法，但每趟比较时，从下往上扫描，即先把小数排好。

```
#include <stdio.h>
#include <string.h>
#define N  3
main()
{
    char a[N][80],b[80];
    int i,j;
    for(i=0;i<N;i++)
        gets(a[i]);
    for(i=0; i<N-1; i++)
        for(j=N-1;  j>i;  j--)
            if(strcmp(a[j],a[j-1])<0)
            {
                strcpy(b,a[j]);
                strcpy(a[j],a[j-1]);
                strcpy(a[j-1],b);
```

```
        }
    for(i=0;i<N-1;i++)
        puts(a[i]);
}
```

例 6.13 输入一个字符串存到 str 字符数组，将该字符串中除了下标为偶数、同时 ASCII 值也为偶数的字符外，其余的全部删除；串中剩余字符所形成的一个新串放在 s 字符数组中。

算法分析：对串 str 中的字符逐个进行判断，如果某个字符的下标为偶数，同时 ASCII 值也为偶数，则将该字符存入 s 字符数组中。最后在新串 s 的末尾加上字符串结束标记'\0'。

```
# include <stdio.h>
#include <string.h>
main()
{
      char str[100],s[100];
      int i,j=0,n;
      scanf("%s",str);
      n=strlen(str);                  //取字符串 str 长度
      for(i=0;i<n;i++)
          if(i%2==0&&str[i]%2==0)     //判断字符 i 是否符合条件
          {
              s[j]=str[i];            //将偶数下标及偶数 ASCII 码的字符放入新串
              j++;                    //新串长度加 1
          }
      s[j]='\0';                      //新串添加结束符
      printf("\nThe result is : %s\n",s);
}
```

例 6.14 输入一个字符串，然后逆置。例如，原字符串为"ABCDE"，逆置后为"EDCBA"。

算法分析：字符串逆置就是把字符串中的第一个元素和最后一个元素交换，第二个元素和倒数第二个元素交换，直到所有的元素交换完为止。下标分别用 j 和 m 表示，j 从 0 开始，m 从最大下标开始，每次循环 j 加 1 并且 m 减 1，当 j 和 m 相等时，说明所有元素交换完毕。

```
#include <string.h>
#include <stdio.h>
#define M 60
main()
{
    char s[M],ch;
    int j,m;
    printf("Input a string:");
    gets(s);
    m=strlen(s)-1;
    for(j=0; j<m;  j++,m--)
    {
       ch=s[j];
       s[j]=s[m];
       s[m]=ch;
    }
    printf("The reversal string :%s\n",s);
}
```

上面程序中，也可将循环条件改为 for(j=0; j<(m+1)/2;　j++)，循环体改为 s[j]和 s[m-j]交换。

例 6.15 编写程序，将一个数字字符串转换为一个整数，不得使用 C 语言提供的转换函数。

算法分析：将每位数字字符的 ASCII 码减去 0×30（字符'0'的 ASCII 码值），变成 0～9 之间的数值，并且不断进行高位乘以 10 加低位的运算。

```
#include <string.h>
#include <stdio.h>
main()
{   char str[80];
    long x=0;
    int i=0,n;
    gets(str);
    n=strlen(str);
    if(str[0]=='-')  i++;
    for(;  i<n;  i++)
        x=x*10+str[i]-'0';
    if(str[0]=='-')  x=-x;
    printf("%d\n",x);
}
```

本章小结

数组属于构造数据类型，是具有一定顺序关系的若干同类型数据的集合，在程序设计中很常用。几乎所有的高级语言都有数组类型。C 语言的数组可分为数值数组（整数组，实数组）、字符数组以及后面将要介绍的指针数组、结构数组等。

数组可以是一维的，二维的或多维的。数组类型的说明由类型标识符、数组名、数组长度三部分组成，两个下标或多个下标的数组称为二维数组或多维数组。在引用数组元素时，下标从 0 开始。

对数组的赋值可以用数组初始化赋值，输入函数动态赋值和赋值语句赋值三种方法实现。对数值数组不能整体赋值、输入或输出，而必须用循环语句逐个对数组元素进行操作。

C 语言没有设置字符串变量类型，字符串的存储依赖于字符数组，并以字符'\0'标识字符串的结束。对字符串可以通过调用标准库函数来实现字符串的复制、连接、比较及求字符串长度等操作。

习 题

1．选择题

（1）C 语言中一维数组的定义方式为：类型说明符数组名________。

A．[整型常量]　　　　B．[整型表达式]

C．[整型常量]或[整型常量表达式]　　　　D．[常量表达式]

（2）C 语言中引用数组元素时，下标表达式的类型为________。

A．单精度型　　　　B．双精度型

C．整型　　　　D．指针型

（3）若有定义：int a[3][4];，则对 a 数组元素的非法引用是________。

A. a[0][3*1]　　B. a[2][3]

C. a[1+1][0]　　D. a[0][4]

（4）若有定义：int a[][3]={1,2,3,4,5,6,7,8,9};，则 a 数组第一维的大小是________。

A. 1　　B. 2　　C. 3　　D. 4

（5）若有定义：int a[]={1,2,3,4,5,6,7,8,9,10};，则值为 5 的表达式是________。

A. a[5]　　B. a[a[4]]　　C. a[a[3]]　　D. a[a[5]]

（6）要求定义包含 8 个 int 类型元素的一维数组，以下错误的定义语句是________。

A. int　N=8;
   int a[N];

B. #define N 3
   int a[2*N+2]

C. int a[]={0,1,2,3,4,5,6,7};

D. int a[1+7]={0};

（7）若二维数组 a 有 m 列，则在 a[i][j]前的元素个数为________。

A. i*m+j　　B. j*m+i　　C. i*m+j-1　　D. i*m+j+1

（8）下面是对数组 s 的初始化，其中不正确的是________。

A. char s[5]={"abc"};　　B. char s[5]={'a','b','c'};

C. char s[5]="";　　D. char s[5]="abcdef";

（9）下面程序段的运行结果是________。

```
char c[]="\t\v\\\0will\n";
printf("%d",strlen(c));
```

A. 14　　B. 3

C. 9　　D. 字符串中有非法字符，输出值不确定

（10）判断字符串 s1 是否等于字符串 s2，应当使用 ________。

A. if(s1==s2)　　B. if(s1=s2)

C. if(strcpy(s1,s2))　　D. if(strcmp(s1,s2)==0)

2. 写出程序的运行结果

（1）程序一：

```
main()
{  int a[3][3]={1,3,5,7,9,11,13,15,17};
   int sum=0,i,j;
   for (i=0;i<3;i++)
   for (j=0;j<3;j++)
   {  a[i][j]=i+j;
      if (i==j) sum=sum+a[i][j];
   }
   printf("sum=%d",sum);
}
```

（2）程序二：

```
main()
{  int i,j,row,col,max;
   int a[3][4]={{1,2,3,4},{9,8,7,6},{-1,-2,0,5}};
   max=a[0][0];row=0;col=0;
   for (i=0;i<3;i++)
     for (j=0;j<4;j++)
         if (a[i][j]>max)
         {    max=a[i][j];
```

```
                row=i;
                col=j;
            }
    printf("max=%d,row=%d,col=%d\n",max,row,col);
}
```

（3）程序三:

```
main()
{  int a[4][4],i,j,k;
   for (i=0;i<4;i++)
     for (j=0;j<4;j++)
           a[i][j]=i-j;
   for (i=0;i<4;i++)
   {  for (j=0;j<=i;j++)
            printf("%4d",a[i][j]);
            printf("\n");
     }
}
```

（4）程序四:

```
#include <stdio.h>
main()
{  int i,s;
   char s1[100],s2[100];
   printf("input string1:\n");
   gets(s1);
   printf("input string2:\n");
   gets(s2);
   i=0;
   while ((s1[i]==s2[i])&&(s1[i]!='\0'))
     i++;
   if ((s1[i]=='\0')&&(s2[i]=='\0')) s=0;
   else s=s1[i]-s2[i];
   printf("%d\n",s);
}
```

输入数据　aid
　　　　　and

3. 程序填空

（1）用"两路合并法"把两个已按升序排列的数组合并成一个升序数组。

```
main()
{  int a[4]={15,34,48,98};
   int b[5]={12,32,55,67,78};
   int c[10];
   int i,j,k;
   ______ ;
   while (i<4 && j<5)
      if (a[i]<b[j])
      {  c[k]=a[i];  k++;  i++;  }
      else
      {  c[k]=b[j];  k++;  j++;  }
   while ( ______ )
   {  c[k]=a[i];  i++;  k++;  }
   while ( ______ )
```

```
    {   c[k]=b[j];  k++;  j++;   }
    for (i=0;i<k;i++)
        printf("%5d",c[i]);
    printf("\n");
}
```

（2）求能整除 k 且是偶数的数，把这些数保存在数组中，并按从大到小输出。

```
#include <conio.h>
#include <stdio.h>
main()
{  int i,j=0,k,a[100];
   scanf("%d",&k);
   for(______;i<=k;i++)
     if(k%i==0 ______i%2==0)
       a[j++]=i;
   printf("\n\n ");
   for(i=______;i>=0;i--)
     printf("%d ",a[i]);
}
```

（3）把一个整数转换成字符串，并倒序保存在字符数组 s 中。例如，当 n=123 时，s="321"。

```
#include <stdio.h>
#include <conio.h>
#define M 80
main()
{   long int n=1234567;
    char s[M];
    int j=0;
    while(______)
    {
      s[j]=______;
      n /=10;
      j++;
    }
    ______;
    printf("\n%s",s);
}
```

（4）找出三个字符串中的最大者

```
#include "string.h"
main()
{   char str[20],s[3][20];
    int i;
    for (i=0;i<3;i++)
         gets(_____);
    if (strcmp(______)>0) strcpy(str,s[0]);
    else strcpy(_______);
    if (strcmp(________)>0) strcpy(str,s[2]);
    printf("The longest string is : \n%s\n",str);
}
```

4. 改错题 每个/****found****/下面的语句中都有一处错误，请将错误的地方改正。注意：不得增行或删行，也不得更改程序的结构。

（1）读入一个英文文本行，将其中每个单词的第一个字母改成大写，然后输出此文本行（这里的“单词”是指由空格隔开的字符串）。

```
#include <ctype.h>
#include <string.h>
#include <stdio.h>
main()
{  char str[81];
   int i=0,j,n;
   gets(str);
   /******found******/
   n=stringlen(str);
   for(j=0;  j<n;  j++)
    if(i)
    {   /*******found********/
         if(s[i]==' ')   i=0;
    } else
    {   /*****found*****/
        if(str[j]!=" ")
        {
              i=1;
              str[j]=toupper(str[j]);
        }
    }
    printf("\nAfter changing:\n %s\n",str);
}
```

（2）利用插入排序法对字符串中的字符按从小到大的顺序进行。插入法的基本算法是：先对字符串中的头两个元素进行排序；然后把第三个字符插入到前两个字符中，插入后前三个字符依然有序；再把第四个字符插入到前三个字符中；以此类推。

```
#include <stdio.h>
#include <string.h>
#define N 100
main()
{  int i,j,n;
   char str[N]="asdfsdfsdf",ch;
   n=strlen(str);
   for(i=1;i<n ;i++)
   {
       /*******found*********/
       c=str[i];
       j=i-1;
       /*******found*********/
       while((j>=0) || (ch<str[j]))
       {
          str[j+1]=str[j];
          j--;
       }
       str[j+1]=ch;
     }
     printf("The string after sorting : %s\n\n",str);
}
```

（3）计算一个字符串中包含指定子字符串的数目。

```
#include <stdio.h>
```

```
#include <string.h>
#define M 80
main()
{
    char s1[M],s2[M];
    int num,i,j=0;
    gets(s1);    /* 输入字符串 */
    gets(s2);    /* 输入子字符串 */
    num=0;
    /*******found*********/
    for(i=0;  s1[i]<>'\0';  i++)
    {
        if(s2[j]==s1[i])
        {
            j++;
            if(s2[j]=='\0')
            {
                num++;
                /*******found*********/
                j=i;
            }
        }
    }
    printf("\nThe result is:m=%d\n",num);
}
```

（4）将大于整数 m 且紧靠 m 的 k 个素数存入数组 xx。例如，若输入 17（m），5（k），则应输出 19，23，29，31，37。

```
#include <stdio.h>
main()
{   /*****found*****/
    int m,k,xx[100],cnt,i;
    scanf("%d%d",&m,&k);
    while(cnt<k)
    {
        m++;
        /*****found*****/
        for(i=2;  i<m;   i++)
            if !(m%i) break;
        if(i==m) xx[cnt++]=m;
    }
    /*****found*****/
    for(i=0;  i<=cnt;   i++)
        printf("%d   ",xx[i]);
}
```

5. **编程题**

（1）随机产生 12 个 5～15 之间的整数放入一维数组中，然后将这些数输出，每行输出 4 个数（随机数的产生请参阅附录Ⅳ）。

（2）用数组求一组数中的最大值、最小值和平均值，并求有多少个数超过平均值。

（3）输入一个班 30 个学生的成绩，①统计各分数段 0～59，60～69，70～79，80～89，90～100 的人数；②分别统计在 60、70、80、90 以上的人数。

（4）打印以下图形

```
*****
 *****
  *****
   *****
    *****
```

分别用一维数组和二维数组两种方法实现。

（5）对 N×N 矩阵，以主对角线为对称线，将对称元素相加并将结果存放在下三角元素中，右上三角元素置 0。例如，若 N=4，有下列矩阵：

```
21  12  13  24                21  0   0   0
25  16  47  38      计算结果为：37  16  0   0
29  11  32  54                42  58  32  0
42  21  33  10                66  59  87  10
```

第7章 函数

本章重点：

※ 函数的定义、调用和声明

※ 函数调用中数据的传递方法

※ 函数的嵌套调用和递归调用

※ 变量的作用域与生存期

本章难点：

※ 函数形参和实参的区别

※ 值传递的单向性

※ 递归算法

※ 变量的存储类型对变量在函数中的作用域与生存期的影响

※ 多文件编程中的外部变量的使用

C 语言实际上是一种函数式语言，一个 C 语言源程序由一个 main 函数和其他函数组成。函数本质上是一段程序，用于完成某个特定的功能。除了主函数（main 函数）之外，其他函数均不能独立运行。使用函数之前要先定义函数，使用函数称为函数的调用。在 C 语言中可使用系统提供的能完成各种常用功能的库函数，但大量的函数需要用户自己编写。本章主要介绍用户如何编写（定义）函数和调用函数以及函数间数据的传递方法，包括函数嵌套调用、递归函数的定义和调用等，还介绍了变量的作用域、生存期等内容。

7.1 模块化程序设计

7.1.1 模块化程序设计概念

模块化程序设计是进行大型程序设计的一种有效措施。模块化程序设计的基本思想实际上是一种“分而治之”的思想，即按适当的原则把一个情况复杂、规模较大的程序系统划分为一个个较小的、相对独立的模块，每个模块都能完成一个特定的功能，这些模块互相协作完成整个程序要完成的功能。由于模块相互独立，在设计其中一个模块时，不会受到其他模块的牵连，因而可将原来较为复杂的问题简化为一系列简单模块的设计。

将一个大的程序划分为若干相对独立的模块，正是体现了抽象的原则，把程序设计中的抽象结果转化成模块，不仅可以保证设计的逻辑正确性，而且更适合项目的集体开发。各个模块可由不同的程序员编制，只要明确模块之间的接口关系，模块内部细节的具体实现可以由程序员自己随意设计，而模块之间不受影响。

在进行模块化程序设计时，应重点考虑以下两个问题。

（1）划分模块的原则。按功能划分模块。划分模块的基本原则是使每个模块都易于理解，而按照人类思维的特点，按功能来划分模块最为自然。按功能划分模块时，要求各模块的功能尽量单一，各模块之间的联系尽量少。这样的模块其可读性和可理解性都比较好，各模块间的接口关系比较简单，当要修改某一功能时，只涉及一个模块。在编写应用程序时可以尽量利用已有的一些模块。

（2）组织模块及模块之间的联系。按层次组织模块，上层模块的功能由下层模块实现。一般上层模块只指出“做什么”，只有最底层的模块才精确地描述“怎么做”。

C 语言中由函数来实现模块的功能。函数是一个自我包含的完成一定相关功能的执行代码段。可以把函数看成一个“黑匣子”，只要将数据送进去就能得到结果，而函数内部究竟是如何工作的，外部程序是不知道的。外部程序所知道的仅限于输入给函数什么以及函数输出什么。函数提供了编制程序的手段，使之容易读、写、理解、排除错误、修改和维护。

C 语言程序提倡把一个大问题划分成一个个子问题，对应于解决一个子问题编制一个函数，因此，C 语言程序一般是由大量的小函数而不是由少量大函数构成的，即所谓“小函数构成大程序”。其结构图如图 7.1 所示。

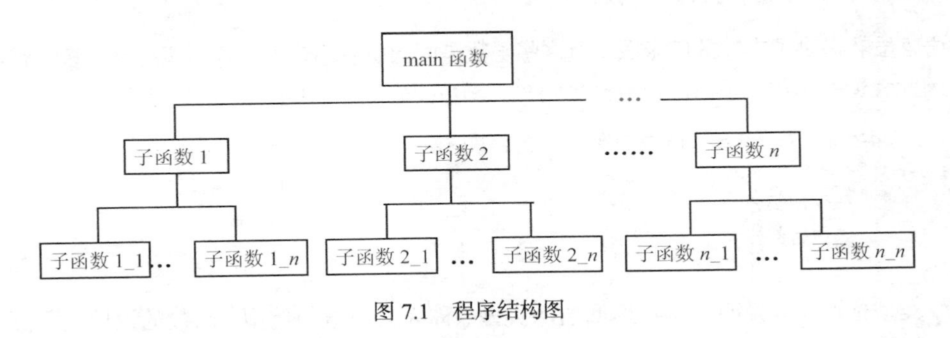

图 7.1　程序结构图

C 语言提供如下一些支持模块化软件开发的功能：

（1）函数式的程序结构。程序整体由一个或多个函数组成，每个函数具有各自独立的功能和明显的界面。

（2）允许通过使用不同存储类别的变量，控制模块内部及外部的信息交换。

（3）具有编译预处理功能，为程序的调试和移植提供了方便，也支持了模块化程序设计。

7.1.2　函数概述

要编写 C 程序，必须对 C 程序的结构有一个全面的了解。所有 C 程序都是由一个或多个函数体构成。一个函数调用另一个函数，前者称为主调函数，后者称为被调函数。当一个 C 程序的规模很小时，可以用一个源文件来实现，本书的绝大部分程序都是由单个源文件构成的。当一个 C 程序的规模较大时，可以由多个源文件组成，但其中只有一个源文件含有主函数，而其他的源文件不能含有主函数。C 的编译器和连接器把构成一个 C 程序的若干源文件有机地耦合在一起，最终产生可执行程序。

从用户使用的角度看，函数可分为两类：

（1）标准函数。即库函数，由 C 语言提供，用户可以直接调用。如 printf、scanf 函数。应该说明的是，不同的 C 系统提供的库函数的数量和功能可能有些差异，但一些基本的库函数是相同的。

（2）用户函数。是程序员在程序中定义的函数，用以解决用户的专门需要。

从函数的形式看，函数也可以分为两类：

（1）无参函数。在调用这类函数时，主调函数并不将数据传送给被调用函数，一般用来执行指定的一组操作。无参数函数可以返回或不返回函数值，但一般以不返回函数值的居多。

（2）有参函数。在调用函数时，在主调函数和被调用函数之间有数据传递。也就是说，主调函数可以将数据传递给被调用函数使用，被调用函数中的数据也可以返回供主调函数使用。

从函数的作用范围来看，函数可以分为两类。

（1）外部函数。函数在本质上都具有外部性质，除了内部函数之外，其余的函数都可以被同一程序的其他源文件中的函数所调用。

（2）内部函数。内部函数只限于本文件的其他函数调用它，而不允许其他文件中的函数对它进行调用。

7.2 函数的定义

7.2.1 函数定义的一般形式

C 语言虽然提供了丰富的库函数，但这些函数是面向所有用户的，并不能满足大多数程序设计的需要，因此大量的函数必须由用户自己来编写。函数要先定义后使用，函数定义的一般格式如下：

```
类型标识符   函数名(形式参数表) /* 函数的首部 */
{
    说明部分
    执行部分
}
```

（1）类型标识符。说明了函数返回值的类型，称为函数值的类型。函数的返回值是通过 return 语句来返回的，返回值为 int 型的函数在定义时可以省略类型标识符，系统默认这些函数返回值的类型为 int 型。如果类型标识符是 void，则表示无返回值。

main 函数是返回到操作系统的，比较特殊，有的编译系统只允许是 int 型，而有的编译系统允许是 int 型或 void 型（如 VC）。

（2）函数名。是由用户命名的标识符，在同一程序中，函数名必须唯一。

（3）形式参数表。形式参数简称形参，形参表可以为空，表示没有参数，也可以由用逗号隔开的多个参数组成。不管形参表是否为空，函数名后的圆括号不能省略，因为它是识别函数的重要标志。形参名在同一函数中必须唯一，可以与其他函数中的变量或形参同名。形参必须说明其类型，并只能在本函数内部使用。没有形参时，也可以使用 void 表示。

（4）函数体。这是一个复合语句，即用花括号“{ }”括起来的语句序列，可分为说明部分和执行部分。说明部分主要是变量的定义或所调用函数的声明；执行部分由执行语句组成，语句的数量不限，函数的功能正是由这些语句实现的。函数体可以既有说明部分又有执行部分，也可以只有执行部分，还可以二者皆无，即空函数。调用空函数不产生任何有效操作。例如：

```
void merge()        /* 该函数首部也可写成：void merge(void)*/
```

```
{            }    /* 函数体为空 */
```

在设计一个较大的程序时，将包括大量的函数，为调试方便，通常的作法是先编写基本的函数，而将其他次要的或锦上添花的函数写成空函数，这样可保证整体软件结构的完整性，可以进行编译、连接、运行；以后再将空函数陆续补上。空函数在实际软件开发中很有用。

例 7.1 定义函数 power，其功能是求 x 的 n 次乘方。

```
float power(float x,int n)
{
    int i;
    float t=1;
    for(i=1;i<=n;i++)
        t=t*x;          /* 1*x*x*x……x 共乘 n 次  */
    return t;           /* 返回 t 的值 */
}
```

在本例中，函数名为 power，x 和 n 为形式参数，其数据类型分别为 float 型和 int 型。函数返回值类型为 float 型，通过 return 语句返回。

7.2.2 函数的返回

（1）在返回函数值时，函数值只能通过 return 语句返回，return 语句的形式如下：

```
return 表达式;     或者     return (表达式);
```

当程序执行到 return 语句时，首先计算表达式的值，然后程序的流程返回到调用该函数的地方，并将表达式的值作为函数值返回到主调函数。也就是说，return 语句中的表达式的值就是函数值。一个函数中可以有多个 return 语句，但执行到的那一个语句才起作用。return 后面表达式的类型应与函数值的类型一致，否则以函数定义时的类型为准，先进行自动数据类型转换，然后再返回。例如：

```
s(int r)
{
     return 3.14*r*r;
}
```

由于省略 s 函数的类型，系统默认为整型，所以系统自动将表达式 3.14*r*r 的类型转换为整型，最后返回值为整型，而不是实型。

（2）在不返回函数值时，一种情况是函数体一直执行到函数末尾的“}”，返回到主调函数；另一种情况是使用不含表达式的 return 语句使流程返回到主调用函数。

7.3 函数的调用

7.3.1 函数调用的一般方式

函数调用的一般形式为：

```
函数名(实际参数表)
```

其中，实际参数（也称为实在参数，简称实参）的个数多于一个时，各实参间以逗号分隔开。当函数没有形参时，实际参数表为空，调用格式为：

函数名()

对于有参函数的调用，应注意以下几个问题。

（1）在定义函数时，形参并不占内存的存储单元。只有在被调用时才给形参变量分配内存单元。在调用结束时，即刻释放所分配的内存单元。因此，形参只有在函数内部有效。函数调用结束返回主调函数后，则不能再使用该形参变量。

（2）实参和形参在数量上应严格一致，在类型上应相同或赋值兼容（可进行赋值类型转换）。

（3）形参只能是变量，而实参可以是常量、变量或表达式。在函数调用时，实参必须有确定的值，以便把这些值传送给形参。

（4）实参可以与形参同名，但是在内存中分配两个不同的存储单元。

按照函数调用在程序中出现的位置来分，有如下两种调用方式：

（1）函数语句。把函数调用作为一个语句，即在函数调用的一般形式加上分号即构成函数语句。例如：

```
puts(str);          /* 调用名为puts的函数*/
printf("%d",a);     /* 调用printf函数，完成数据a的输出*/
```

此时，只要求函数完成相应的操作，有无返回值都可以。

（2）函数表达式。当函数有返回值时，函数可作为运算对象出现在表达式中，函数返回值参与表达式的运算，这种表达式称为函数表达式。例如：

```
z=3*max(x,y); /* 函数max是表达式的一部分，它的值乘3再赋给变量z */
```

函数表达式可以出现在允许表达式出现的任何地方，例如：

```
y=max(a,max(b,c));
```

若max函数的功能为比较两个数值的大小并返回较大值，则其中的max（b，c）是一次函数调用，它的返回值作为max另一次函数调用的实参，y的值最终将是a、b、c三个数中最大的。

7.3.2 函数参数的传递

在调用有参函数时，实参和形参之间要进行数据传递。在C语言中，这种传递只能由实参单向传递给形参，而不能由形参传递回来给实参，这种传递方式称为值传递。

值传递方式的特点是单向传递参数值。调用函数时，先给形参分配独立的存储单元，再将实参的值一一赋予对应的形参。之后，在函数体中对形式参数的加工与实际参数已完全脱离关系。在执行被调函数时，形参的值可能发生改变，但调用结束后，形参单元被取消，而实参仍保留维持原值，形参中的值将不回带到对应的实参中。参数传递实际上就是一种赋值运算。

例 7.2　函数的值传递方式。

```
#include <stdio.h>
void swap(int a,int b)
{
   int i;
   printf("a=%d,b=%d\n",a,b);
   i=a;
   a=b;
   b=i;
   printf("a=%d,b=%d\n",a,b);
```

```
}
void main()
{
    int x=6,y=9;
    printf("x=%d,y=%d\n",x,y);
    swap(x,y);
    printf("x=%d,y=%d\n",x,y);
}
```

main 函数调用 swap 函数时，将变量 x 和变量 y 的值传递给对应形参 a 和形参 b。在 swap 函数中，交换了形参 a 和形参 b 的值。但由于在 C 语言中，参数中的数据只能由实参单向传递给形参，形参数据的变化并不影响对应实参的值，因此该程序不能通过 swap 函数将 main 函数中的变量 x 和 y 的值进行交换。

程序运行的结果为：

```
x=6,  y=9
a=6,  b=9
a=9,  b=6
x=6,  y=9
```

7.3.3　函数的声明

1．函数声明的形式

函数声明是对被调用函数的特征进行必要的说明，以此向编译系统提供函数名、函数的类型、函数参数的个数和类型等必要的信息，以便编译系统对函数的调用进行检查。

在 C 语言中，除主函数外，对于用户定义的函数要遵循“先定义、后调用”的规则。凡是未在调动前定义的函数，C 编译程序都默认函数的返回值为 int 类型。对于返回值为其他类型的函数，若把函数的定义放在调用之后，应该在调用之前对函数进行声明。对函数声明可以采用函数原型的方法，函数声明的两种格式如下：

类型标识符　函数名(类型标识符 形参 1,类型标识符 形参 2，……)；

类型标识符　函数名(类型 **1**，类型 **2**，……)；

括号内给出了形参的类型和形参名，或只给出形参类型。这两种方式等价，编译系统不考虑形参名。这种函数声明称为函数原型，便于编译系统进行检错，以防止可能出现的错误。应当保证函数原型与函数首部写法上的一致，即函数类型、函数名、参数个数、参数类型和参数顺序必须相同。

2．函数声明的位置

当在所有函数的外部被调用之前声明函数时，在函数声明的后面所有位置上都可以对该函数进行调用。

函数声明也可以放在调用函数内的声明部分，如在 main 函数内部进行声明，则只能在 main 函数内部才能识别该函数。

7.3.4　函数的嵌套调用

C 语言的函数定义是相互平行、独立的，不允许嵌套函数定义，即一个函数内不能包含另一个函数的完整定义。但是允许在一个函数中对另一个函数进行调用，而另一个函数中又可以调用第三个函数，这就是函数的嵌套调用。其关系如图 7.2 所示。

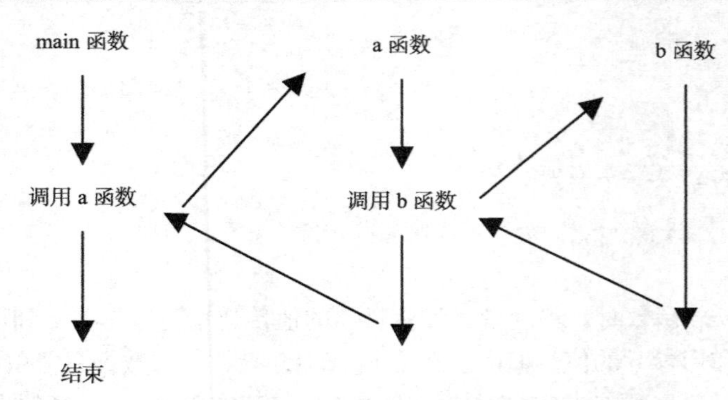

图 7.2　函数的嵌套调用

图 7.2 表示了两层嵌套的情形。其执行过程是：执行到 main 函数中调用 a 函数的语句时，程序转去执行 a 函数；在 a 函数中调用 b 函数时，又转去执行 b 函数；b 函数执行完毕，返回 a 函数的断点继续执行；a 函数执行完毕返回 main 函数的断点继续执行。

例 7.3　计算 $s=2^2!+3^2!$

算法分析：本例可编写两个函数，一个是用来计算平方值的函数 f1，另一个是用来计算阶乘值的函数 f2。主函数先调用 f1 计算出平方值，再在 f1 中以平方值为实参，调用 f2 计算其阶乘值，然后返回 f1，再返回主函数，在循环程序中计算累加和。

```
#include <stdio.h>
long f1(int p); /* 函数声明 */
main()
{
    int i;
    long s=0;
    for (i=2;i<=3;i++)
      s=s+f1(i);
    printf("\ns=%ld\n",s);
}
long f1(int p)
{
    int k;
    long r;
    long f2(int);  /* 函数声明 */
    k=p*p;
    r=f2(k);
    return r;
}
long f2(int q)
{
    long c=1;
    int i;
    for(i=1;i<=q;i++)
      c=c*i;
    return c;
}
```

在程序中，函数 f1 和 f2 均为长整型，都在主函数之后定义，所以都应该在调用前声明，函数 f1 在函数外进行声明，函数 f2 在函数 f1 内进行声明。在主函数中，执行循环程序依次把 i 值作为实参调用函数 f1 求 i^2 值。在 f1 中又发生对函数 f2 的调用，这时是把 i^2 的值作为实参去调用 f2，在 f2 中完成求 $i^2!$ 的计算。f2 执行完毕把 c 值（即 $i^2!$）返回给 f1，再由 f1 返回主函数实现累加。至此，由函数的嵌套调用实现了题目的要求。由于数值很大，所以函数和一些变量的类型都说明为长整型，否则可能会造成计算错误。

7.4　函数的递归调用

一个函数在它的函数体内调用它自身称为递归调用，这种函数称为递归函数。如果函数直接调用它本身，称为直接递归调用。如果函数通过其他函数间接来调用它自身，则称为间接递归调用。在递归调用中，主调函数又是被调函数。执行递归函数将反复调用其自身。每调用一次就进入新的一层。

一个问题要采用递归方法来解决时，必须符合以下三个条件：

（1）可以把要解决的问题转化为一个新问题，而这个新的问题的解决方法仍与原来的解决方法相同，只是所处理的对象有规律地递增或递减。

（2）可以应用这个转化过程使问题得到解决。

（3）必定要有一个明确的结束递归的条件，一定要能够在适当的地方结束递归调用，不然可能导致系统崩溃。

递归调用过程有两个阶段：

（1）递推阶段：将原问题不断地分解为新的子问题，逐渐从未知的向已知的方向推测，最终达到已知的条件，即递归结束条件，这时递推阶段结束。

（2）回归阶段：从已知条件出发，按照“递推”的逆过程，逐一求值回归，最终到达“递推”的开始处，结束回归阶段，完成递归调用。

例 7.4　有 5 个人坐在一起，问第 5 个人多少岁？他说比第 4 个人大 2 岁。问第 4 个人多少岁？他说比第 3 个人大 2 岁。问第 3 个人多少岁？他说比第 2 个人大 2 岁。问第 2 个人多少岁？他说比第 1 个人大 2 岁。问第 1 个人多少岁？他说是 10 岁。求第 5 个人多少岁？

算法分析：据题意，age (5) =age(4) + 2；age(4) = age(3) + 2；age(3) = age(2) + 2；age(2) = age(1) + 2；

```
age(1)=10。
```

这一数值关系可用式子表述如下：

```
age(n)=age(n-1)+2  (n>1)
age(n)=10          (n=1)
```

求第 5 个人年龄的程序如下：

```
#include <stdio.h>
age(int n)
{
      int c;
      if(n==1)
        c=10;
      else
        c=age(n-1)+2;
      return(c);
}
```

```
main()
{
    printf("%d\n",age(5));
}
```

在递归程序执行过程中，尽管形参变量名都是 n，但每一次递归调用 age 函数就为本次调用的形参 n 开辟一个存储单元并赋一个不同的数据，如图 7.3 所示。当第一次调用 age 函数时，为 n 赋予 5，第二次调用时，n 的值为 4，依此类推直到 n 的值为 1 时，调用结束。然后逐级返回 age（1）、age（2）……直到求出 age（5）的值。

main( )　　age()函数　　age()函数　　age()函数　　age()函数　　age()函数

n=5　　n=4　　n=3　　n=2　　n=1

递推：age(5) →　c=age(4)+2 → c=age(3)+2 → c=age(2) +2 → c=age(1)+2 → c=10

回推：输出 age(5)　age(5)=18 ← age(4)=16 ← age(3)=14 ← age(2)=12 ← return(c)

图 7.3　函数的递归调用

有些非数值问题也可以通过函数的递归调用来解决，非数值问题的分析无法像数值问题那样能得出一个初值和递归函数式，但思路是相同的。

例 7.5　反向输出一个整数。

算法分析：

（1）简化问题：设要输出的正整数只有一位，则“反向输出”问题可简化为输出一位整数。

（2）对大于 10 的正整数，逻辑上可分为两部分：个位数字和个位左边的全部数字，可按以下步骤操作：

① 输出个位数字。

② 将个位除外的其他数字作为一个新的整数，重复①步骤的操作。

这样对原问题在规模上进行了缩小，即递归。所以，可将反向输出一个正整数的算法归纳为：

```
if(n 为一位整数)
   输出 n;
else
{
   输出 n 的个位数字;
   对剩余数字组成的新整数重复“反向输出”操作;
 }
```

程序如下：

```
#include <stdio.h>
main()
{
      void output(int x);
      int n;
      scanf("%d",&n);
      if(n<0)
      {
          n=-n;
          putchar('-');
      }
      output(n);
```

```
}
void output(int x)
{
    if(x>=0 && x<=9)
        printf("%d",x);
    else
    {
         printf("%d",x%10);  /*  输出 x 的个位数字  */
         output(x/10);       /*  将 x 中除个位外的其他数字作为一个新的整数，继续递归  */
    }
}
```

7.5　数组作为函数参数

数组可以作为函数的参数使用，进行数据传送。数组用作函数参数有两种形式，一种是把数组元素（下标变量）作为实参使用；另一种是把数组名作为函数的形参和实参使用。

7.5.1　数组元素作函数实参

与普通变量一样，每个数组元素代表内存中的一个存储单元，因此数组元素可以作为函数的实参。在函数调用时，把作为实参的数组元素的值传送给形参，实现单向的"值传递"，与普通变量作为函数实参时完全一样。

例 7.6　从键盘上输入两个字符串，不用字符串函数 strcmp 比较两者的大小。

算法分析：

（1）输入两个字符串，分别存放在 str1 与 str2 中；

（2）设计函数 compchar 比较两个字符，返回 ASCII 码之差，赋给主函数的变量 flag；

（3）用 do-while 循环依次比较两个字符串的对应字符，结束条件是两个字符串都结束，或者比较字符不相等。

（4）当循环结束时 flag 的值为 0 或为第一个不相等的字符的 ASCII 码值之差，由此可以判断出字符串的大小。

程序如下：

```
#include <stdio.h>
main( )
{
    int i,flag;
    int compchar(char, char );
    char str1[80],str2[80];
    gets(str1);    gets(str2);
    i=0;
    do
      {
         flag=compchar(str1[i],str2[i]);/*数组元素作实参*/
         i++;
      }while((str1[i]!= '\0'||str2[i]!='\0')&&(flag==0));
                         /*一个字符串结束时，再比较一次，使得 flag 不为 0，结束循环*/
      if  (flag==0)printf("%s = %s",str1,str2);
```

```
        else if (flag>0)printf("%s >%s",str1,str2);
        else  printf("%s < %s",str1,str2);
    }
int compchar (char c1, char c2)
{
    int t;
    t=c1-c2;
    return  t;
}
```

输入：very well↙

very good↙

输出：very well>very good

7.5.2 数组名作为函数参数

数组名作为函数参数时，形参和实参都应使用数组名（或第 9 章介绍的指针变量），并且要求实参与形参数组的类型相同、维数相同。在进行参数传递时，按单向“值传递”方式传递地址，即将实参数组名所代表的数组的首地址传递给形参数组名，而不是将实参数组的每个元素一一传送给形参的各数组元素。形参数组名接受了实参数组首地址后，形参与实参共用相同的存储区域，这样，在被调函数中，如果形参数组的数据发生了变化，则主调函数用的实参数组是变化之后的值。

例 7.7 利用选择排序法对数组元素由大到小进行排序。

算法分析：

（1）从 n 个数中选择最大的一个，把它和 a[0]交换；

（2）从剩下的 n-1 个数中选择最大的一个，把它和 a[1]交换；

（3）依此类推，直到从最后两个元素中选出倒数第二大的元素并把它和倒数第二个元素交换为止。

程序如下（假定 n 为 5）：

```
#include <stdio.h>
void nzp(int a[5])
{
    int i,j,k,t;
    for(i=0;i<4;i++)                /* 5 个数据需进行 4 趟比较 */
    {   k=i;                        /* 先使 k 记录排序范围内的第一个元素的位置 */
        for(j=i+1;j<5;j++)          /* 找出最大元素的位置，由 k 记录 */
           if(a[j]>a[k])
              k=j;
        if(k!=i)                    /* 如果排序范围的第一个元素（即第 i 个）不是最大元素 */
        {   t=a[k];                 /* 则将最大的元素与第 i 个元素对调 */
            a[k]=a[i];
            a[i]=t;
        }
    }
}
main()
{
    int b[5],i;
    printf("\n input 5 numbers:\n");
    for(i=0;i<5;i++)
        scanf("%d",&b[i]);
    printf("initial values of array b are:\n");
```

```
    for(i=0;i<5;i++)                    /* 用来检验输入的原始数据是否正确 */
      printf("%d ",b[i]);
    nzp(b);
    printf("sorted data:\n");
    for(i=0;i<5;i++)
       printf("%4d",b[i]);
}
```

函数 nzp 的作用是利用选择排序法对数组元素由大到小进行排序,其中数组 a 为形参，在 main 函数中，首先为数组 b 中的元素赋值，然后调用 nzp 函数，将实参数组 b 的首地址传递给形参数组名 a，之后 a[0]和 b[0]占用同一个存储单元，a[1]和 b[1]占用同一个存储单元，等等，因此对形参数组 a 的操作必将会影响实参数组 b。形参数组 a 实际上起到了保存实参数组 b 首地址的作用，其数组长度没有任何作用，可省略，但方括号不能省略。有时为了在被调函数中处理数组元素的需要，可另设一个形参，传递实参数组的元素个数。例如,nzp 函数的首部可改写成 void nzp（int a[],int n）,在 nzp 函数体中的数字 4 改为 n-1,5 改为 n。

在访问形参数组时，如果其下标超过了实参数组大小，那么，虽不至于出现语法错误（编译能通过），但程序执行结果可能与实际不符，请予以注意。

7.5.3　多维数组名作为函数参数

多维数组名可以作为函数参数，与一维数组类似，传递的也是地址。在定义二维数组形参时，可按前面章节所说明的，将此二维数组看成是一种特殊的一维数组，因此必须指定这种一维数组中各元素的大小（列数，也就是一行中的元素个数）。如同普通一维数组作为函数形参一样，这种特殊一维数组的大小不起任何作用，所以 C 编译系统不检查二维数组的第一维大小（行数），即可省去第一维的长度。例如，以下形参定义都是合法的：

```
int fun(int a[3][10])
int fun(int a[][10])
```

但第二维以及其他高维的大小说明不能省略，如下面的形参定义都是非法的：

```
int fun(int a[][])
int fun(int a[3][])
```

数组操作经常和指针操作结合在一起，形参和实参都可以使用指针，也可以将指针和数组混合使用。详细内容请参阅第 9 章。

例 7.8　编写函数，求出二维数组 c 每列中最大元素，并依次放入一维数组 b 中。

```
#include <stdio.h>
#define M 3
#define N 4
void fun(int c[][N],int b[N])
{   int i,j,max;
    for(j=0;  j<N;   j++)
    {   max=c[0][j];
        for(i=1;   i<M;   i++)
            if(c[i][j]>max)  max=c[i][j];
        b[j]=max;
     }
}
main()
{
```

```
    int c[M][N],p[N],i,j,k;
    for(i=0;   i<M;   i++)
      for(j=0;   j<N;   j++)
         scanf("%d",&c[i][j]);
    fun(c,p);
    for(k=0;   k<N;   k++)
      printf(" %4d ",p[k]);
}
```

7.6 变量的作用域

变量的作用域是指变量有效性的范围，与变量定义的位置密切相关。作用域是从空间这个角度来描述变量的，按作用域不同，变量可分为局部变量和全局变量。

7.6.1 局部变量

在函数（或复合语句）内部定义的变量只能在本函数（或复合语句）内使用，其他函数（或复合语句）不能使用，这种变量称为局部变量或内部变量。函数的形参也属于局部变量。局部变量的作用域就是从该变量定义的位置起，到它所在的函数或复合语句结束为止。使用局部变量时，注意以下几点。

（1）在同一个作用域内，不允许有同名的变量出现；而在不同的作用域内，允许有同名变量出现，这些同名变量分别代表不同的对象，分配不同的内存单元，互不干扰，例如：实参可以与形参同名、不同的函数可以使用同名的局部变量、同一函数的不同复合语句可以定义同名的变量等。

（2）局部变量的定义必须放在所在函数体（或复合语句）中全部可执行语句之前。

（3）当作用域发生嵌套时，例如：嵌套的复合语句，如果内外层具有同名的局部变量，则在内层起作用的是内层定义的局部变量，外层定义的变量不可见，被屏蔽。

（4）主函数中定义的变量只能在主函数内部使用，不要认为是主函数定义的就可以在整个文件或程序中使用。主函数中也不能使用其他函数中定义的局部变量。

例 7.9 局部变量的作用域。

```
#include <stdio.h>
void prt(void);
main()
{   int x=1;
    {     int x=2;
          {     int x=3;
                prt();
                printf("(2)x=%d\n",x);      } x=3 的作用域
          }                                   } x=2 的作用域
          printf("(3)x=%d\n",x);                           } x=1 的作用域
    }
    printf("(4)x=%d\n",x);
}
void prt(void)
{
   int x=5;
   printf("(1)x=%d\n",x);                   } x=5 的作用域
}
```

程序运行的结果如下：

```
(1)x=5
(2)x=3
(3)x=2
(4)x=1
```

本程序中定义了多个名为 x 的局部变量，在 main 函数中调用 prt 函数时，在 prt 函数中定义的局部变量 x 的作用域是本函数，因此输出“(1)x=5”；在程序第 8 行的输出语句中，局部变量 x=3 屏蔽了其他同名的局部变量，因此输出“(2)x=3”；同理，第 10 行输出“(3)x=2”；程序的第 12 行为局部变量 x=1 的作用域，因此输出“(4)x=1”。

7.6.2　全局变量

全局变量是在函数外部任意位置上定义的变量，也称为外部变量。全局变量的作用域是从变量定义的位置开始，到它所在源文件结束为止，因此这个作用域中的所有函数都能使用相应的全局变量。若在一个函数中改变了全局变量的值，就能影响到其他函数，相当于各个函数间有直接的传递通道。由于函数的调用只能带回一个返回值，因此有时可以利用全局变量增加与函数联系的渠道，从函数得到一个以上的处理结果。

说明：

（1）外部变量可加强函数模块之间的数据联系，但又使函数要依赖这些变量，因而使得函数的独立性降低。从模块化程序设计的观点来看这是不利的，因此在不必要时尽量不要使用全局变量。

（2）在同一源文件中，允许全局变量和局部变量同名。在局部变量的作用域内，全局变量不起作用。

例 7.10　全局变量的作用域。

```
#include <stdio.h>
int x=10;     /* 定义全局变量，并赋初值为 10 */
void fun(void);
main( )
{
    printf("main1:%d\n",x);
    x=20;      /* 访问全局变量 */
    fun();
    printf("main2:%d\n",x);
}
void fun(void)
{
    int x;    /* 定义同名局部变量 */
    x=30;
    printf("fun:%d\n",x);
}
```

运行结果如下：

```
main1:10
fun:30
main2:20
```

本程序中，全局变量 x 在所有函数之前定义，所以各函数均可以使用它。但在函数 fun 中也定义了一个局部变量 x，当在 fun 中访问 x 时，所访问的是局部变量 x，而不是那个全局变量 x。

7.7 变量的存储类别

7.7.1 变量的生存期

所谓变量的生存期是指变量在程序运行过程中存在的时间，即从变量分配存储单元开始到存储单元被收回这一段时间。变量的生存期由变量的具体存储位置决定。

在 C 语言程序运行时，其代码和变量存放在内存和寄存器中，由于寄存器的个数很少，所以内存是 C 程序的重要存储区。C 程序占用的内存空间（称为用户区）可分为三部分，如图 7.4 所示。

程序区中存放的是可执行程序的机器指令；静态存储区存放的数据在程序执行期间始终占据固定的存储单元，直到程序运行结束才释放，包括全局变量和静态局部变量；动态存储区存放的数据在程序执行期间根据需要进行动态分配和释放存储单元，包括函数形式参数、自动变量以及函数调用时的现场保护和返回地址等。

在 C 语言中，变量的存储类别（也称为存储方式）分为两大类：动态类和静态类。

动态存储类别的变量存储于动态存储区或寄存器，其生存期从变量定义开始到函数（或复合语句）运行结束为止；静态存储类的变量存放于静态存储区，其生存期从程序运行开始一直延续到程序运行结束。因此，存储类别决定了变量的生存期。

具体来说，动态存储类别的变量在定义时可用 auto（自动）、register（寄存器）关键字来说明，静态存储类别的变量在定义或声明时分别用 static（静态）及 extern（外部）关键字来说明，其一般形式有以下两种：

存储类别说明符　类型标识符　变量名表列;
类型标识符　存储类别说明符　变量名表列;

7.7.2 局部变量的存储类别

局部变量定义时，可以使用 auto、static 和 register 等三种存储类别说明符。

1. 自动变量（auto）

在函数体或复合语句内部定义局部变量时，如果没有指定存储类别，或使用了关键字 auto，那么所定义的变量就是自动存储类别的。例如：

```
void f(int a)
{   auto int b=2,c;  /*存储类别符放在类型标识符的左边 */
      ⋮
}
```

其中，a 是形参，b 和 c 是自动变量，它们都存放于动态存储区。在函数 f 被调用时，系统才为 a、b、c 分配存储单元，并对 b 赋初值 2，函数 f 执行结束时，自动释放 a、b、c 所占存储单元。这就是它们的生存期。当再次调用函数时，系统将为它们重新分配存储单元，因此自动变量的值在多次调用函数之间不被保留。

上面语句“auto int b=2,c;”与以下两条语句等价：

```
int b=2,c;            /* 省略 auto   */
```

```
int auto b=2,c;   /* 存储类别符放在类型标识符的右边 */
```

自动变量的初始化不是在编译阶段完成的，而是在执行本函数时赋初值的，相当于有一条赋值语句，所以初始值可以为变量、函数或表达式。例如：

```
int b=2,c=b+3;
```

相当于：

```
int b,c;
b=2;  //每进入一次函数体，就赋一次初值
c=b+3;
```

如果自动变量未初始化，那么其值是所分配的存储单元中的值，是不确定的。

2. 静态局部变量（static）

静态局部变量存放在内存的静态存储区，是由关键字 static 说明的。在整个程序运行期间，静态局部变量占据着的存储单元都不释放。即使退出定义它的函数，下次再进入该函数时，静态局部变量仍使用原来的存储单元。这样，就可以继续使用存储单元中原来的值。

静态局部变量的生存期虽然延至到整个程序运行结束，但只能在定义该变量的函数内使用，即遵循局部变量的作用域。退出该函数后，尽管该变量还继续存在，但不能使用它。

静态局部变量的初值是在编译时赋予的，不是在程序执行期间初始化的，即只赋初值一次。因此，初值只能是常量表达式。如果在定义静态局部变量时不赋初值的话，编译系统则自动赋予初值（数值变量赋 0，字符变量赋空字符）。而对自动变量，编译系统不会自动赋初值。

例 7.11　静态局部变量的使用。

```
#include <stdio.h>
main()
{
    int i;
    void f1();
    void f2();
    for (i=1;i<=5;i++)
    {
           f1();
           f2();
    }
}
void f1()
{
     static int j=0;  /* 不赋初值时，运行结果也是一样的 */
     ++j;
     printf("j=%d\n",j);
}
void f2()
{
     int k=0;
     ++k;
     printf("k=%d\n",k);
}
```

由于 j 为静态局部变量，能在每次调用后保留其值并在下一次调用时继续使用，所以输出值成为累加的结果。在函数 f2 中，变量 k 说明为自动变量并赋予初始值为 0，当 main 中多次调用 f2 时，k 均赋初值为 0，故每次输出值均为 1。

3. 寄存器变量（register）

寄存器变量存放于 CPU 的寄存器中，由关键字 register 说明。由于在使用寄存器变量时不需要访问内存而直接从寄存器中读写，因而常将经常重复使用的变量存放在寄存器中，以加快程序的运行速度。但是，只有自动局部变量和形参可作为寄存器变量。

由于 CPU 中寄存器的个数是有限的，因此使用寄存器变量的个数也是有限的，若超过一定的数量则会自动转为非寄存器变量。另外，不能用第 9 章介绍的指针来操作寄存器变量，这是因为指针只能指向内存单元，而不能指向 CPU 中的寄存器。

例 7.12 使用寄存器变量。

```
#include <stdio.h>
main()
{
        registerinti,s=0;
        for(i=1;i<=100;i++)
          s=s+i;
        printf("s=%d\n",s);
}
```

7.7.3 全局变量的存储类别

全局变量（即外部变量）只有静态一种类别，其生存期是整个程序的运行期。全局变量的初始化与静态局部变量一样，也是在编译时完成的，初值只能是常量表达式。对于全局变量可使用 extern 和 static 两种说明符，扩展或限制其作用域。

1. 用 extern 声明全局变量

前面介绍过，全局变量的作用域从变量定义处开始，到本源文件的末尾。但可以用 extern 关键字来声明（说明）外部变量，扩展其作用域，一种情况是同一源文件中将作用域扩展到定义之前，另一种情况是将作用域扩展到一个源程序的其他源文件中。外部变量声明的一般格式如下：

```
extern 类型标识符 变量名表列;
```

例如，有一个源程序由如下 F1.C 和 F2.C 两个源文件组成。

F1.C 的内容如下：

```
int x=0;    /* 外部变量的定义 */
extern int b;  /*声明外部变量 b，扩展其作用域，使本源文件可用*/
main()
{
    extern int a;  /*声明外部变量 a，扩展其作用域，使 main 函数可用*/
    ⋮
}
void fun11()
{  ……   }
int a,b,c;
void fun12()
{  ……   }
```

F2.C 的内容如下：

```
extern int x;        /*外部变量说明，使 F2.C 中可以使用 F1.C 中定义的外部变量 x*/
void fun21(int a,int b)
{    ……    }
```

在 F1.C 文件中对外部变量 a 和 b 在不同的地方进行了 extern 声明，对变量 a 的 extern 声明是在 main 函数中，其作用域扩展范围为声明处开始，到 main 函数结束为止，不包含 fun11 函数，即 fun11 函数中不能使用全局变量 a；对变量 b 的 extern 声明在源文件最前面，其作用域往前延伸至声明处开始，到源文件结束，所以 F1.C 中的所有函数都可以使用变量 b。外部变量 c 没有进行 extern 声明，其作用域无变化。

在 F2.C 文件中用 extern 对外部变量 x 进行了声明，表示变量 x 已在其他文件（F1.C）中定义，编译系统不必再为它分配内存空间。这个变量的作用域也从 F1.C 扩展到了 F2.C，扩展的范围为从 extern 说明处开始，到文件的结束处为止。

在一个 C 程序的多个源文件中，不要重复定义同名的外部变量。否则，可能引起数据混乱，而编译连接也可能没有报错。例如，一个程序包含两个源文件，其中一个源文件定义了 int 型外部变量 x，另一个源文件又将 x 定义为 float 型外部变量，并且至少有一个没有初始化，这时编译连接不会报错。但是，如果定义时都进行了初始化，连接时就会出现“重复定义”的错误。

需要注意的是，外部变量的定义与外部变量的说明是完全不同的。外部变量的定义只能出现一次，它的位置只能在函数之外，其目的是为外部变量开辟内存单元；对外部变量的说明可以出现多次，位置可以在函数内也可以出现在函数外，目的是为了扩展该变量的作用域。

2. 静态外部变量

外部变量定义时冠以关键字 static 就构成了静态外部变量。外部变量与静态外部变量都存放于静态存储区域，这两者的区别在于非静态外部变量的作用域是整个源程序。当然，在一个源程序由多个源文件组成时，要使用 extern 关键字扩展作用域；而静态外部变量的作用域则限制在定义该变量的源文件内，同一源程序中的其他源文件中不能使用它。因此其他源文件中可以定义重名外部变量，不会引起操作混乱问题。例如，有一个源程序由源文件 F1.C 和 F2.C 组成：

F1.C 的内容：

```
static int x,y; /*外部变量的定义*/
char z; /*外部变量的定义*/
main()
{
    ⋮
}
```

F2.C 的内容：

```
extern int x;       /*外部变量说明*/
extern char z;      /*外部变量说明*/
int y;
void func(int a,char ch)
{     x=a;
      z=ch;
  ⋮
}
```

文件 F1.C 中定义了静态全局变量 x，y，虽然在 F2.C 中用 extern 说明 x，但试图引用它将会产生错误。F2.C 的 y 不同于 F1.C 中的 y。

从以上分析可以看出，static 说明符在不同的地方所起的作用是不同的。例如，把自动局部变量改变为静态后，改变了它的生存期；把外部变量改变为静态外部变量后，则是改变了它的作用域。

7.8 内部函数和外部函数

C 语言由多个函数组成，函数一旦定义后就可被其他函数调用。根据函数的作用域不同，C 语言又把函数分为两类：内部函数和外部函数。

1. 内部函数

如果在一个源文件中定义的函数只能被本文件中的函数调用，而不能被同一源程序其他文件中的函数调用，则称该函数为内部函数。其定义格式如下：

```
static 类型标识符 函数名(形参表)
{ 函数体 }
```

例如：

```
static  int  fun( int a,int b)
{
   ⋮
}
```

内部函数也称为静态函数。但此处静态 static 的含义不是指存储方式，而是指对函数的调用范围只局限于本文件。因此，在不同的源文件中定义同名的静态函数不会引起混淆。

2. 外部函数

当定义一个函数时，若在函数返回值类型前加上说明符 extern 时，称此函数为外部函数。外部函数在整个源程序中都有效，其定义的一般形式为：

```
extern 类型标识符 函数名(形参表)
{  函数体  }
```

例如：

```
extern int f(int a,int b)
{
     ⋮
}
```

如在函数定义中没有说明 extern 和 static，则隐含为 extern。在一个源文件的函数中调用其他源文件中定义的外部函数时，应使用 extern 说明被调函数为外部函数，但也可以省略 extern。例如：

F1.C （源文件一）

```
main()
{
   extern int f1(int i); /*外部函数说明，表示 f1 函数在其他源文件中*/
```

```
    ⋮
}
```

F2.C（源文件二）

```
extern int f1(int i) /*外部函数定义*/
{
    ⋮
}
```

本章小结

一个 C 程序由一个或多个源程序文件组成，而一个源程序文件由一个或多个函数组成。在使用 C 语言编程时，模块的功能由函数来实现。

本章着重介绍了函数的定义、函数的调用和函数声明；递归函数的定义及调用；函数与函数之间的数据传递。同时还讨论了模块化程序设计思想，变量及函数的作用域和存储类型。

C 语言函数有两种，一种是由系统提供的标准函数，这种函数用户可以直接使用；另一种是用户自定义函数，这种函数必须先定义后使用。在对函数进行定义时，用 return 语句返回函数的调用结果并返回主调函数，若函数是无返回值函数，则可根据需要决定是否使用 return 语句。

函数声明为主调函数提供被调函数调用接口信息，其格式就是在函数定义格式的基础上去掉了函数体，因而函数定义也能提供有关的接口信息。

函数有两种方法进行调用：表达式调用和语句调用。函数调用前，必须首先获得接口信息，当被调函数定义位于主调函数之后，或位于别的程序文件中，则必须在调用之前给出被调函数的声明。

C 语言以传值的方式传递函数参数，形参变量值的变化不会影响实参变量。数组名作为函数参数时，将实参数组的首地址值传递给形参数组，此时对形参数组的操作将会影响实参数组。

从变量作用域的角度可以将变量分为全局变量和局部变量。全局变量定义于函数外，用 static 修饰的全局变量只允许被本文件中的函数访问；而没有用 static 修饰的全局变量则可以被程序中任何函数访问。定义于函数内的变量称为局部变量，只能被定义该变量的函数（或复合语句）访问。用 static 修饰的局部变量称为静态局部变量，可用于在本次调用与下次调用之间传递数据。

用 static 修饰的函数只允许被本文件中的函数调用，而没有用 static 修饰的函数则允许被程序中的任何函数调用。

习　　题

1．选择题

（1）以下正确的函数定义是________。

A. double fun(int x,int y)
　　{　z=x+y; return z;　}

B. fun(int x,y)
　　{　int z; return z;　}

C. fun(x,y)

D. double fun(int x, int y)

{　int x,y; double z;　　　　　　　　{　double z;
z=x+y; return z;　}　　　　　　　　z=x+y;　return z;　}

（2）若有函数调用语句：fun(a,(x,y),fun(n,d,(a,b)));，则在此函数调用语句中实参的个数是________。

A. 3　　　　B. 4　　　　C. 5　　　　D. 6

（3）以下程序的正确运行结果是________。

```
void func(int a,int b,int c)
{    c=a*b;    }
main()
{
   int c;
   func(2,3,c);
   printf("\n%d\n",c);
}
```

A. 0　　　　B. 1　　　　C. 6　　　　D. 不确定

（4）C语言规定，调用函数时实参和形参之间的数据传递是________。

A. 地址传递　　　　B. 值传递

C. 由实参和形参双向传递　　　　D. 由用户指定传递方式

（5）若函数调用时的实参为变量，下列关于函数形参和实参的叙述中正确的是________。

A. 函数的实参和其对应的形参共占同一存储单元

B. 形参只是形式上的存在，不占用具体存储单元

C. 同名的实参和形参占同一存储单元

D. 函数的形参和实参分别占用不同的存储单元

（6）以下程序有语法性错误，有关错误原因的正确说法是________。

```
main()
{
   int G=5, k;
   void par_char();
      ⋮
   k=par_char(G);
      ⋮
}
```

A. 语句“void par_char();”有错，它是函数调用语句，不能用void说明

B. 变量名不能使用大写字母

C. 函数声明和函数调用语句之间有矛盾

D. 函数名不能使用下划线

（7）若用数组名作为函数调用的实参，传递给形参的是________。

A. 数组的首地址　　　　B. 数组第一个元素的值

C. 数组中全部元素的值　　　　D. 数组元素的个数

（8）数组名作为函数参数传递给函数，作为实在参数的数组名被处理为________。

A. 该数组的长度　　　　B. 该数组的元素个数

C. 该数组中各元素的值　　　　D. 该数组的首地址

（9）在下列叙述中，错误的一条是________。

A. 主函数 main 中定义的变量在整个文件或程序中有效

B. 不同函数中，可以使用相同名字的局部变量

C. 形式参数是局部变量

D. 在一个函数内部，可在复合语句中定义变量，这些变量只在本复合语句中有效

（10）以下叙述正确的是________。

A. 函数调用必须在函数的定义之后

B. float 类型的函数在调用前不必声明

C. 函数的形参是自动变量

D. 函数内部可以定义全局变量

（11）在 C 语言中，存储类型为________的变量只在使用它们时才占用存储空间。

A. static 和 auto　　B. register 和 auto

C. static 和 register　　D. resister 和 extern

（12）下列各种存储类型的变量中，必须定义在函数体外的是________。

A. 自动类型变量　　B. 寄存器类型变量

C. 内部静态类型变量　　D. 外部静态类型变量

（13）以下叙述中错误的是________。

A. 一个局部变量的作用域的开始位置完全取决于变量定义语句的位置

B. 全局变量可以在函数以外的任何部位进行定义

C. 自动变量的“生存期”只限于本次函数调用，因此不可能将自动变量的运算结果保存至下一次调用

D. 一个变量说明为 static 存储类别是为了限制其他编译单位的引用

（14）以下程序正确的运行结果是________。

```
#include <stdio.h>
int m=13;
int fun(int x,int y)
{   int m=3;
    return (x*y-m);
}
main()
{    int a=7,b=5;
     printf("%d\n",fun(a,b)/m);
}
```

A. 1　　B. 2　　C. 7　　D. 10

（15）以下程序正确的运行结果是________。

```
#include <stdio.h>
fun(int a)
{    int b=0;
     static int c=3;
     a=c++,b++;    return (a);
}
main()
{  int a=2,i,k;
   for(i=0;  i<2;  i++) k=fun(a++);
```

```
    printf("%d\n",k);
}
```

A. 3　　B. 6　　C. 5　　D. 4

2. 填空题

（1）程序的子模块在 C 语言中通常用________来实现。

（2）当有多个源文件组成一个 C 语言程序时，只有其中一个源文件中含有________。

（3）在 C 语言中，一个函数一般由两个部分组成，它们是________和________。

（4）有参函数中，在定义函数时函数名后面括弧中的变量名称为________，在主调函数中调用一个函数时，函数名后面括弧中的参数称为________。在调用时将________的值传给________。

（5）函数实参可以是________、________或________，但要求它们有确定的值。

（6）如果函数定义时函数值的类型和 return 语句中表达式的值类型不一致，则以________类型为准，即这个类型决定________的类型。

（7）输入三个 int 型的整数，求最大数。

```
main()
{
    int  a,b,c;
    scanf("%d%d%d",&a,&b,&c);
    printf("max=%d\n",max(______));
}
int max (int x,int y)
{
    return (______);
}
```

（8）下列程序的运行结果是________。

```
#include <stdio.h>
void prt1();
void prt2();
main()
{
    int i;
    for(i=1;i<=3;i++)
    {
         prt2();
         printf("\n\n");
    }
}
void prt1()
{
    printf("******\n");
}
void prt2()
{
    prt1();
    printf("######\n");
    prt1();
}
```

（9）下列程序的运行结果是________。

```
#include <stdio.h>
```

```
void abc(char str[]);
main()
{
    char str[]="abcdef";
    abc(str);
    printf("str[]=%s\n",str);
}
void abc(char str[])
{
    int a,b;
    for(a=b=0;str[a]!='\0';a++)
        if (str[a]!='c')
            str[b++]=str[a];
    str[b]='\0';
}
```

（10）n 个有序整数数列已放在一维数组中，给定下列程序，函数 fun 的功能是：利用折半查找算法查找整数 m 在数组中的位置。若找到，则返回其下标值；反之，则返回-1。

折半查找的基本算法是：每次查找前先确定数组中待查找的范围 low 和 high（low<high），然后把 m 与中间位置（mid）中元素的值进行比较。如果 m 的值大于中间位置元素中的值，则下一次的查找范围放在中间位置之后的元素中；反之，下一次的查找范围放在中间位置之前的元素中。直到 low>high，查找结束。

```
#include <stdio.h>
#define M 5
int fun(int b[],int n)
{
    int low=0,high=M-1,mid;
    while(______)
    {
      mid=______;
      if(n<b[mid])
         high=mid-1;
      else if(n>b[mid])
           low=mid+1;
      else
          return(mid);
    }
    return (-1);
}
main()
{
    int i,b[M]={ 9,13,45,67,89},j,n;
    printf("b 数组中的数据如下:");
    for(i=0;i<M;i++)
       printf("%d,",b[i]);
    printf("Enter n:");
    scanf("%d",&n);
    j=fun(b,n);
    if(j>=0)
        printf("n=%d,index=%d\n",n,j);
    else
        printf("Not be found!\n");
}
```

3. 改错题 每个/****found****/下面的语句中都有一处错误，将错误的地方改正。注意：不要改动 main 函数，不得增行或删行，也不得更改程序的结构。

（1）函数 fun 的功能是：判断一个整数 m 是否是素数，若是返回 1，否则返回 0。在 main 函数中，若 fun 返回 1，则输出“YES”，否则输出“NO!”。

```
#include <stdio.h>
/******found******/
void fun(int n)
{   int i=2;
    /******found******/
    while(i<=n && (n%i==0)) i++;
    /******found******/
    if(n!=i) return 1;
    else   return  0;
}
main()
{   int a;
    scanf("%d",&a);
    if(fun(a))
       printf("YES\n");
    else
       printf("NO!\n");
}
```

（2）函数 fun 的功能是：从整数 1～50 之间，选出能被 3 整除且有一位上的数是 5 的数，并把这些数放在数组 b 中，这些数的个数作为函数值返回。规定，函数中 a1 放个位数，a2 放十位数。

```
#include <stdio.h>
/********found********/
int fun(int  b[]);
{
   int j,a1,a2,i=0;
   /*******found*********/
   for(j=1;  j<=50;  i++)
   {
     a2=j/10;
     a1=j-a2*10;
     if((j%3==0 && a2==5)|| (j%3==0 && a1==5))
     {
        b[i]=j;
        i++;
     }
   }
   /*******found********/
   return j;
}
main()
{
   int a[50],i,n;
   n=fun(a);
   printf("The result is:\n");
   for(i=0;i<n;i++)
     printf("%4d",a[i]);
   printf("\n");
```

```
}
```

（3）函数 fun 的功能是应用递归算法求某数 b 的平方根。求平方根的迭代公式如下：

$$x1 = \frac{1}{2}\left(x0 + \frac{b}{x0}\right)$$

```
# include <stdio.h>
# include <math.h>
/*******found*********/
double fun(double b,x0)
{
    double x1,y;
    x1=(x0+b/x0)/2.0;
    /*******found*********/
    if(abs(x1-x0)>=1e-6)
       y=fun(b,x1);
    else
       y=x1;
    return y;
}
main()
{
    double n;
    printf("Enter n: ");
    scanf("%lf",&n);
    printf("The square root of %lf is %lf\n",n,fun(n,1.0));
}
```

4. 编程题

（1）用递归法计算 $n!$，$n!$可用下述公式表示：

$$n! = \begin{cases} 1 & (n=0,1) \\ n(n-1)! & (n>1) \end{cases}$$

（2）编一个程序，读入具有 5 个元素的实型数组，然后调用一个函数，递归地找出其中的最大元素，并指出它的位置。

（3）有一长度不大于 40 的字符串，已知其中包含两个字符“A”，求处于这两个字符“A” 中间的字符个数，并把这些字符依次打印出来。

（4）写一函数，实现字符串的复制。

（5）编写一函数，由实参传来一个字符串，统计此字符串中字母、数字、空格和其他字符的个数，在主函数中输入字符串以及输出上述的统计结果。再考虑将算得的结果放在一个数组中。

第8章 编译预处理

本章重点：

※ 宏定义命令

※ 条件编译命令

※ 文件包含命令

本章难点：

※ 带参宏定义

※ 条件编译

在C语言源程序中，除了为实现程序功能而使用的声明语句和执行语句之外，还可以使用编译预处理命令。所谓编译预处理，指在对源程序进行编译之前，先对源程序中的编译预处理命令进行处理，然后再将处理的结果和源程序一起进行编译，得到目标代码。

C语言提供的编译预处理命令主要有宏定义、条件编译和文件包含等三种。为了能够和一般C语句区别开来，编译预处理命令以“#”开头。它占用一个单独的书写行，命令行末尾没有分号。编译预处理是C语言的一个重要功能，合理地使用编译预处理功能编写的程序便于阅读、修改、调试和移植，也有利于模块化程序设计。

8.1 宏 定 义

宏定义是指将一个标识符（又称宏名）定义为一个字符串（或称替换文本）。在编译预处理时，对程序中出现的所有宏名都用相应的替换文本去替换，这称为“宏替换”或“宏展开”。

在C语言中，“宏定义”可分为无参宏定义和带参宏定义两种。

8.1.1 无参宏定义

无参宏定义即定义没有参数的“宏”，其一般形式为：

```
#define 标识符 替换文本
```

其中，#define 表示该语句行是宏定义命令，“标识符”为所定义的宏名，习惯上宏名用大写字母表示；“替换文本”可以是常量、关键字、表达式、语句等任意字符串。在define、宏名和替换文本之间分别用空格隔开。

#define 命令可以不包含“替换文本”，此时仅说明宏名已被定义，以后可以使用。

第 2 章介绍的符号常量的定义就是一种无参宏定义。

例 8.1 用无参宏定义计算 $s=3(y^2+3y)+4(y^2+3y)+5(y^2+3y)$。

算法分析：在计算式子中出现了三个(y^2+3y)，为减少书写量，可使用宏定义。程序如下：

```
#include <stdio.h>
#define M (y*y+3*y)
main()
{  int s,y;
   printf("Please input a number:  ");
   scanf("%d",&y);
   s=3*M+4*M+5*M;
   printf("s=%d\n",s);
}
```

运行情况如下：

```
Please input a number:  4↙
s=336
```

在上面的程序语句“s=3*M+4*M+5*M;”中引用了 3 次宏 M，经“宏展开”后该语句变为：

```
s=3*(y*y+3*y)+4*(y*y+3*y)+5*(y*y+3*y);
```

符合题目要求。注意在宏定义中替换文本 (y*y+3*y) 两边的括号不能少，否则会产生错误。如改为以下定义：

```
#difine M y*y+3*y
```

则在宏展开时将得到下述语句：

```
s=3*y*y+3*y+4*y*y+3*y+5*y*y+3*y;
```

显然与原题意要求不符，计算结果当然是错误的。因此在进行宏定义时必须注意，应保证在宏代换之后不发生错误。

对于无参宏定义还要说明以下几点：

（1）习惯上宏名用大写字母表示，以便与变量名区别开。但这并非规定，也允许使用小写字母。

（2）用替换文本替换宏名只是一种简单的直接替换，替换文本中可以包含任意字符，系统在进行编译预处理时对它不作任何检查。例如：

```
#define PI 3.l415926
```

即不小心将替换文本中的第一个数字“1”错写成了小写字母“l”，不再表示圆周率的近似值，预处理时仍然把 PI 替换成 3.l415926，而不管含义如何。在编译时才发现错误并报错。

（3）宏定义不是声明或执行语句，在行末不要加分号，如果加上分号则连分号也一起替换。

（4）一个#define 只能定义一个宏，且一行只能定义一个宏。若需要定义多个宏就要使用多个#define，并写在多行上。

（5）宏定义时如果一行写不下，可用“\”续行。例如：

```
#define PI 3.1415926        /*正确*/
#define PI 3.1415\
926                         /*正确*/
```

（6）宏定义原则上可以出现在源程序的任何地方，但通常写在函数之外，其作用域为从宏定义命令起到源程序文件结束。如要终止其作用域可使用#undef 命令，其用法为：

```
#undef 标识符
如：#undef PI
```

（7）宏名在源程序中若用双撇号括起来，则在编译预处理时不对其作宏替换。也就是说，宏名被双撇号括起来时，仅作为一般字符串使用。

例 8.2 宏替换的选择性。

```
#include <stdio.h>
#define PI 3.1415926
main()
{  printf("PI is %9.7f.\n",PI);
}
```

程序运行结果为：

```
PI is 3.1415926.
```

例 8.2 中定义宏名 PI 表示 3.1415926，但在 printf 函数中第一个 PI 被双撇号括起来，因此不进行宏替换，只把该“PI”当作普通的字符串处理，而第二个 PI 没有被双撇号括起来，因此被替换成了 3.1415926。

（8）宏定义允许嵌套，在宏定义的替换文本中可以使用已经定义过的宏名。在宏展开时层层替换。例如：

```
#define PI 3.1415926
#define S PI*r*r        /* PI 是已定义的宏名*/
```

对语句“printf（"%f",S）;”，在宏替换后变为：“printf（"%f",3.1415926*r*r）;”。

使用无参宏定义还可以实现程序的个性化（如用自己所习惯的符号表示数据类型或输出格式等），使程序的书写、阅读更加方便。

例 8.3 用无参宏定义表示常用的数据类型和输出格式。

```
#include <stdio.h>
#define INTEGER int
#define REAL float
#define P printf
#define D "%d\n"
#define F "%f\n"
main()
{  INTEGER a=5, c=8, e=11;
   REAL b=3.8, d=9.7, f=21.08;
   P(D F,a,b);/*宏替换后为：printf（"%d\n" "%f\n",a,b）;编译器会自动*/
   P(D F,c,d);/*将相邻的字符串常量合并，即"%d\n" "%f"合并成"%d\n%f\n"*/
   P(D F,e,f);
}
```

程序运行结果为：

```
5
3.800000
8
9.700000
11
21.080000
```

8.1.2 带参宏定义

C 语言允许“宏”带有参数。在宏定义中的参数称为形式参数，在引用带参宏时给出的参数称为实际参数。

带参宏定义的一般形式为：

```
#define  宏名(形参表) 替换文本
```

其中，形参表由一个或多个形参组成，各形参之间用逗号隔开，替换文本中通常应包括有形参。

引用带参宏的一般形式为：

```
宏名(实参表)
```

带参宏定义展开时，先把宏引用替换为替换文本，再将替换文本中出现的形参用实参代替。例如，下面的程序中含宏定义和引用：

```
#define M(y) y*y+3*y        /*宏定义*/
   ……
k=M(5);                     /*宏引用*/
   ……
```

当宏展开时，先用 y*y+3*y 替换 M（5），再将替换文本中的形参 y 用实参 5 代替，最终得到：

```
k=5*5+3*5;
```

例 8.4 用带参宏定义求两数中的大者。

```
#include <stdio.h>
#define MAX(a,b)(a>b)?a:b
main()
{  int x,y,max;
   printf("input two numbers(x,y): ");
   scanf("%d,%d",&x,&y);
   max=MAX(x,y);
   printf("max=%d\n",max);
}
```

程序运行情况如下：

```
input two numbers(x,y): 5,6↙
max=6
```

这里的宏 MAX（a,b）既可以比较 int 型数据，也可以比较 float 型、char 型等各种类型数据。若要比较 float 型数据，只需将程序第 4 行改为：

```
float x,y,max;
```

同时，在输入输出格式控制处将“%d”改为“%f”即可，宏定义无需改动。

如果用函数实现上述功能，则需要写相应的两个函数才可以。

对于带参宏定义，除了需要遵守一些与无参宏定义一样的规则，如一个#define 命令只能定义一个带参宏，通常在函数外定义；允许嵌套、续行、使用#undef 命令终止宏定义等。另外，还应注意以下几点：

（1）在带参宏定义中，宏名与其后的左括弧“(”之间不得有空格，否则将变为无参宏定义。例如将：“#define MAX(a,b) (a>b)?a:b”写为：

```
#define MAX (a,b)(a>b)?a:b
```

则将被认为是无参宏定义，宏名是 MAX，替换文本为(a,b) (a>b)?a:b。对语句“max=MAX(x,y);”进行宏替换后，将变为：

```
max=(a,b)(a>b)?a:b(x,y);
```

这显然是错误的。

（2）在带参宏定义中，替换文本中的形参通常要用括号括起来，以避免出错。

例 8.5 分别引用以下宏定义，求 3*F(3+2)的值。

```
(A)#define F(x) x*x+x
(B)#define F(x) (x)*(x)+(x)
(C)#define F(x) (x*x+x)
(D)#define F(x) ((x)*(x)+(x))
```

解：表达式 3*F(3+2)在分别引用以上四个宏定义后，其值为：

（A）22。因为宏定义只作为一种简单的字符替换，所以在引用（A）中的宏定义后，表达式 3*F(3+2)被替换为 3*3+2*3+2+3+2。

（B）80。表达式 3*F(3+2)被替换为：3*(3+2)*(3+2)+(3+2)。

（C）48。表达式 3*F(3+2)被替换为：3*(3+2*3+2+3+2)。

（D）90。表达式 3*F(3+2)被替换为：3*((3+2)*(3+2)+(3+2))。

由此可见，使用带参数的宏定义，替换文本中的括号位置不同，可以得出不同的结果，使用时一定要仔细考虑。

（3）宏定义也可用来定义多个语句，在宏替换时，把这些语句都替换到源程序中。

例 8.6 一个宏定义代表多个语句。

```
#define SSSV(s1,s2,s3,v)s1=l*w;  s2=l*h;  s3=w*h;  v=w*l*h;
#include <stdio.h>
main()
{  int l=3,w=4,h=5,sa,sb,sc,vv;
   SSSV(sa,sb,sc,vv);
   printf("sa=%d\nsb=%d\nsc=%d\nvv=%d\n",sa,sb,sc,vv);
}
```

程序运行结果为：

```
sa=12
sb=15
sc=20
vv=60
```

程序第一行为宏定义，用宏名 SSSV 表示四个赋值语句，四个形参分别为四个赋值符左边的变量。在宏替换时，把四个语句展开并用实参代替形参，得到计算结果。

应该注意的是，带参宏定义和函数有一定的相似之处。如表示形式都是由一个名字加上参数表组成，都要求实参与形参的数目相同等。因此，很多读者容易将它们混淆。下面将带参宏定义与函数的主要区别列出，以帮助读者更快地掌握带参宏定义。

带参宏定义与函数的主要区别如下：

（1）定义方式不同。带参宏使用预处理命令#define 定义；而函数使用函数定义。

（2）参数性质不同。带参宏的参数表中的参数不必说明其类型，也不分配存储空间；而函数参数表中的参数需说明其类型并为其分配存储空间。

（3）实现方式不同。宏展开是在编译时由预处理程序完成的，不占用运行时间；而函数调用是在程序运行时进行，需占用一定的运行时间。

（4）参数传递不同。若实参为表达式，引用带参宏时只进行简单的字符替换，不计算实参表达式的值；而函数调用时，则先计算表达式的值，然后代入形参。

（5）返回值不同。带参宏定义无返回值；而函数可以有返回值。

例 8.7　带参宏定义的实参是表达式的情况。

```
#include <stdio.h>
#define SQ(y)(y)*(y)
main()
{  int a,sq;
   printf("input a number: ");
   scanf("%d",&a);
   sq=SQ(a+1);
   printf("sq=%d\n",sq);
}
```

程序运行情况如下：

```
input a number: 3↙
sq=16
```

程序中定义了带参宏 SQ（y），在引用时实参为表达式 a+1。在宏展开时，先用（y）*（y）替换 SQ（a+1），再用实参表达式 a+1 替换形参 y，最后得到如下语句：

```
sq=(a+1)*(a+1);
```

宏引用与函数的调用是不同的，函数调用时要先把实参表达式的值求出来，再赋予形参。而宏引用时对实参表达式不作计算，直接照原样替换。可简单总结为“完全展开，直接代替”。

例 8.8　函数与带参宏定义的进一步比较。

```
#include <stdio.h>
#define SQ_MACRO(y) ((y)*(y))
main()
{  int i=1;
   printf("SQ_fun:\n");
   while(i<=5)
      printf("%d\n",SQ_fun(i++));
   i=1;
   printf("SQ_MACRO:\n");
   while(i<=5)
      printf("%d\n",SQ_MACRO(i++));
}

SQ_fun(int y)
{  return((y)*(y));
}
```

程序运行结果为：

```
SQ_fun:
1
4
9
```

```
16
25
SQ_MACRO:
1
9
25
```

此题本意是用函数调用和宏引用来分别实现输出 1～5 的平方值。

在程序中函数调用时，是把实参 i 的值传给形参 y 后自增 1，因而要循环 5 次，输出 1～5 的平方值。

在程序中宏引用时，SQ_MACRO（i++）被替换为((i++)*(i++))。在第一次循环时，i 等于 1，在 VC 中其计算过程为：先将 i 的值取出进行相乘，即 1*1，结果为 1，然后 i 两次自增 1 变为 3。在第二次循环时，i 已为 3，首先进行相乘，输出结果为 9，然后 i 自增两次变为 5。进入第三次循环，由于 i 值已为 5，所以输出为 25，并使 i 值变为 7，不再满足循环条件，跳出循环，最后只输出三个值，事与愿违。在使用其他编译系统（如 Turbo C）时，宏引用的输出可能是其他三个值。

从以上分析可以看出函数调用和宏引用二者虽然在形式上非常相似，但在本质上是完全不同的。

8.2 条件编译

条件编译是在编译源文件之前，根据给定的条件决定编译的范围。一般情况下，源程序中所有语句都参加编译。但有时希望在满足一定条件时，编译其中的一部分语句，在不满足条件时编译另一部分语句。这就是所谓的“条件编译”。条件编译对于程序的移植和调试是很有用的。在一套程序要产生不同的版本（如演示版本和实际版本）、避免重复定义时往往使用条件编译。

条件编译有以下三种形式。

（1）第一种形式：

```
#ifdef 标识符
   程序段 1
#else
   程序段 2
#endif
```

它的功能是：如果标识符是已被#define 命令定义过的宏名，就对程序段 1 进行编译；否则对程序段 2 进行编译。如果没有程序段 2（为空），则本格式中的#else 可以省略，即可以写为：

```
#ifdef 标识符
   程序段
#endif
```

例 8.9 根据需要设置条件编译，使之能控制对一些提示信息的输出。

```
#include <stdio.h>
#define DEBUG
main()
{  int a=4;
   #ifdef DEBUG
     printf("Now the programmer is debugging the program.");
   #else
```

```
      printf("a=%d.",a);
    #endif
}
```

程序运行结果为：

```
Now the programmer is debugging the program.
```

若没有第一行的宏定义命令，程序运行后会输出：

```
a=4.
```

（2）第二种形式：

```
#ifndef 标识符
   程序段 1
#else
   程序段 2
#endif
```

与第一种形式的区别是将“ifdef”改为“ifndef”。它的功能是：如果标识符未被#define 命令定义过，则对程序段 1 进行编译，否则对程序段 2 进行编译。这与第一种形式的功能刚好相反。

（3）第三种形式：

```
#if 常量表达式
    程序段 1
#else
   程序段 2
#endif
```

它的功能是：如果常量表达式的值为真（非 0），则对程序段 1 进行编译，否则对程序段 2 进行编译。因此可以使程序在不同条件下，完成不同的功能。

例 8.10　设置一个开关 R，用于识别（判断）输入值是半径（为真）还是边长（为假），实现求圆或正方形的面积。

```
#include <stdio.h>
#define R 1
main()
{  float c,r,s;
   printf ("input a number:");
   scanf("%f",&c);
   #if R
     r=3.14159*c*c;
     printf("area of round is: %f\n",r);
   #else
     s=c*c;
     printf("area of square is: %f\n",s);
   #endif
}
```

程序运行情况如下：

```
input a number:3↙
area of round is: 28.274310
```

若程序的第一行改为：

```
#define R 0
```

则程序运行情况如下：

```
input a number:3↙
area of square is: 9.000000
```

程序中采用了第三种形式的条件编译。根据常量表达式（常量 R）为真或为假（修改宏定义），进行条件编译，可输出圆面积或正方形面积。

C 语言规定，条件编译中#if 后面的条件必须是常量表达式，即表达式中参加运算的量必须是常量，在大多数情况下使用由#define 定义的符号常量。

从上述三种命令形式可以发现，条件编译的逻辑结构与程序设计中的选择结构很相似。实质上，条件编译也是一种选择结构。它根据给定的条件，从源程序段 1 和源程序段 2 中选择其中之一进行编译。

当然，上面介绍的条件编译也可以用条件语句来实现。但是使用条件语句将会对整个源程序进行编译，生成的目标代码较长。而采用条件编译，则根据条件只编译其中的程序段 1 或程序段 2，生成的目标代码较短。如果可选择编译的程序段很长，或者存在多个条件编译命令时，将大大缩短目标代码的长度。

在程序调试时，经常需要查看某些变量的中间结果。这时也可以使用条件编译，在程序中设置若干调试用的语句。例如：

```
#define FLAG 1
#if FLAG
   printf("a=%d",a);
#endif
```

该调试语句用于在调试时查看变量 a 的中间结果值。在调试完成时，把符号常量 FLAG 的宏定义改为#define FLAG 0，当再次编译该源程序时，这些调试用的语句就不再参加编译了。

可以看出，使用条件编译省去了在源程序中增删调试语句的麻烦。并且，在程序正式投入运行后的维护期间，当需要再次调试程序时，这些调试语句还可以再次得到利用。

使用条件编译，还可以使源程序适应不同的运行环境，从而增强了程序在不同机器间的可移植性。

8.3 文件包含

所谓文件包含，指在一个文件中包含另一个文件的全部内容，使之成为该文件的一部分。这相当于是两个文件的合并。文件包含由文件包含命令#include 来实现，其一般格式有以下两种：

```
#include <文件名>            /* 格式一 */
#include "文件名"            /* 格式二 */
```

其中，“文件名”是指被包含的文件，称为头文件。头文件必须是文本文件，如 C 语言源程序文件等。头文件常以“.h”为后缀（h 为 head 的缩写），但也可以是“.c”或其他，甚至没有后缀也是可以的。

文件包含命令的功能是：在编译预处理时，将指定头文件的内容包含到该命令出现的位置处并替换此命令行。格式一和格式二的主要区别是查找头文件的方式。使用格式一时，预处理程序只在系统规定的目录（include 子目录，用户在设置编译环境时可更改）中去查找指定的头文件，若找不到，则出错，这称为标准方式。使用格式二时，预处理程序先在当前工作目录中寻找指定的头文件，若找不到，再按标准方式去查找。

一般来说，如果调用系统提供的标准库函数时使用格式一（库函数相关的头文件一般放在系统规定的目录），以节省查找时间。如果要包含的是用户自己编写的头文件（这种头文件往往放在当前工作目录），则一般使用格式二。若头文件不在当前目录，可在文件名前加上所在的路径，如#include "D:\boli\AppFace.h"。

在进行结构化程序设计时，文件包含是很有用的。一个大的程序可以分为多个源程序文件，由多个程序员分别编写。使用文件包含的手段，可以减少重复性的劳动，有利于程序的维护和修改，同时也是"模块化"设计思想所要求的。将那些公用的或常用的宏定义、函数原型、数据类型定义及全局变量的声明等，组织在一些头文件中，在程序需要使用到这些信息时，就用#include命令把它们包含到所需的位置上去，从而免去每次使用它们时都要重新定义或声明的麻烦。

编译系统为用户提供了许多头文件，称为"标准头文件"。例如，stdio.h 中有 EOF 和 NULL 宏定义及输入输出函数的原型等，math.h 中有各个数学函数的原型，time.h 中有数据类型 struct tm 的定义等。

例 8.11　用户头文件的编写和使用。

L8_11.h 文件源代码如下：

```
#ifndef _L8_11_H        /*当重复包含 L8_11.h 时，因_L8_11_H 已被定义，则下面的内容被忽略*/
   #define _L8_11_H
   #include <stdio.h>
   #define MAX(x,y) (x)>(y)?(x):(y)     /*定义宏，比较两数的大小*/
   void fun(int x);
   extern int a,b;                      /*声明外部变量*/
#endif
```

L8_11.c 文件源代码如下：

```
#include "L8_11.h"                 /*包含自定义头文件*/
main()
{
   printf("Input two positive integers:");
   scanf("%d%d",&a,&b);
   fun(MAX(a,b));
}
int a,b;
void fun(int x)  //按照十进制，将 x 从高位到低位输出各位数字
{   int i=0;
   char str[10];
   if(x>0)
   {
       while(x>0)
       {
          str[i++]=x%10+'0';
          x=x/10;
       }
       for(i=i-1; i>=0;    i--)
           printf("%c  ",str[i]);  //两位之间空两格
   }else
       printf("Input the wrong data!\n");
}
```

程序运行情况如下：

```
Input two positive integers:12 54321↙
5 4 3 2 1
```

对文件包含命令还需要说明以下几点。

（1）为了编写程序的规范化，建议不要在头文件中定义全局变量和函数。

（2）一个#include 命令只能包含一个头文件，若有多个文件要包含，则需用多个#include 命令。

（3）文件包含允许嵌套，即在一个头文件中可以包含另一个头文件。但要防止重复包含的情况，例如，在 file.c 中有两个包含命令：

```
#include "a.h"
#include "b.h"
```

假设 a.h 和 b.h 都又包含了一个头文件 x.h，那么 x.h 在此被包含了两次。如果在 x.h 中定义了数据类型，就会出现重复定义错误。在大型程序中，往往需要使用很多头文件，因此要发现重复包含并不容易。解决这个问题的方法是按照 L8_11.h 的结构来编写头文件。

（4）当某个头文件的内容发生变化时，意味着包含该头文件的源程序也发生变化，所以需要重新编译。

本章小结

C 程序的编译可分为编译预处理和正式编译两个步骤。编译预处理是在将源程序生成目标文件前对源程序的预加工。正确使用编译预处理命令可有效提高程序的开发效率。C 语言提供了多种预处理命令，常用的有宏定义、条件编译和文件包含。

宏定义命令为#define，宏定义是用一个标识符（宏名）来代表替换文本，替换文本可以是常量、变量或表达式等。在引用宏时将用替换文本代替宏名。宏定义还可以带有参数，引用带参宏时除了用替换文本代替宏名外，还要用实参代替形参。但带参宏的引用与函数调用有本质的区别，不可混淆。

条件编译是根据条件成立与否，选择编译源程序中满足条件的程序段，使生成的目标程序较短，减少内存开销，提高程序的运行效率，而且使程序调试变得非常方便。

文件包含命令为#include，它可把一个或多个文件包含到另一个源文件中进行编译，结果将生成一个目标文件。这是实现结构化程序设计中“模块化”设计思想的重要手段。

正确使用编译预处理命令将有利于提高程序的可移植性、可阅读性和可维护性，也便于实现模块化程序设计。

习　题

1. 选择题

（1）以下程序中的 for 循环执行的次数是________。

```
#include <stdio.h>
#define N 2
#define M N+1
#define NUM (M+1)*M/2
main()
```

```
{  int i;
   for(i=1;i<=NUM;i++);
   printf("%d\n",i);
}
```

A. 5　　B. 6　　C. 8　　D. 9

（2）以下程序的输出结果是________。

```
#include <stdio.h>
#define MIN(x,y)(x)<(y)?(x):(y)
main()
{  int i,j,k;
   i=10;   j=15;   k=10*MIN(i,j);
   printf("%d\n",k);
}
```

A. 15　　B. 100　　C. 10　　D. 150

（3）以下程序的输出结果是________。

```
#include "stdio.h"
#define FUDGF(y) 2.84+y
#define PR(a) printf("%d",(int)(a))
#define PRINT1(a) PR(a);putchar('\n')
main()
{  int x=2;
   PRINT1(FUDGF(5)*x);
}
```

A. 11　　B. 12　　C. 13　　D. 15

（4）以下程序的输出结果是________。

```
#include <stdio.h>
#define S(r) 10*r*r
main()
{  int a=10,b=20,s;
   s=S(a+b);
   printf("%d\n",s);
}
```

A. 320　　B. 900　　C. 9000　　D. 300

（5）以下叙述中正确的是________。

A. 用#include 包含的头文件的后缀不可以是“.a”。

B. 若一些源程序中包含某个头文件，当该头文件有错时，只需对该头文件进行修改，包含此头文件的所有源程序不必重新进行编译。

C. 宏定义可以看成是一行 C 语句。

D. C 程序中的预处理是在编译之前进行的。

2. 编程题

（1）请写出一个宏定义 ISALPHA(C)，用以判断 C 是否是字母字符，若是，得 1；否则，得 0。

（2）请写出一个宏定义 SWAP(t,x,y)，其中 t 为类型标识符，参数 x 和 y 的类型为 t，这个宏用以交换 x 和 y 的值。提示：用复合语句的形式。

（3）用条件编译实现：输入一行字符，可以用两种方式输出，一种为原文输出；另一种将字母变成其后续字母，即按密码输出。

（4）对年份 year 定义一个宏，以判别该年份是否为闰年。

（5）求三个整数的平均值，要求用带参宏实现且把带参宏定义存放在头文件中。

第9章 指针

本章重点：

※ 指针变量的使用

※ 指针与数组

※ 指针与字符串

※ 指针作为函数的参数

※ 函数指针

※ 指针函数

※ 指针数组

本章难点：

※ 二维数组的行、列地址

※ 指针的算术运算

※ 指针函数与函数指针的区别

※ 指针数组的使用

指针是C语言的重要数据类型，也是C语言的精华。利用指针可以有效地表示复杂的数据结构，实现动态内存分配，更方便、灵活地使用数组和字符串以及为函数间各类数据的传递提供简洁便利的方法。正确而灵活地运用指针，可以编制出简练紧凑、功能强大而且执行效率高的程序。但是，由于指针概念较复杂，使用较灵活，初学者常常感到较难理解，使用不好反而会带来一些麻烦。因此，学习时必须从指针的概念入手，理解什么是指针；在C程序中如何定义指针变量，它与其他类型变量的差别；掌握指针在数组、函数等方面的应用。通过多编程，多上机调试程序，体会指针的概念及其使用的规律，并应用于今后的实际编程中。

指针是C语言学习的难点与重点之一，可以说掌握不好指针，就很难学好C语言。

9.1 地址和指针的概念

根据冯·诺依曼提出的“存储程序”的计算机工作原理，程序要装入内存后才能运行，数据也要装入内存才能进行处理。内存是以字节为单位的一片连续存储空间，每个字节都有一个唯一的编号，这个编号称为内存的“地址”。如同人们通过房间号来管理旅馆一样，系统通过内存地址来对内存进行管理。地址从0开始，顺次连续编号，且地址用二进制表示。为便于叙述，这里用十进制描述内存地址。

编译系统根据变量的类型，为其分配一定字节数的存储单元。例如：

```
short int i;
float x;
```

系统为变量 i 分配 2 个字节的存储单元，为变量 x 分配 4 个字节的存储单元。具体分配的字节假定如图 9.1 表示，变量 i 的地址为 1015，变量 x 的地址为 1201。亦即，每个变量的地址是指该变量所占存储单元的第一个字节的地址。

一般情况下，程序员无需知道每个变量在内存中的具体地址，生成二进制目标程序时，编译系统将变量名转换成了相应的内存地址。所以，程序中通过变量名对变量的访问，实际上是对某个地址的存储单元的访问。这种直接按内存地址访问变量的方式称为“直接访问”，也称为直接存取。前面各章节中对变量的访问几乎都是直接访问。

C 语言还提供了一种称为“间接访问”（或称间接存取）的方式，将要访问的变量的地址存放到一种特殊的变量中，访问时先从这种特殊变量中取出地址值，然后再根据该地址值去访问相应的存储单元。例如，将变量 i 的地址（假定为 1015）存到特殊变量 p 中，先直接访问变量 p，得变量 i 的地址 1015，然后再去访问地址为 1015 的存储单元，得到 i 的值，如图 9.2（a）所示。

由于地址就像是要访问的存储单元的指示标，因此形象地称之为指针，要访问的存储单元也形象地称为“指针所指向的对象”。如在图 9.2（a）中，变量 i 是变量 p 所指向的对象，亦即变量 p 指向变量 i。图 9.2（a）可以更加简单形象地表示成图 9.2（b），其中“→”只是一种示意，形似“指针”。用来存放地址的变量称为指针变量，如 p 就是一个指针变量。

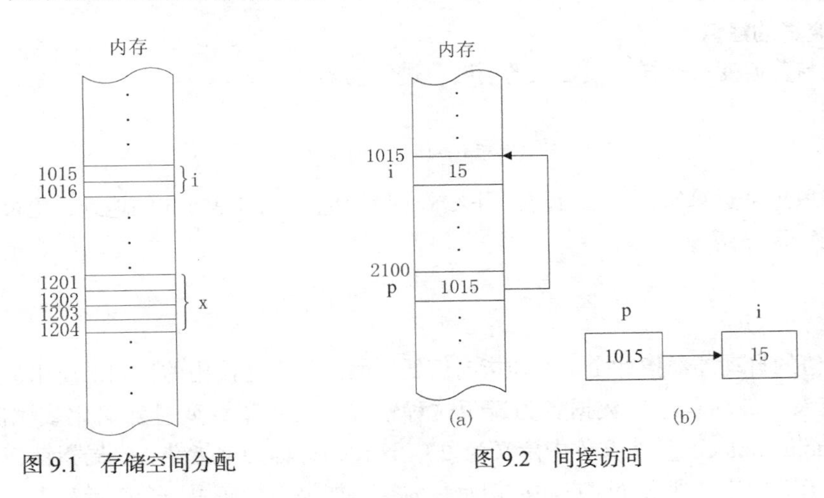

图 9.1　存储空间分配　　图 9.2　间接访问

9.2 指针变量

9.2.1 指针变量的定义与赋值

1. 指针变量的定义

指针变量仍遵循先定义后使用的原则，其定义的一般形式为：

```
基类型　*指针变量名 1,*指针变量名 2,…;
```

其中，“*”用来说明所定义的变量是一个指针变量，不能省略；“基类型”表示该指针变量所指对象的数据类型，可以是任意数据类型。例如：

```
int i,*pi;              /*  pi 是指向 int 型变量的指针变量  */
float *pf;              /*  pf 是指向 float 型变量的指针变量  */
char *pc;               /*  pc 是指向 char 型变量的指针变量 */
```

指针变量只能指向由定义时基类型规定的类型的变量，不能指向其他类型的变量。例如，如果强行使前面定义的 pi 指向一个 float 型变量，那么在间接访问时，通过 pi 访问的变量按 int 型处理，就会使得 float 型数据的指数存储格式按整型存储格式进行处理，得不到正确结果。另外，一个指针变量中存放的是一个存储单元的地址值。这里"一个存储单元"中的"一"所代表的字节数是不同的，对 short int 型整数代表 2 个字节，对 int 或 float 型代表 4 个字节，对 char 型代表 1 个字节，后面介绍的指针算术运算就是按照这种意思进行的。因此，定义指针变量时必须指出基类型。

指针是内存地址，指针变量只能存放指针，而不能存放其他数据。二者有一定的区别，但为方便起见，在不引起混淆的情况下，经常将指针变量简称为指针。

指针变量与普通变量一样，也具有变量的三要素：变量名、变量类型和变量的值。进一步说明如下：

（1）指针变量名要符合标识符的命名规则；

（2）指针变量的类型是"基类型 *"。例如，前面定义的指针变量 pi，其类型为"int *"；

（3）指针变量所指向的对象可以是变量，也可以是内存中的一个连续区域（详见第 10 章有关动态存储分配的内容）。

2. 指针变量的赋值

指针变量与普通变量一样，在定义的同时可进行初始化。例如：

```
int i;
int *p=&i;          /* 取变量 i 的地址存于 p，使 p 指向 i */
```

其中，"&"为取地址运算符，是单目的，用来求变量的地址。&i 表示 i 的地址，也可以将该语句行"int *p=&i;"写成两行：

```
int *p;
p=&i;
```

未赋地址值的自动局部指针变量不知指向何处，因此是不能使用的，如果使用，则可能产生不可预料的结果，破坏程序或数据。为避免这种情况，可将指针变量初始化或赋值为 NULL（NULL 在 stdio.h、alloc.h 等头文件中定义为 0），这种指针称为空指针。全局指针变量和静态局部指针变量若未初始化，则编译时自动被初始化为空。如果强行使用一个空指针去访问一个存储单元，那么运行程序时将会得到一个错误信息。

应注意，只有同类型的指针变量才可相互赋值，不同类型的指针变量间进行赋值是没有任何意义的。

9.2.2 指针变量的引用

对指针变量的引用主要用到以下两个运算符。

（1）取地址运算符"&"。前面已介绍并使用过，不再赘述。

（2）指针运算符"*"。指针运算符"*"也称"间接访问"运算符或间址运算符，也是单目运算符，运算对象为地址，用来求指针变量所指变量的值。

例 9.1 指针变量的定义与引用。

```
#include <stdio.h>
main()
{  int a,b,c;
   int *p;
   a=5;   b=a+3;
   p=&a;  c=*p+3;
   printf("%d,%d\n",a,b);
   printf("%d,%d\n",*p,c);
}
```

程序运行结果为：

```
5,8
5,8
```

上面程序中，p 为指向整型变量的指针变量，通过取地址运算符“&”把 a 的地址赋给 p。然后用指针运算符“*”取出 p 所指向的整型变量 a 的值，再进行算术运算得到 c 的值，和直接用 a 的值进行算术运算得到 b 的值一样。

通过指针进行间接访问时，因为要先访问指针变量，再按其中存储的地址值去访问相应的存储单元，所以比直接访问要费时间，且不直观。但通过改变指针变量的值，即改变其指向，可间接访问不同的变量，这给程序员带来灵活性，也使程序代码更简洁和有效。

例 9.2　输入 a 和 b 两个整数，用指针实现按先大后小的顺序输出。

```
#include <stdio.h>
main()
{  int *p1,*p2,*p,a,b;
   scanf("%d,%d",&a,&b);
   p1=&a;               /* 使 p1 指向整型变量 a */
   p2=&b;               /* 使 p2 指向整型变量 b */
   if(a<b)
   {  p=p1;
      p1=p2;
      p2=p;
   }                    /*改变 p1 和 p2 的指向，使 p1 指向 a、b 中的较大者，p2 指向较小者*/
   printf("a=%d,b=%d\n",a,b);
   printf("max=%d,min=%d\n",*p1,*p2);
}
```

程序运行情况如下：

```
3,5↙
a=3,b=5
max=5,min=3
```

程序运行过程中通过对指针变量 p1、p2 的重新赋值，使其指向发生了改变，如图 9.3 所示。

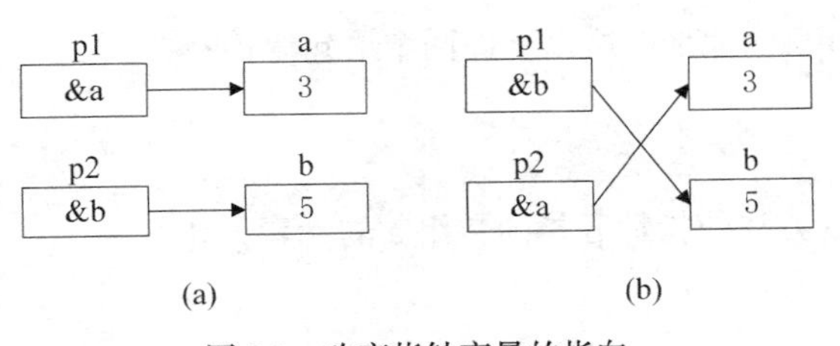

图 9.3　改变指针变量的指向

关于运算符“&”和“*”，应注意（假定 int *p,a;p=&a;）：

“&”和“*”两个运算符的优先级别相同，按自右向左方向结合。计算&*p 时，先求*p，得 a 的值，再求&(*p)，即&*p 与&a 相同，都是指变量 a 的地址。同理，*&a 与*p 相同，都是 p 所指变量 a 的值。

9.3 指针与数组

9.3.1 指针与一维数组

第 6 章已介绍过，一维数组中的元素按下标从小到大的次序占用连续的内存单元，数组名就是这块连续内存单元的首地址，也是第 0 号元素的地址，是一个地址常量。

指针变量不仅可以指向普通变量，也可指向数组元素。和普通变量一样，数组元素的地址也是指它所占有的几个连续字节的首地址。

1. 指向数组元素的指针

指向数组元素的指针的定义方法与指向普通变量的指针的定义方法相同。例如：

```
int a[10];    /*定义 a 为包含 10 个整型数据的数组*/
int *p;
```

指针 p 既可指向整型变量，也可指向整型数组的元素。例如：

```
p=&a[0];
```

表示把 a[0]元素的地址赋给指针变量 p，亦即 p 指向 a 数组的第 0 号元素 a[0]，如图 9.4 所示。

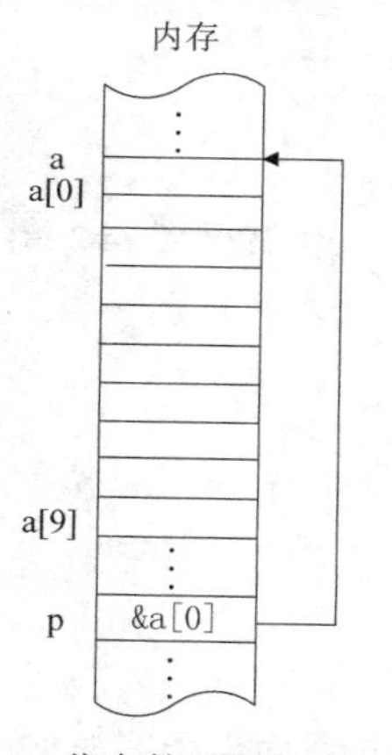

图 9.4　指向数组元素的指针

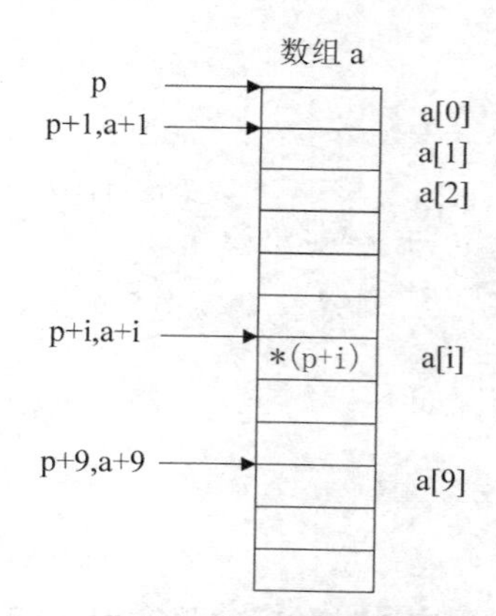

图 9.5　指针与数组元素的对应关系

因为数组名 a 就是 a[0]的地址，所以下面两个语句等价：

```
p=&a[0];
p=a;
```

也可以通过初始化的方法使指针 p 指向数组 a 的元素，如：

```
int *p=&a[0];
```

或：

```
int *p=a;
```

这里，p、a 和&a[0]的类型一样，并且是同一存储单元的地址。但要注意 p 是变量，而 a 和&a[0]都是常量。

2. 通过指针引用数组元素

如果指针变量 p 指向数组元素 a[0]，则*p 就等价于 a[0]。通过对指针加减整数，可以上下移动指针，这样利用指针就可以访问整个数组。例如：

```
int a[10],*p=a;
```

此时，p 指向数组元素 a[0]，则 p+1 指向 a[1]，即 p+1 中的数字“1”是指一个存储单元的长度。至于这个存储单元的长度到底占多少字节，则由 p 的基类型决定。基类型为 int 型或 float 型时占 4 个字节，double 型占 8 个字节，等等。因为 p 和 a 都是地址，而且类型一样，所以 p+1 等价于 a+1，值均为&a[1]；*(p+1)等价于*(a+1)，也就是 a[1]。

对于 i(0≤i≤9)，有：

（1）p+i 和 a+i 都是 a[i]的地址，或者说它们均指向数组元素 a[i]，如图 9.5 所示；

（2）*(p+i)或*(a+i)就是 p+i 或 a+i 所指向的数组元素 a[i]；

（3）指向数组的指针变量也可以带下标，如 p[i]与*(p+i)等价，即 a[i]。

总之，引用一个数组元素可以有以下两种方法（各有表现形式）。

（1）指针法，有*(a+i)和*(p+i)两种表现形式，都是用间接访问的方法来访问数组元素。

（2）下标法，有 a[i]和 p[i]两种形式。在编译时这两种形式也要处理成*(a+i)或*(p+i)，即先按“a+i*（一个元素占用字节数）”计算出第 i 号元素的地址，然后得到该元素的值。

例 9.3　用下标法和指针法分别输出数组中的全部元素。

```
#include <stdio.h>
main()
{  int a[10],i,*p;
   for(i=0;i<10;i++)
      scanf("%d",&a[i]);
   for(i=0;i<10;i++)                    /*形式 1：指针法之*(a+i)形式*/
      printf("%d ",*(a+i));
   printf("\n");
   for(p=a;p<(a+10);p++)                /*形式 2：指针法之*p 形式*/
      printf("%d ",*p);
   printf("\n");
   for(i=0;i<10;i++)                    /*形式 3：下标法之 a[i]形式*/
      printf("%d ",a[i]);
   printf("\n");
   for(p=a,i=0;i<10;i++)                /*形式 4：下标法之 p[i]形式*/
      printf("%d ",p[i]);
   printf("\n");
}
```

程序运行情况如下：

```
1␣2␣3␣4␣5␣6␣7␣8␣9␣10↙
1 2 3 4 5 6 7 8 9 10
1 2 3 4 5 6 7 8 9 10
```

```
1 2 3 4 5 6 7 8 9 10
1 2 3 4 5 6 7 8 9 10
```

上述形式 1 和 3 的执行效率是相同的，都要按 a+i 计算地址，然后找出该单元中的值。由于 p++这样的自加操作无需每次都重新计算地址，所以形式 2 最快。但其中的*p 究竟是哪个元素，不易看出，而下标法更直观些。

通过指针引用数组元素还应注意以下几个问题：

（1）指针变量可以实现本身的值的改变，数组名则不行。如 p++是合法的，而 a++是错误的。因为 a 是数组名，它是数组的首地址，是常量。

（2）要注意指针变量的当前值。

例 9.4 以下程序意在输出数组中的全部元素，但有错误，请找出错误并改正。

```
#include <stdio.h>
main()
{  int *p,i,a[5];
   p=a;
   for(i=0;i<5;i++)
      scanf("%d",p++);        /* 注意：不能写成&p++，因为 p 就是地址 */
   for(i=0;i<5;i++,p++)
      printf("a[%d]=%d  ",i,*p);
}
```

程序运行情况如下：

```
1␣2␣3␣4␣5↙
a[0]=-26  a[1]=285  a[2]=1  a[3]=-28  a[4]=2444
```

为什么会得到错误结果呢？仔细观察会发现，在第一个 for 循环执行后，p 已经不再指向数组 a 的首地址，而是指向 a[4]之后的那个单元，所以执行第二个 for 循环时，是将 a[4]之后的 5 个单元的数据输出（注：不同时间不同计算机上运行时，结果可能不同）。

对于上述错误，可以这样来改正：使 p 重新指向数组 a 的首地址，在第二个 for 循环之前加一个赋值语句：

```
p=a;
```

从例 9.4 可以看出，虽然定义数组时指定它包含 5 个元素，但指针变量可以指到数组以后的内存单元（实际上，指针变量可以指向任意的内存单元），系统并不认为非法。所以，读者在进行程序设计时，一定要时刻注意指针的指向，这样才能避免使指针指向不该指的地方，并真正体现指针的灵活性。

3. 指针的算术运算和关系运算

（1）指针的算术运算（指针移动、指针相减）。只有当指针指向一串连续的存储单元（如一个数组）时，指针的算术运算才有意义。前面介绍过的指针加整数（如 p+i）的运算，实际上就是移动指针，使其指向相邻的存储区域。假定 p 指向数组 a 的元素（如 p=a;），在进行指针的算术运算时，应当注意以下几点：

① 计算*p++时，由于“++”和“*”优先级相同，结合方向为自右向左，因此它等价于*(p++)。计算过程是先用 p 保存的地址值进行“*”运算，得到*p，然后再用 p+1 赋予 p。

在例 9.3 中，正数第三个 for 循环：

```
for(p=a;p<(a+10);p++)
   printf("%d ",*p);
```

可以改写为：

```
for(p=a;p<(a+10); )
    printf("%d ",*p++);
```

两个 for 循环作用完全一样。它们都是先输出*p 的值，然后使 p 值加 1。这样下一次循环时，p 就指向下一个元素。

② 区分*(p++)与*(++p)的不同，关键是理解 p++与++p 的不同。若 p 初值为 a(即&a[0])，则如同前面所述，*(p++)是 a[0]的值，并且使 p 加 1；而*(++p)先使 p 加 1，再取*p，故是 a[1]的值。与此类似的还有*(p—)与*(—p)。将“++”和“—”运算符用于指针变量十分有效，可以使指针变量自动向前或向后移动，指向下一个或上一个数组元素。

③ (*p)++表示 p 所指向的元素值加 1，如果有 p=a；且 a[0]=8;，则(*p)++计算后，a[0]的值为 9。

④ 基类型相同的两个指针可以相减，但不能相加。若指针 p1、p2 都指向同一数组 a 的元素，且 p2 在 p1 的后面，则 p2−p1 就是 p1 与 p2 之间的元素的个数。若两个基类型不同的指针相减，结果无意义。例如：

```
int a[5],*p1,*p2;
p1=&a[1];p2=&a[4];
```

则 p2−p1 的值是 3。

（2）指针的关系运算（指针比较）。两个指针可以使用关系运算符（>, >=, <, <=, ==, !=）来比较它们的地址值，比较结果为 1（真）或 0（假）。但只有对基类型相同且指向同一目标（如一串连续的存储单元）的指针比较时，结果才有意义。例如：

```
int a[5],*p1,*p2,*p3;
p1=&a[1];   p2=&a[4];
```

则 p1<p2 的值为真。

再如，指针与'\0'比较的语句：

```
if(p3=='\0') printf("p3 points to Null.\n");
```

这也是完全正确的。

9.3.2 指针与二维数组

1. 二维数组的地址

整型二维数组 a 的定义为：

```
int a[3][4]={{0,1,2,3},{4,5,6,7},{8,9,10,11}};
```

假定数组 a 的首地址为 1000，根据二维数组“按行存放”的原则，各数组元素的值及其地址可用图 9.6 表示。

按照第 6 章介绍的，一个二维数组实际上是一个一维数组。上面定义的数组 a 包含三行，即三个元素：a[0]、a[1]和 a[2]，每个元素不是一个简单的整型元素，而是由四个整型元素组成的一维数组，如一维数组 a[0]含有 a[0][0]、a[0][1]、a[0][2]和 a[0][3]四个元素。因此，二维数组 a 及其三个一维数组可表示如下：

```
a={a[0],a[1],a[2]}
a[0]={a[0][0],a[0][1],a[0][2],a[0][3]}
a[1]={a[1][0],a[1][1],a[1][2],a[1][3]}
a[2]={a[2][0],a[2][1],a[2][2],a[2][3]}
```

数组名 a 是元素 a[0]的地址，即有等式 a=&a[0]，而 a[0]是一行，所以 a 也就是第 0 行的首地址；a+1 是 a[1]的地址，即 a+1=&a[1]，也就是第 1 行的首地址，这里 a+1 中的“1”代表 1 行元素所占的字节数（即 4×4=16 个字节），而不是 1 个元素所占的字节数，如图 9.7 所示；对于 i(0≤i≤2)，有 a+i=&a[i]，是第 i 行的首地址，a+i 是针对行的，称为“行地址”，因此，有*(a+i)=a[i]。

对于构成二维数组 a 的三个一维数组 a[0]、a[1]和 a[2]，都是一维数组名，是地址常量，不占用内存空间。a[0]是 a[0][0]的地址，即 a[0]=&a[0][0]，所以 a[0]+1 就是数组 a[0]的下一个元素 a[0][1]的地址，即 a[0]+1=&a[0][1]，这里 a[0]+1 中的“1”代表 1 个元素所占的字节数（即 4 个字节），如图 9.7 所示；对于 j(0≤j≤3)，有等式 a[0]+j=&a[0][j]；一般地，有 a[i]+j=&a[i][j](0≤i≤2，0≤j≤3)，即 a[i]+j 是针对列的，称为“列地址”。

1000 0	1004 1	1008 2	1012 3
1016 4	1020 5	1024 6	1028 7
1032 8	1036 9	1010 10	1044 11

图 9.6　二维数组示意图

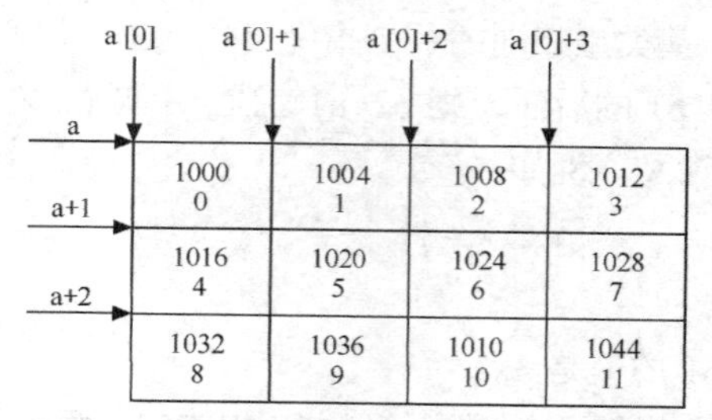

图 9.7　二维数组的行、列指针

由以上分析，数组元素 a[i][j]的地址可用以下表达式求得：

(1) &a[i][j]

(2) a[i]+j

(3) *(a+i)+j　/*将表达式(2)中的 a[i]用*(a+i)代替*/

(4) &a[0][0]+4*i+j　/*在第 i 行前有 4*i 个元素存在*/

(5) a[0]+4*i+j

通过地址引用二维数组元素 a[i][j]时，只需对上述地址表达式进行间接访问运算即可，如*(a[i]+j)、*(*(a+i)+j)、*(&a[0][0]+4*i+j)等，也可以使用(*(a+i))[j]。

对二维数组 a，假定起始地址为 1000，则数组 a 的各类地址的表示形式及用地址引用数组元素的各种不同表示形式如表 9.1 所示。

表 9.1　　二维数组的各类地址及用地址引用元素的各种不同表示形式

表 示 形 式	含　义	地　址
a	二维数组名，指向一维数组 a[0]，即第 0 行首地址	1000
a[0]，*(a+0)，*a	第 0 行第 0 列元素地址，即 a[0][0]的地址	1000
a+1，&a[1]	第 1 行首地址，指向一维数组 a[1]	1016
a[1]，*(a+1)	第 1 行第 0 列元素地址，即 a[1][0]的地址	1016
a[1]+2，*(a+1)+2，&a[1][2]	第 1 行第 2 列元素 a[1][2]的地址	1024
(a[1]+2)，(*(a+1)+2)，a[1][2]	第 1 行第 2 列元素 a[1][2]的值	元素值为 6

二维数组的地址比较复杂，应注意区分行地址和列地址。在表 9.1 中，虽然 a 与 a[0]的值相同，a+1 与 a[1]的值相同，但含义不一样，一种是行地址，另一种是列地址，即在 a+1 与 a[i]+1 中，数值“1”代表的字节数是不同的。行、列地址之间通过运算可以进行相互转换。对行地址进行间接访问运算，就转换为列地址。例如，a+i 是指向行的，而*(a+i)就成为指向列的指针，即指

向元素 a[i][0]。反之，对列地址进行取地址运算，就转换为行地址。例如，a[i]是指向 a[i][0]的，而&a[i]就成为指向行的指针，即指向第 i 行。对于这种地址转换，不能简单地认为*(a+i)就是 a+i 所指单元中的内容，因为 a+i 不是指向具体的存储单元而是指向行；也不能简单地认为&a[i]就是 a[i]单元的存储地址，因为并不存在 a[i]这样一个实际的变量。为了加深行、列地址概念的理解，请分析下面的程序。

例 9.5　输出二维数组有关的值。

```
#include <stdio.h>
main()
{
    int a[3][4]={0,1,2,3,4,5,6,7,8,9,10,11};
    printf("%X,%X,%X,%X,%X\n",a,*a,a[0],&a[0],&a[0][0]);
 /*依次输出第 0 行首地址，a[0][0]的地址，a[0][0]的地址，第 0 行首地址，a[0][0]的地址*/
       printf("%X,%X,%X,%X,%X\n",a+1,*(a+1),a[1],&a[1],&a[1][0]);
       printf("%X,%X,%X,%X,%X\n",a+2,*(a+2),a[2],&a[2],&a[2][0]);
       printf("%X,%X\n",a[1]+1,*(a+1)+1);
       printf("%d,%d,%d\n",a[1][1],*(a[1]+1),*(*(a+1)+1));    /* 数组元素 a[1][1]的值 */
       printf("%d,%d,%d\n",(*(a+1))[2],*(&a[0][0]+4*1+2),*(a[0]+4*1+2)); /*a[1][2]的值 */
}
```

程序运行结果为：

```
12FF50,12FF50,12FF50,12FF50,12FF50
12FF60,12FF60,12FF60,12FF60,12FF60
12FF70,12FF70,12FF70,12FF70,12FF70
12FF64,12FF64
5,5,5
6,6,6
```

在不同的计算机上，不同时间运行此程序可能得到不同的地址值。另外，在输出地址时，一般用八进制或十六进制表示，若用十进制，则可能输出负值。

2. 指向二维数组元素的指针变量

（1）指向二维数组元素的指针变量。指向二维数组元素的指针变量与指向普通变量的指针变量相似。

例 9.6　输出二维数组的元素（用指向二维数组元素的指针实现）。

```
#include <stdio.h>
main()
{  int a[3][4]={0,1,2,3,4,5,6,7,8,9,10,11};
   int *p;
   for(p=a[0];p<a[0]+12;p++)            /* a[0]与*a、&a[0][0]等价 */
   {  if((p-a[0])%4==0) printf("\n");   /* 每行输出 4 个元素 */
     printf("%4d",*p);
   }
}
```

程序运行结果为：

```
   0   1   2   3
   4   5   6   7
   8   9  10  11
```

（2）指向二维数组行的指针变量。例如：

```
int a[3][4];
int (*p)[4];
```

它表示定义了一个指针变量 p，p 所指向的对象是包含 4 个 int 型元素的一维数组。当执行赋值语句“p=a;”后，p 指向 a[0]，p+1=a+1，等式两边的“1”所代表的字节数是一样的，都是 4×4=16。

注意

在 int (*p)[4]中的圆括号不能少，因“[ ]”的优先级比“*”高。若为 int *p[4]，则 p 首先与“[]”结合为数组，再与“*”结合，此时 p 是用来存放指针的数组，即指针数组（见 9.6 节）。

例 9.7 输出二维数组的元素（用指向二维数组行的指针实现）。

```
#include <stdio.h>
main()
{  int a[3][4]={0,1,2,3,4,5,6,7,8,9,10,11};
   int (*p)[4];          /* 定义 p 为指针变量，指向含有 4 个 int 型元素的一维数组*/
   int i,j;
   p=a;                  /* p 指向二维数组 a 的行 a[0] */
   for(i=0;i<3;i++)
   {  for(j=0;j<4;j++) printf("%2d  ",*(*(p+i)+j));
      printf("\n");
   }
}
```

程序运行结果为：

```
 0  1  2  3
 4  5  6  7
 8  9 10 11
```

例 9.7 中，第 8 行的表达式“*(*(p+i)+j)”也可以用“*(p[i]+j)”、“(*(p+i))[j]”或“p[i][j]”替换，都可以起到引用 a[i][j]的作用。

9.4 指针与字符串

9.4.1 指向字符数组的指针变量

第 6 章已介绍过，字符数组可以存放字符串，数组名就是字符串的首地址。与数值型数组一样，可以定义指向字符数组的指针变量，利用这个指针来处理字符串或单个字符。

例 9.8 在输入的字符串中判断有无字符'a'。

```
#include <stdio.h>
main()
{  char st[20],*ps;
   int i;
   printf("input a string:\n");
   ps=st;                            /* ps 中存放字符数组 st 的首地址 */
   scanf("%s",ps);
```

```
  for(i=0;ps[i]!='\0';i++)          /*指针变量可带下标，ps[i]等价于 st[i]*/
     if(ps[i]=='a')
     {  printf("There has 'a' in the string \"%s\".\n",st);
        break;
     }
  if(ps[i]=='\0') printf("There is no 'a' in the string \"%s\".\n",st);
}
```

程序运行情况如下：

```
input a string:
china↙
There has 'a' in the string "china".
```

重新运行程序，运行情况如下：

```
input a string:
chinese↙
There is no 'a' in the string "chinese".
```

9.4.2　指向字符串常量的指针变量

前面已说明，C 语言对字符串常量是按照字符型一维数组进行存储的，由编译系统为每一个字符串常量分配一片连续的存储区域，可以将这些连续存储区域的首地址赋给字符型的指针变量，使之指向字符串常量（准确地讲是指向该字符串常量的第一个字符）。这样的指针变量称为字符串指针。

例 9.9　指向字符串常量的指针变量。

```
#include <stdio.h>
main()
{  char *pstring="This is a string pointer.";
   printf("%s\n",pstring);
}
```

程序运行结果为：

```
This is a string pointer.
```

在定义字符串指针 pstring 时，通过初始化将字符串"This is a string pointer."在内存中所占存储单元的首地址赋给 pstring。注意，并不是将该字符串赋给 pstring。在 C 语言中，没有字符串变量。上面的初始化等价于下面两行：

```
char *pstring;
pstring="This is a string pointer.";
```

程序运行时，系统先输出 pstring 所指向的字符，然后输出 pstring+1 所指向的字符，再输出 pstring+2 所指向的字符……，如此直到遇到字符串结束标志'\0'为止。注意，'\0'不在输出字符之列。

例 9.10　输出字符串中 n 个字符之后的所有字符。

```
#include <stdio.h>
main()
{  char *ps="This is a string pointer.";
   int n=10;
   ps=ps+n;
   printf("%s\n",ps);
}
```

程序运行结果为：

```
string pointer.
```

在程序中对 ps 初始化时，即把字符串首地址赋予 ps，当执行“ps=ps+10;”之后，ps 指向字符's'，因此输出为"string pointer."。

对于形如 char *p 的定义，p 既可指向字符数组或字符串常量，也可指向字符变量。如：

```
char c,*p=&c;              /* p 指向字符变量 c，*p 等价于 c */
char *s="C Language";      /* s 指向字符串"C Language" */
char s2[]="C Language";
p=s2;                      /* p 指向字符数组 s2 */
```

字符数组与字符型指针变量有以下几点异同：

（1）字符数组存放字符串时，是将每个字符和'\0'存到各个元素中；而在用字符型指针变量处理字符串时，存放的是地址，绝不是将整个字符串放到字符型指针变量中去。

（2）字符型数组名代表数组的起始地址，是常量，是不能赋值的；而字符型指针变量是变量，必须赋值才可使用，其值可以改变，使用灵活。例如：

```
char str[14],*ps;
str="This is a string array.";      /* 错误，数组名 str 是地址常量 */
ps="This is a string pointer.";     /* 正确，将字符串常量的首地址赋给 ps */
```

（3）在使用字符串指针时，虽然使用下标法访问字符比较方便，但要注意字符串常量不允许改变，而字符串数组是允许改变的。

例 9.11　用指针下标法改变字符串。

```
#include <stdio.h>
main()
{   char str[]="string array",*ps1="string pointer.",*ps2;
    ps2=str;
    ps2[0]='S',ps2[1]='T';  //改变数组元素 str[0]和 str[1]
    printf("%s\n",ps2);
    ps1[0]='S',ps1[1]='T';  //改变 ps1 所指向的字符串常量
    printf("%s\n",ps1);
}
```

程序编译连接没有问题（假定生成的可执行文件是 L9_11.exe），但运行时输出“STring array”之后弹出了一个对话框，提示“L9_11.exe 遇到问题需要关闭”，这就是改变 ps1 所指向的字符串常量造成的。常量，包含字符串常量在程序运行过程中是不允许改变的。

9.5　指针与函数

9.5.1　指针作为函数的参数

各种类型的指针变量及数组名均可作为函数参数，仍遵循单向的“值传递”，但传递的不是普通的数据，而是地址值。通过指针参数的传递，使形参和实参指向同一内存区域，因此在被调函数中通过形参指针可以改变实参指针所指向的数据。

1. 普通指针变量作为函数的参数

当形参为指针时，实参可以是指针变量或存储单元的地址值。

例 9.12　将输入的两个整数按大小顺序输出，要求用函数交换两个实参，并在主调函数中输出实参。

算法分析：如果函数原型写成"void swap(int x,int y)"，则交换的是形参，而不是实参。借助指针的特殊作用，可用指针作为参数，在函数中通过间接访问方式交换实参，达到排序的目的。

```
#include <stdio.h>
void swap(int *p1,int *p2)
{  int temp;
   temp=*p1;
   *p1=*p2;
   *p2=temp;
}
main()
{  int a,b;
   int *ps1,*ps2;
   scanf("%d,%d",&a,&b);
   ps1=&a;
   ps2=&b;
   if(a<b) swap(ps1,ps2);
   printf("%d,%d\n",a,b);
}
```

程序运行情况如下：

```
2,3↙
3,2
```

上述程序中，函数 swap 的作用是交换形参指针变量 p1 和 p2 所指变量的值。程序运行时，主函数调用函数 swap，将实参指针变量 ps1 和 ps2 的值传给 p1 和 p2，实现了实参和形参对应指向同一对象，即分别指向 a 和 b，如图 9.8 所示。

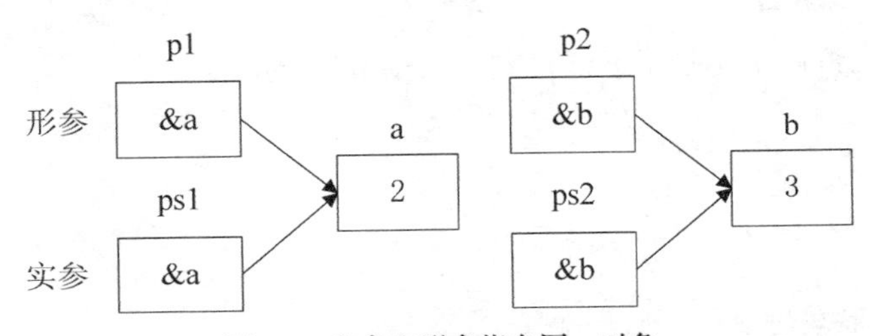

图 9.8　实参和形参指向同一对象

当满足条件 a<b 时，执行 swap 函数体，使*p1 和*p2 的值互换，也就是使 a 和 b 的值互换，如图 9.9 所示。因此，最后在 main 函数中输出的 a 和 b 的值是已经交换过的值。

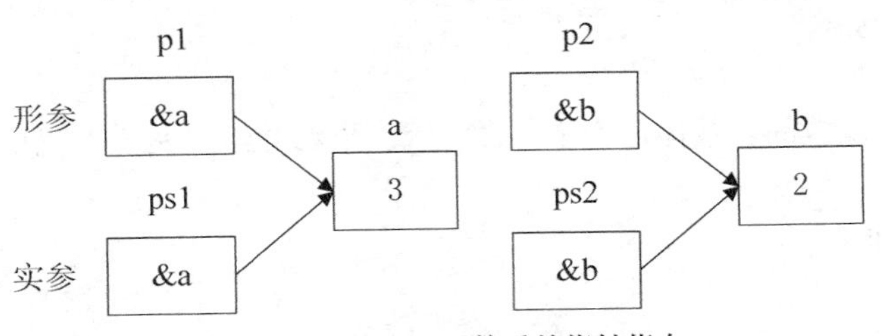

图 9.9　调用 swap 函数后的指针指向

请注意交换*p1 和*p2 的值是如何实现的，若将 swap 函数改写如下，则将出现问题：

```
void swap(int *p1,int *p2)
{  int *temp;
   *temp=*p1;       /*此语句有问题*/
   *p1=*p2;
   *p2=*temp;
}
```

因 temp 被定义为指针变量，所以在未对其赋值时，并无确定的地址值，其所指向的单元是不可预见的。所以，将*p1 赋予*temp，可能会破坏系统的正常工作状况。

注意，本例采取的方法是交换 p1 和 p2 所指向变量的值，而 p1 和 p2 的值未变，这恰好与例 9.2 相反。

2. 一维数组名作为函数的参数

第 7 章已介绍过，数组名作为函数的实参和形参时，传递的是数组的首地址，形参得到该地址后也指向同一数组，在函数中可通过形参访问该数组的元素。实际上，在编译时形参数组名被作为指针变量来处理，因此可直接使用指针变量来代替。另外实参也可改为指向数组的指针，这样，实参与形参可以有四种对应关系，如表 9.2 所示。

表 9.2　访问数组时实参与形参的对应关系

形　参	实　参
数组名	数组名
数组名	指针变量
指针变量	数组名
指针变量	指针变量

例 9.13　编写函数 scmp 完成字符串比较函数 strcmp 的功能。有下面两种方法。

方法一：形参是数组名

```
int scmp(char s1[],char s2[])          /*数组名作为形参*/
{  int i;
   for(i=0;s1[i]!='\0';i++)
      if(s1[i]!=s2[i]) break;
   return(s1[i]-s2[i]);
}
```

方法二：形参是指针变量

```
int scmp(char *s1,char *s2)            /*指针变量作为形参*/
{  for(;*s1!='\0';s1++,s2++)
      if(*s1!=*s2) break;
   return(*s1-*s2);
}
```

实际上，这两个函数的函数体可完全一样，因为形参数组名实质上就是指针变量，而指针变量形参也可带下标。

主函数可编写如下：

```
main()
{  char str1[90],str2[90];
```

```
  gets(str1);
  gets(str2);
  printf("%d\n",scmp(str1,str2));          /*数组名作为实参*/
}
```

主函数也可编写如下：

```
main()
{  char str1[90],str2[90],*p1,*p2;
   p1=str1;
   p2=str2;
   gets(p1);
   gets(p2);
   printf("%d\n",scmp(p1,p2));              /*指针变量作为实参*/
}
```

调用函数 scmp 时将实参 str1、str2 传给形参 s1、s2（实际上传送的是数组 str1、str2 的首地址），使实参和形参指向同一段内存，如图 9.10 所示。在函数中，可通过 s1、s2 用下标法或指针法访问数组 str1、str2 的任一个元素。

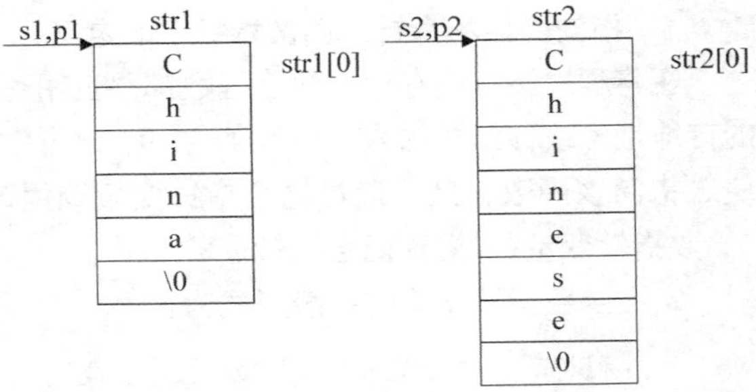

s1,p1 → str1: C h i n a \0 (str1[0])

s2,p2 → str2: C h i n e s e \0 (str2[0])

图 9.10　一维数组名作为函数的参数

程序运行情况如下：

```
China↙
Chinese↙
-4
```

3. 二维数组的指针作为函数参数

在二维数组的指针作为函数参数进行传递时，形参和实参既可使用指针变量，也可使用数组名。但应区分是行地址，还是列地址。

例 9.14　有三个学生，每人修四门课，计算全部学生四门课程的平均分，并输出某位学生的成绩。

```
#include <stdio.h>
void average(float *p,int n)          /*形参为 float 型指针变量（列地址）*/
{  float *p_end;
   float sum=0,aver;
   p_end=p+n-1;
   for(;p<=p_end;p++)
      sum=sum+(*p);
   aver=sum/n;
   printf("average=%5.2f\n",aver);
}
void search(float (*p)[4],int n)
/*形参 p 为指向含有 4 个 float 型元素的一维数组的指针变量（行地址），也可改成 p[][4]*/
{  int i;
   printf("the scores of No.%d are:\n",n);
   for(i=0;i<4;i++)
      printf("%5.2f ",*(*(p+n-1)+i));
}
main()
{  float score[3][4]={{80,48,90,76},{94,57,84,100},{50,80,73,62}};
   average(*score,12);        /*实参*score 为一维数组名，等价于 score[0]*/
   search(score,3);           /*实参 score 为二维数组名，3 代表第 3 个学生*/
}
```

程序运行结果为：

```
average=74.50
the scores of No.3 are:
50.00 80.00 73.00 62.00
```

在上面程序中，*score 等价于 score[0]，也等价于&score[0][0]。在调用函数 average 时，将*score 传给形参 p 后，使 p 指向 score[0][0]，然后通过 p++，使 p 不断指向后面的元素，实现整个二维数组元素的累加，最后求得总平均分。

score 是二维数组的名字，代表该数组第 0 行首地址。在调用函数 search 时，将 score 传给形参 p，使 p 指向二维数组 score 的首行 score[0]，然后通过*(*(p+n-1)+i)依次输出对应行各元素的值。

9.5.2 指向函数的指针（函数指针）

1. 指向函数的指针（函数指针）的定义

在将程序装入内存后，每个函数都要占用一段连续的内存区域，而函数名就是这段内存区域的首地址（或称函数的入口地址）。在 C 语言中，可以把某个函数的首地址赋给一个指针变量，使之指向该函数，然后通过这个指针变量调用该函数。习惯上把这种指向函数的指针变量称为“函数指针变量”，简称函数指针。

定义函数指针变量的一般形式为：

```
类型标识符 (*指针变量名)(类型标识符 1,类型标识符 2,…);
```

其中第一个“类型标识符”表示被指函数返回值的类型，圆括号内的类型标识符用以说明所指函数的参数个数和参数的类型，这些类型标识符应与所指函数参数的类型一一对应。如果所指函数没有形参，这一对圆括号也不可省略。例如：

```
int (*pf)(int,int *);
```

表示 pf 是一个指向函数的指针变量，所指向函数的返回值必须是整型，且具有两个参数，依次为整型和指向整型的指针。

用函数指针变量来调用函数的一般形式为：

```
(*指针变量名)(实参表)
```

例 9.15 用函数指针变量调用函数。

```
#include <stdio.h>
int max(int a,int b)
{  if(a>b) return a;
   else return b;
}
main()
{  int max(int a,int b);
   int (*pmax)(int,int);    /* pmax 是一个指针变量，指向返回值为整型的函数*/
   int x,y,z;
   pmax=max;                /* pmax 指向函数 max*/
   printf("input two numbers:\n");
   scanf("%d %d",&x,&y);
   z=(*pmax)(x,y);          /*调用 pmax 所指函数 max，返回一个整型值，赋给 z*/
   printf("maxnum=%d",z);
}
```

程序运行情况如下：

```
input two numbers:
3⊔5↙
maxnum=5
```

使用函数指针变量还应注意以下两点：

（1）函数指针变量不能进行算术运算，这是与数组指针变量不同的。数组指针变量加减一个整数可使指针移动，指向数组的其他元素，而函数指针的移动是毫无意义的。

（2）函数调用中“(*指针变量名)”两边的括号不可少，其中的“*”不应该理解为指针运算符，在此处它只是一种指示符号。

2. 函数指针作为函数参数

例 9.16　设计一个函数 arithmetic，通过调用该函数，对输入的两个数 a 和 b 依次求出其和、差、积。

```
#include <stdio.h>
main()
{  int add(int,int);                                        /*函数原型*/
   int sub(int,int);
   int mul(int,int);
   void arithmetic(int,int,int (*fun)(int,int));
   int a,b;
   printf("input a and b:");
   scanf("%d,%d",&a,&b);
   printf("sum="); arithmetic(a,b,add);                     /*函数名作为实参*/
   printf("difference="); arithmetic(a,b,sub);
   printf("product="); arithmetic(a,b,mul);
}
int add(int x,int y)
{  int z;
   z=x+y;
   return(z);
}
int sub(int x,int y)
{  int z;
   z=x-y;
   return(z);
}
int mul(int x,int y)
{  int z;
   z=x*y;
   return(z);
}
void arithmetic(int x,int y,int (*fun)(int,int))      /*函数指针作为形参*/
{  int result;
   result=(*fun)(x,y);
   printf("%d\n",result);
}
```

程序运行情况如下：

```
input a and b:3,5↙
sum=8
difference=-2
```

```
product=15
```

说明：函数 add、sub 和 mul 各有两个整型参数，分别用来实现求其参数的和、差与积的功能，返回值均为整型。在 main 函数中第一次调用函数 arithmetic 时，除了将实参 a 和 b 传递给形参 x、y，还将实参函数名 add（即函数入口地址）传送给形参 fun（fun 是函数指针变量）。此时，函数 arithmetic 中的(*fun)(x,y)相当于 add(x,y)，执行后可以输出 a 与 b 的和。在 main 函数第二次调用函数 arithmetic 时，改以函数名 sub 作实参，此时(*fun)(x,y)相当于 sub(x,y)。同理，第三次调用函数 arithmetic 时，(*fun)(x,y)相当于 mul(x,y)。

从例 9.16 可以清楚地看到，不论调用 add、sub 还是 mul，函数 arithmetic 无需做任何修改，只需在调用时改变实参函数名即可，增加了函数的灵活性。用这种方法可以编写出能够实现多种功能的通用函数。需要注意的是，在函数名作为实参时，应预先进行函数声明。否则，编译系统无法判断这种实参是变量名还是函数名。例如，main 函数中的函数原型说明了 add、sub、mul 是函数名（不是变量名），这样编译时才会将它们处理成函数入口地址，不致出错。

9.5.3 返回指针值的函数（指针函数）

1. 指针函数的定义

函数类型是指函数返回值的类型。在 C 语言中允许一个函数的返回值是一个指针（即地址），并把这种返回指针值的函数称为指针函数。

定义指针函数的一般形式为：

```
类型标识符 *函数名（形参表）
{
  ……            /*函数体*/
}
```

其中，函数名之前加了“*”，表明这是一个指针函数，即返回值是一个指针。类型标识符是返回的指针值的基类型。例如：

```
int *ap(int x,int y)
{
  ……          /*函数体*/
}
```

表示 ap 是一个指针函数，其返回的指针指向一个整型变量。

2. 指针函数的调用

指针函数的调用与普通函数的调用相同，只要注意其返回值是一个指针就可以了。

例 9.17 以下函数把两个形参中较大的那个数的地址作为函数值返回。

```
#include <stdio.h>
int *fun(int *,int *);                /*函数声明*/
main()
{  int *p,i,j;
   printf("Input two number:  ");
   scanf("%d %d",&i,&j);
   p=fun(&i,&j);                      /*调用函数 fun，返回地址值并赋给指针 p */
   printf("i=%d,j=%d,*p=%d\n",i,j,*p);
}
int *fun(int *a,int *b)               /*返回值为指针（地址值）*/
{  if(*a>*b) return a;
```

```
    return b;
}
```

程序运行情况如下：

```
Input two number:  23␣50↙
i=23,j=50,*p=50
```

程序运行时给 i、j 分别赋 23 和 50，结果函数返回存放较大数（50）的变量 b 的地址，使 p 指向变量 b；从而输出：i=23,j=50,*p=50。

应该注意的是：函数指针和指针函数在写法和意义上是有很大区别的。如 int (*p)()和 int *p()表示两种完全不同的含义。

int (*p)()是一个变量声明，表示 p 是一个指向函数入口地址的指针变量（函数指针），该函数的返回值是整型数据，“(*p)”两边的括号不能少。

int *p()则是函数声明，表示 p 是一个指针函数，其返回值是一个指向整型数据的指针，“*p”两边没有括号。作为函数声明，在括号内最好写入形式参数，没有形参时，写入 void，这样便于与变量声明区别。

9.6　指针数组和多级指针

9.6.1　指针数组的定义

若一个数组的元素值为指针，则称这个数组为指针数组。指针数组和前面介绍的普通数组性质一样，区别就在于指针数组的元素都是指针，而不是普通类型的数据。指针数组是一组有序的指针的集合，各指针均具有相同的基类型。由于二维和多维指针数组用得很少，这里只介绍一维指针数组。

定义指针数组的一般形式为：

```
类型标识符 *数组名[数组长度]
```

例如：int *pa[3];

它表示定义了一个指针数组 pa，它有三个数组元素，每个元素都是一个指向整型变量的指针。

例 9.18　指针数组举例。

```
#include <stdio.h>
main()
{  static int a[3][3]={1,2,3,4,5,6,7,8,9};
   int *pa[3]={a[0],a[1],a[2]};
   int *p=a[0];
   int i;
   for(i=0;i<3;i++)
      printf("%d,%d,%d\n",a[i][2-i],*a[i],*(*(a+i)+i));
   for(i=0;i<3;i++)
      printf("%d,%d,%d\n",*pa[i],p[i],*(p+i));
}
```

程序运行结果为：

```
3,1,1
5,4,5
7,7,9
```

```
1,1,1
4,2,2
7,3,3
```

例 9.18 中，pa 是一个指针数组，其三个元素分别指向静态二维数组 a 的三行。然后用循环语句输出指定的数组元素。其中*a[i]表示元素 a[i][0]的值；*(*(a+i)+i)表示元素 a[i][i]的值；*pa[i]表示元素 a[i][0]的值；由于 p 与 a[0]相同，故 p[i]表示元素 a[0][i]的值；*(p+i)也表示元素 a[0][i]的值。读者可仔细体会元素值的各种不同的表示方法。

另外，在有的 C 编译环境下，如果省略定义数组 a 时的关键字 static，则不能为指针数组 pa 进行初始化。但在 VC 环境下，可以省略。

应该注意，指针数组和指向二维数组的行指针变量有区别。二者虽然都可用来引用二维数组，但是其表示方法和意义是不同的。例如：

```
int (*p1)[3],*p2[3];
```

其中，p1 是指向整型二维数组的行指针变量，数组的每行都有三个整型元素；(*p1)的括号不可少。p2 是一个指针数组，其三个元素均为指针变量。对于 int a[3][3]，假定已进行如下赋值：

```
p1=a;  p2[0]=a[0];  p2[1]=a[1];  p2[2]=a[2];
```

则*(*(p1+i)+j)和*(p2[i]+j)均表示元素 a[i][j]。

9.6.2 指针数组与字符串

指针数组也常用来存储一组字符串，其每个元素被赋予一个字符串的首地址。指向字符串的指针数组的初始化比较简单，例如：

```
char *name[]={"Zhang","Wang","Li","Zhao","Wu"};
```

完成这个初始化赋值之后，name[0]即指向字符串"Zhang"，name[1]指向"Wang"……。

例 9.19 用“选择法”利用指针数组实现字符串的排序（按字母升序排列）。

```
#include <stdio.h>
#include "string.h"
main()
{  static char *name[]={"Zhang","Wang","Li","Zhao","Wu"};/*定义指针数组*/
   char *pt;
   int i,j,k;
   for(i=0;i<4;i++)
   {  k=i;
      for(j=i+1;j<5;j++)          /*比较指针数组各元素所指字符串的字母顺序*/
         if(strcmp(name[k],name[j])>0) k=j;
      if(k!=i)                    /*交换指针数组相应两元素的内容（地址）*/
      {  pt=name[i];
         name[i]=name[k];
         name[k]=pt;
      }
   }
   for(i=0;i<5;i++) printf("%s\n",name[i]);
}
```

程序运行结果为：

```
Li
Wang
Wu
Zhang
```

```
Zhao
```

如果用二维数组实现上述功能，在交换两个字符串时，要通过字符串复制函数才能完成。反复的交换将影响程序的执行效率，同时由于各字符串的长度不同，存储时必须以最长的为准，增大了空间开销。用指针数组处理则能很好地解决这些问题。把所有的字符串的首地址放在一个指针数组中，当需要交换两个字符串时，只需交换指针数组相应两元素的内容（字符串的首地址）即可，而不必交换字符串本身。

需要说明的是，在程序中对两个字符串的比较采用了库函数 strcmp，该函数允许参与比较的字符串以指针方式出现。name[k]和 name[j]均为指针，因此是合法的。

9.6.3 多级指针

如果一个指针变量存放的又是另一个指针变量的地址，则称这个指针变量为指向指针的指针变量，习惯上称为多级指针。例如：

```
int a,*p1,**p2;
p1=&a;    p2=&p1;
```

其中，p2 前面有两个“*”号,相当于*(*p2)，表示 p2 是一个指针变量，所指向的对象又是一个指向 int 型数据的指针变量。p1 是一级指针或称单级指针，p2 是二级指针或称双重指针。通过赋值，使 p1 指向 a，p2 指向 p1。当然，也可以定义三级或三级以上的指针，例如：

```
int ***p3,****p4;
```

对上面定义的 p2，如果执行下面的赋值语句：“p3=&p2；p4=&p3;”，则使 p3 指向 p2，p4 指向 p3。三级或三级以上的多级指针使用得很少。

前面已介绍过，通过指针访问变量称为间接访问。由单级指针进行的间接访问称为“单级间址”，由二级指针进行的间接访问称为“二级间址”。同理，有三级间址、四级间址等。

例 9.20 多级指针的引用。

```
#include <stdio.h>
main()
{  char *name[]={"Zhang","Wang","Li","Zhao","Wu"};
   char **p;                          /* p是多级指针 */
   int i;
   for(i=0;i<5;i++)
   {  p=name+i;
      printf("%c%c  ",**p,(*p)[1]);  /* 此句中的*p等价于name[i]  */
      printf("%s\n",*p);
   }
}
```

程序中，指针数组 name 的每一个元素都是一个指针变量，其值为字符串首地址。数组名 name 就是一个双重指针，指向 name[0]，而 name+i 是 name[i]的地址。指针变量 p 与数组名 name 类型相同，可以指向各个指针数组元素。当 p=name+i 时，p 指向 name[i]，即*p 等价于 name[i]。如图 9.11 所示。

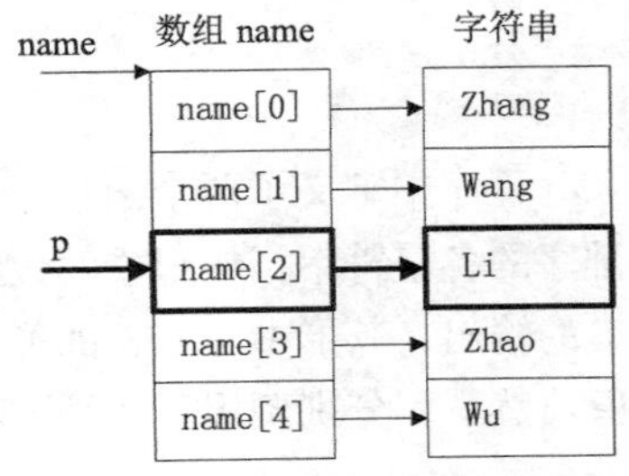

图 9.11 多级指针

例 9.20 程序运行结果为：

```
Zh  Zhang
Wa  Wang
```

```
Li  Li
Zh  Zhao
Wu  Wu
```

9.6.4 指针数组作为函数参数

指针数组在作为函数的参数时，传递的实际上是一个多级指针。

例 9.21 对五个姓氏按字母升序排列后输出。下面的程序将例 9.19 的排序代码改写成了一个函数，并使用另一个函数进行输出。

```
#include <stdio.h>
#include "string.h"
main()
{  void sort(char *name[],int n);
   void print(char *name[],int n);
   static char *name[]={"Zhang","Wang","Li","Zhao","Wu"};
   int n=5;
   sort(name,n);                          /*指针数组作实参*/
   print(name,n);                         /*指针数组作实参*/
}
void sort(char *name[],int n)             /*指针数组作形参*/
{  char *pt;
   int i,j,k;
   for(i=0;i<n-1;i++)
   {  k=i;
      for(j=i+1;j<n;j++)
         if(strcmp(name[k],name[j])>0) k=j;
      if(k!=i)
      {  pt=name[i];
         name[i]=name[k];
         name[k]=pt;
      }
   }
}
void print(char *name[],int n)            /*指针数组作形参*/
{  int i;
   for(i=0;i<n;i++) printf("%s\n",name[i]);
}
```

程序运行结果为：

```
Li
Wang
Wu
Zhang
Zhao
```

程序中定义了两个函数，一个函数为 sort，用来完成排序，其形参 name 为指针数组，即由待排序的各字符串指针组成的数组；形参 n 为字符串的个数。另一个函数为 print，用于排序后字符串的输出，其形参与 sort 的形参相同。主函数 main 中，定义了指针数组 name，并进行初始化赋值。然后，分别调用 sort 函数和 print 函数完成排序和输出。

9.6.5 带参 main 函数

前面使用的 main 函数都是不带参数的，因此 main 后的括号都是空括号。实际上，main 函数也可以带参数。C 语言规定 main 函数的参数只能有两个：第一个参数必须是整型变量；第二个参数必须是一个指针数组，其元素指向字符串。习惯上第一个参数写成 argc，第二个参数写成 argv，这两个参数可以认为是 main 函数的形式参数。因此，main 函数的首部可写为：

```
main(int argc,char *argv[])
```

由于 main 函数不能被其他函数调用,因此 main 函数的形式参数不可能在程序内部取得实际值。实际上，main 函数的参数值是从操作系统命令行上获得的。当要运行一个可执行文件（命令）时，在 DOS 提示符下键入文件名（命令名）及其他实际参数，即可把这些实参传给 main 函数的形参。

命令行的一般形式为：

参数 1(命令名) 参数 2 参数 3 …… 参数 n↙

应该特别注意，main 函数的两个形参和命令行中的参数在位置上不是一一对应的。因为 main 函数的形参只有两个，而命令行中的参数个数原则上未加限制。argc 参数表示命令行中参数的个数（注意：命令名本身也算一个参数），argc 的值是在输入命令行时由系统按实际参数的个数自动赋予初值的；而 argv 则是一个指针数组，数组中各元素分别指向命令行中的各个参数（包括命令名）。各参数之间用空格或 TAB 符隔开，空格不作为参数的内容。若要把空格也作为一个参数的内容，则应把该参数使用双引号引起来。

例 9.22　带参 main 函数。

```
#include <stdio.h>
main(int argc,char *argv[])
{  while(argc-->1)
      printf("%s\n",*++argv);
}
```

生成的可执行文件名假定为 L9_22.exe，且存放在驱动器 C 的根目录下，若输入的命令行（其中 C:\>为命令行提示符）为：

```
C:\>L9_22 ⊔ CHINA ⊔ USA ⊔ ENGLAND↙
```

则运行结果为：

```
CHINA
USA
ENGLAND
```

该命令行共有四个参数，调用 main 函数时，argc 的初值即为 4。argv 的四个元素分别为四个字符串的首地址。如图 9.12 所示。执行 while 语句，每循环一次，argc 值减 1，当 argc 等于 1 时停止循环，共循环三次，因此共输出三个参数。在 printf 函数中，由于输出项*++argv 是先加 1 后输出，故第一次输出的是 argv[1]所指的字符串“CHINA”，第二、三次循环分别输出最后两个字符串。这里并没有输出作为命令名的参数 L9_22，当然也可以输出，读者可稍微修改一下例 9.22，即可实现。操作系统提供的很多带参数的 DOS 命令就是这样实现的。

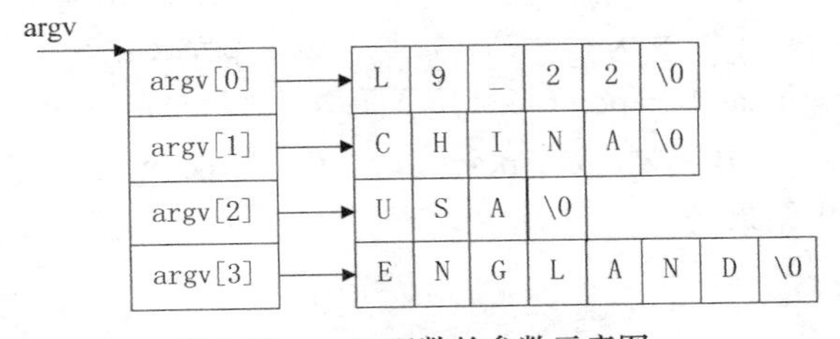

图 9.12　main 函数的参数示意图

本章小结

指针是 C 语言的精华，没掌握指针可以说就没掌握 C 语言。利用指针可以编写出高质量的程序，并且有时必须使用指针。指针是 C 语言中最难学习的部分，应该从指针基本概念、指针基本运算、指针与数组的关系、使用指针处理字符串、指针与函数的关系等方面来掌握本章内容。

指针变量是专门用来存放地址的，可以是普通变量、数组元素、字符串、函数等的地址，也可以是指针变量的地址。任何类型的指针只有被赋值后才能使用，未赋值的指针变量是不能使用的。指针变量可以赋值为 NULL，表示该指针变量不指向任何变量。

指针基本运算包括取变量地址、间接访问、指针加减整数（指针移动）、指针相减、关系运算（指针比较）等。在指针加减整数时并不是简单地加减一个整数，而是将该指针指向的变量所占用的内存字节数相加减。而两个指针的减运算和关系运算也只有在它们指向同一个数组中的元素时才有意义。

指针和数组有着密切的关系，一个数组名就是一个指针常量。可以使用下标法或指针法访问整个数组，在使用指针访问二维数组时，应注意行地址和列地址的区别。数组名作为参数时，传递的是地址。指针数组的元素都是指针，引用时实际上是一个多级指针，带参数的 main 函数就是字符指针数组的典型应用。

字符串在实际存储时使用字符数组的形式，应注意字符串结束标记及使用指针操作字符串的基本方法。

指针与函数的关系主要体现在：利用指针作为函数的参数可使主调函数和被调函数之间共享变量或数据结构，实现双向数据通信；函数返回值可以是指针类型；可通过函数指针调用所指向的函数。

与指针有关的各种定义及其意义如下：

```
int *p;        定义 p 为指向整型数据的指针变量；
int *p[n];     指针数组 p 由 n 个指向整型数据的指针元素组成，n 为常量，以下同；
int (*p)[n];   p 为指向整型二维数组行的指针变量，每行有 n 个元素；
int *p();      定义 p 为返回一个指针的函数，该指针指向整型数据；
int (*p)();    定义 p 为指向函数的指针，该函数返回一个整型值；
int **p;       定义 p 为一个多级指针变量，它指向一个指向整型数据的指针变量。
```

习　　题

1. 选择题

（1）若有定义：int x,*p;，则以下正确的赋值表达式是________。

A. p=&x　　B. p=x　　C. *p=&x　　D. *p=*x

（2）若有语句 int *point,a=4;和 point=&a;，下面均代表地址的一组选项是________。

A. a,point,*&a　　B. &*a,&a,*point　　C. *&point,*point,&a　　D. &a,&*point ,point

（3）以下程序的输出结果是________。

```
#include <stdio.h>
main()
```

```
{  int k=2,m=4,n=6;
   int *pk=&k,*pm=&m,*p;
   *(p=&n)=*pk*(*pm);
   printf("%d\n",n);
}
```

A. 4　　B. 6　　C. 8　　D. 10

（4）以下程序中若第一个 printf 语句输出的是 194，则第二个 printf 语句的输出结果是________。

```
#include <stdio.h>
main()
{  short int a[]={1,2,3,4,5,6,7,8,9,0},*p;
   p=a;
   printf("%x\n",p);
   printf("%x\n",p+9);
}
```

A. 212　　B. 204　　C. 1a4　　D. 1a6

（5）已知指针 p 的指向如图 9.13 所示，则执行语句*p++;后，*p 的值是________。

A. 20　　B. 30　　C. 21　　D. 31

a[0]	a[1]	a[2]	a[3]	a[4]
10	20	30	40	50
	p↑			

图 9.13　指针指向

（6）已知指针 p 的指向如图 9.13 所示，则表达式*++p 的值是________。

A. 20　　B. 30　　C. 21　　D. 31

（7）已知指针 p 的指向如图 9.13 所示，则表达式++*p 的值是________。

A. 20　　B. 30　　C. 21　　D. 31

（8）若有定义：int a[4][3],(*prt)[3]=a,*p=a[0];，则不能正确表示数组元素 a[1][2]的表达式是________。

A. *(*(prt+1)+2)　　B. *(p+5)　　C. (*(prt+1))[2]　　D. *((*prt+1)[2]

（9）以下选项中正确的语句组是________。

A. char s[];s="BOOK!";　　B. char *s;s={"BOOK!"};

C. char s[10];s="BOOK!";　　D. char *s;s="BOOK!";

（10）若有定义：int (*fprt)();，则标识符 fprt________。

A. 是一个指向一维数组的指针

B. 是一个指向 int 型变量的指针

C. 是一个指向函数的指针，该函数返回值为 int 型

D. 定义不正确

（11）以下程序的输出结果是________。

```
#include <stdio.h>
void sub(int x,int y,int *z)
{  *z=y-x;
```

```
}
main()
{  int a,b,c;
   sub(10,5,&a);  sub(7,a,&b);  sub(a,b,&c);
   printf("%d,%d,%d\n",a,b,c);
}
```

A. 5,2,3　　B. −5,−12,−7　　C. −5,−12,−17　　D. 5,−2,−7

（12）假定以下程序的可执行文件名为prg.exe，则在该程序所在的子目录下输入命令行："prg hello good↙"后，程序的输出结果是________。

```
#include <stdio.h>
void main(int argc, char *argv[])
{  int i;
   if(argc<0) return;
   for(i=1;i<argc;i++) printf("%c", *argv[i]);
}
```

A. hello good　　B. hg　　C. hel　　D. hellogood

2. 填空题

（1）指针变量是一种特殊的变量，是用来存放变量的________的。

（2）以下程序段的输出结果是________。

```
int *var,ab;
ab=100;   var=&ab;   ab=*var+10;
printf("%d\n",*var);
```

（3）若有定义：char ch;

① 使指针p可以指向变量ch的定义语句是________。

② 使指针p指向变量ch的赋值语句是________。

③ 通过指针p给变量ch读入字符的scanf函数调用语句是________。

④ 通过指针p给变量ch赋字符的语句是________。

⑤ 通过指针p输出ch中字符的printf函数调用语句是________。

（4）以下程序的输出结果是________。

```
#include <stdio.h>
main()
{  int arr[ ]={30,25,20,15,10,5},*p=arr;
   p++;
   printf("%d\n",*(p+3));
}
```

（5）执行以下程序后，a的值为________，b的值为________。

```
#include <stdio.h>
main()
{  int a, b, k=4, m=6, *p1=&k, *p2=&m;
   a=p1==&m;
   b=(*p1)/(*p2)+7;
   printf("a=%d\n",a);
   printf("b=%d\n",b);
}
```

（6）以下程序输出的结果是________。

```
#include <stdio.h>
main()
{  int i=3, j=2;
   char *a="dcba";
   printf("%c%c\n",a[i],a[j]);
}
```

（7）以下程序的输出结果是________。

```
#include <stdio.h>
char b[]="abcd";
main()
{  char *chp;
   for(chp=b; *chp; chp+=2) printf("%s",chp);
   printf("\n");
}
```

（8）以下程序的输出结果是________。

```
#include <stdio.h>
void ast(int x,int y,int *cp,int *dp)
{  *cp=x+y;
   *dp=x-y;
}
main()
{  int a,b,c,d;
   a=4;  b=3;
   ast(a,b,&c,&d);
   printf("%d %d\n",c,d);
}
```

（9）以下 fun 函数的功能是：累加数组元素的值。n 为数组中元素的个数，累加的和值放入 x 所指的存储单元中，请填空。

```
void fun(int b[ ],int n, int *x)
{  int k, r=0;
   for(k=0;k<n;k++) r=_______;
   *x=r;
}
```

（10）以下函数把 b 字符串连接到 a 字符串的后面，并返回 a 中新字符串的长度。请填空。

```
int strcon(char a[], char b[])
{  int num=0,n=0;
   while(*(a+num)!=_______) num++;
   while(b[n])
   {  *(a+num)=b[n];
      num++;
      _______
   }
   return(num);
}
```

（11）以下程序段意在通过函数指针 p 调用函数 fun，请在划线处写出定义变量 p 的语句。

```
void fun(int *x,int *y)
{   /* ......*/   }
main()
```

```
{ int a=10,b=20;
  ________/*定义变量 p */
  p=fun; p(&a,&b);
  /*......*/
}
```

（12）以下程序的输出结果是________。

```
#include <stdio.h>
main()
{   char *a[]={"abcd","ef","gh","ijk"};int i;
    for(i=0;i<4;i++) printf("%c",*a[i]);
}
```

3. 改错题 每个/******found*******/下面的语句中都有一处错误，将错误的地方改正。注意：不得增行或删行，也不得更改程序的结构。

（1）以下程序中函数 calc 的功能是对传送过来的两个实数求出和值与差值，并通过两个指针形参分别将这两个值传送回调用函数。

```
#include <stdio.h>
void calc(float x,float y,float *add,float *sub)
{ *add=x+y;
  /*********found*********/
  sub=x-y;
}
main()
{ float x,y,add,sub;
  printf("Enter x,y:");
  /*********found*********/
  scanf("%f%f",x,y);
  /*********found*********/
  calc(&x,&y,add,sub);
  printf("x+y=%f,x-y=%f\n",add,sub);
}
```

（2）下列给定程序中，函数 swap 的功能是：交换两个字符串。

```
#include <stdio.h>
#include <string.h>
main()
{ char str1[80],str2[80];
  void swap(char*p1,char*p2);
  printf("Input two line:\n");
  gets(str1);
  gets(str2);
  swap(str1,str2);
  printf("%s\n%s\n",str1,str2);
}
/*****found*****/
char swap (char *p1,char*p2)
{ char p[80];
  /*****found*****/
  strcpy(p,p1); strcpy(p2,p1); strcpy(p1,p);
}
```

（3）以下程序中函数 copystr 的功能是：将 p1 指向的字符串中从第 m 个字符开始的全部字符

复制到另一个字符串（由 p2 指向）。例如：p1="abcde12345"，m=5，则复制后，p2="e12345"。请改正程序中的错误，使它能得出正确的结果。

```
#include <stdio.h>
void copystr(char *p1,char *p2,int m)
{  /*********found*********/
   p1=p1+m;
   while(*p1!='\0')
   /*********found*********/
   {  *p1=*p2;
      p1++;       p2++;
   }
   /*********found*********/
   *p2="\0";
}
main()
{  int m;
   char str1[20],str2[20];
   printf("input string:");
   gets(str1);
   printf("which character that begin to copy?");
   scanf("%d",&m);
   if(strlen(str1)<m || m<=0)
      printf("input error!");
   else
   {  copystr(str1,str2,m);
      printf("result:%s",str2);
   }
}
```

（4）下列给定程序中函数 fun 的功能是：求出在字符串中最后一次出现的子字符串的地址，通过函数值返回，在主函数中输出从此地址开始的字符串；若未找到，则函数值为 NULL。

```
#include <stdio.h>
#include <string.h>
/******found******/
char *fun(char *str,char t)
{   char *p,*r,*s;
    /******found*****/
    s=NuLL;
    while(*str)
    {    p=str;
         r=t;
         while(*r)
         /*****found*****/
         if(r==p)
         {     r++;          p++;
         }else   break;
         if(*r=='\0')    s=str;
         str++;
    }
    return s;
}
main()
{
```

```
    char str[100],t[100],*p;
    printf("\nenter string:");
    scanf("%s",str);
    printf("\nenter substring:");
    scanf("%s",t);
    p=fun(str,t);
    if(p)  printf("\nthe result is:%s\n",p);
    else   printf("\nnot found!\n");
}
```

（5）下列给出程序中，函数 fun 的功能是：根据形参 n 的值（2≤n≤9），在 n 行 n 列的二维数组中存放如下所示的数据，由 main 函数输出。

例如，若输入 3，则输出：

```
1   2   3
2   4   6
3   6   9
#include <stdio.h>
#define N 10
int b[N][N]={0};
/******found*********/
void fun(int *b[N],int n)
{
  int j,k;
  for(j=0;j<n;j++)
    for(k=0;k<n;k++)
      /*******found*********/
      b[j][k]=k*j;
}
main()
{
  int i,j,n;
  printf(" Enter n:");
  scanf("%d",&n);
  fun(b,n);
  for(i=0;i<n;i++)
  {
    for(j=0;j<n;j++)
      printf("%4d",b[i][j]);
    printf("\n");
  }
}
```

4. **编程题**（要求用指针方法处理）

（1）有 n 个整数，使前面各数顺序向后移 m 个位置，最后 m 个数变成最前面 m 个数，如图 9.14 所示。编写一函数实现上述功能，在主函数中输入 n 个整数，并输出调整后的 n 个数。

n-m　m

图 9.14　编程（1）

（2）编写函数 mseek，完成以下功能：在若干个字符串中查找一个指定的字符串是否存在，如果存在，则返回 1，否则返回 0。

（3）编写函数 fun（char *str,int num[4]），完成以下功能：统计字符串 str 中包含的英文字母、空格、数字和其他字符的个数，并将统计结果保存于数组 num 中，即：

num[0]存储英文字母个数，num[1]存储空格个数，num[2]存储数字个数，num[3]存储其他字符个数。

（4）将一个 5×5 的矩阵中最大的元素放在中心，4 个角分别放 4 个最小的元素（按照从左到右，从上到下顺序依次从小到大存放），写一函数实现之，用 main 函数调用。

（5）有一个班 4 名学生，5 门课。①求第一门课的平均分；②找出有 2 门以上课程不及格的学生，输出他们的学号、全部课程成绩和平均成绩；③找出平均成绩在 90 分以上或全部课程成绩均在 85 分以上的学生。分别编写 3 个函数实现以上 3 个功能。

（6）编写一个通用函数 double sigma(double (*fn)(double),double l,double u)，分别求 $\sum_{x=0.1}^{1.0}\sin x$ 和 $\sum_{x=0.5}^{3.0}\cos x$ 的值（步长为 0.1，要求使用函数指针实现）。

（7）编写一程序，输入月份（1～12），输出对应的英文名称（要求使用指针函数实现）。

（8）在主函数中输入 10 个不等长的字符串，用另一函数对它们排序，然后在主函数中输出这 10 个已排好序的字符串（要求使用指针数组处理）。

（9）用多级指针对 5 个字符串排序并输出。

（10）在 main 函数中输入一篇英文文章存入字符串数组 xx 中；请编制函数 void StrOR(char xx[][80],int maxline)，其功能是：以行为单位依次把字符串中所有小写字母 o 左边的字符串内容移到该串的右边存放，然后把小写字母 o 删除，余下的字符串内容移到已处理字符串的左边存放，之后把已处理的字符串仍按行重新存入字符串数组 xx 中，最后在 main 函数中输出。原始数据文件存放的格式是：每行的宽度均小于 80 个字符，含标点符号和空格。

例如，原文：You can create an index on any field
　　　　　　you have the correct record
　　　结果：n any fieldYu can create an index
　　　　　　rdyu have the crrect rec

对每个字符串来说，先从后往前找最后一个小写字母 o，将该字母 o 后面的字符保存到一个字符串数组 temp 中；再将该字母 o 前面的字符追加到 temp（字母 o 不追加）；最后将 temp 复制到 xx[i]。

第 10 章 结构体、共用体及枚举类型

本章重点：

※ 结构体类型及变量

※ 结构体数组的使用

※ 指针和结构体

※ 共用体、枚举、用户自定义类型

本章难点：

※ 结构体指针变量的引用

※ 链表的建立、插入、删除、输出等操作

※ 共用体类型的数据特点

在实际应用中，通常会将相关的数据项组成一个有机的整体，但这些数据项往往具有不同的类型。例如，在学生登记表中，姓名应为字符型；学号可为整型或字符型；年龄应为整型；性别应为字符型；成绩可为整型或实型。显然不能用一个数组来存放这一组数据，因为数组中各元素的类型和长度都必须一致。为了解决这个问题，C 语言中给出了另一种构造数据类型——“结构（structure）”或叫“结构体”。本章主要介绍结构体类型的概念与使用、链表的简单操作、共用体、枚举和用户自定义类型等。

10.1 结构体变量的定义

10.1.1 结构体类型的定义

一个“结构体”类型由若干“成员”组成，每一个成员可以是一个基本数据类型或者是一个结构体类型。结构体类型是一种“构造”而成的数据类型，在使用之前必须先定义它，也就是构造它。

定义一个结构体类型的一般形式为：

```
struct 结构体名
{    类型标识符    成员名表 1;
     类型标识符    成员名表 2;
     ⋮              ⋮
     类型标识符    成员名表 n;
};
```

其中，struct 是关键字，“结构体名”和“成员名”都是用户定义的标识符，成员表是由逗号分隔

的类型相同的多个成员名。结构体中的成员名可以和程序中的其他变量同名，不同结构体中的成员也可以同名。在花括号后的分号是不可少的。

例如，可将日期定义为一个结构体：

```
struct date
{   int month;
    int day;
    int year;
};
```

该结构体由三个成员组成，均为整型。

在定义结构体类型时，应注意以下几点。

（1）成员类型可以是除本身结构体类型之外的任何已有类型，也可以是任何已有类型（包括本身类型在内）的指针类型。成员类型是结构体类型时，即构成嵌套的结构。例如，在定义学生信息结构体时，可使用已定义的 struct date 类型。

```
struct stu
{   int num;
    char name[20];
    char sex;
    int  age;
    float score;
    struct date birthday;
    };
```

该结构由 num、name、sex、age、score 和 birthday 等六个成员组成。

（2）当一个结构体类型定义在函数之外时，它具有全局作用域；若定义在任一对花括号之内，则具有局部作用域，其作用范围是所在花括号构成的块。

（3）结构体是一种复杂的数据类型，是数目固定、类型不同的若干成员的集合，结构体类型的定义只是列出了该结构的组成情况，编译系统并未因此而分配存储空间，当定义了结构体类型的变量或数组后，编译系统才会分配存储空间。

（4）成员名可以与程序中的变量名相同，二者不代表同一个对象。例如，程序中可以定义一个变量 num，它与 struct stu 中的 num 是两回事，互不干扰。

（5）如果两个结构体的成员类型、名称、个数相同，但结构体名不同，也是两个不同的结构类型。

10.1.2　结构体变量的定义

通常结构体变量定义有三种形式。

（1）先定义结构体类型，再定义结构体变量。例如：

```
struct stu
{    int   num;
     char  name[20];
     char  sex;
     int   age;
     float score;
     struct date birthday;
};
struct stu boy1,boy2;
```

变量 boy1 和 boy2 均为 struct stu 结构体类型，程序编译时为变量 boy1 和 boy2 各分配一段连续的内存区域，其大小可由sizeof计算。在Turbo C中，结构变量所占内存字节数是各成员所占字节总和，如boy1和boy2为45个字节（4+20+1+4+4+12=45）。但在VC 6.0中，为结构体变量分配内存空间时遵循“字节对齐”原则（详细内容请参阅相关资料），所分配字节数可能大于实际字节数，如为boy1和boy2各分配48个字节。

如果程序规模比较大，往往将结构体类型的定义集中放到一个以.h为扩展名的头文件中，哪个源文件需要用到此结构体类型，则可用include命令将该头文件包含到本文件中，这样做便于结构体类型的装配、修改及使用。

（2）在定义结构体类型的同时定义结构体变量。例如：

```
struct stu
{    int num;
     char name[20];
     char sex;
     int  age;
     float score;
     struct date birthday;
}boy1,boy2;
```

（3）直接定义结构体变量。例如：

```
struct
{    int num;
     char name[20];
     char sex;
     int age;
     float score;
     struct date birthday;
}boy1,boy2;
```

即定义结构体变量，但不出现结构体名。

10.2 结构体变量的引用和初始化

10.2.1 结构体变量的引用

在定义结构体变量后，就可以引用其成员了，引用结构体变量成员的一般形式为：

结构变量名.成员名

其中，点号“.”称为成员运算符，它在所有的运算符中优先级最高。例如，对前面定义的结构变量boy1和boy2，其成员的引用形式如下：

```
boy1.num          /* 第一个人的学号 */
boy2.sex          /* 第二个人的性别 */
```

当引用结构体变量时，应注意以下几点：

（1）不能将一个结构体变量作为一个整体进行输入输出。例如：

```
printf("%d,%s,%c,%d,%f",boy1);
```

该语句是错误的，应对结构体变量中的各个成员分别进行输入和输出，应改为：

```
printf("%d,%s,%c,%d,%f",boy1.num,boy1.name,boy1.sex,boy1.age,boy1.score);
```

（2）如果成员本身又是一个结构体类型，则要用若干个成员运算符逐级找到最低一级的成员才能引用。例如：boy1.birthday.month，而不能使用 boy1.birthday 来进行引用。

（3）对成员变量可以像普通变量一样进行各种运算。例如，sum=boy1.age+boy2.age，boy1.age++等，如果要给变量 boy1 赋予姓名，“boy1.name="Li Ping";”是错误的，应改为“strcpy(boy1.name, "Li Ping");”。两个类型相同的结构体变量（使用同一个结构体名定义）可以相互赋值，例如，boy1=boy2。

（4）可引用结构体变量成员的地址，也可引用结构体变量的地址。例如：

```
scanf("%d",&boy1.num);      /* 输入 boy1.num 的值 */
printf("%o",&boy1);         /* 输出 boy1 的地址   */
```

10.2.2　结构体变量的初始化

和其他类型的变量一样，对结构体变量可以在定义时指定初始值。

例 10.1　对结构变量初始化。

```
#include <stdio.h>
main()
{   struct stu
   {   int num;
       char name[20];
       char sex;
       int  age;
       float score;
   }boy2,boy1={102,"Zhang ping",'M',20,78.5};
   boy2=boy1;
   printf("Number:%d\nName:%s\n",boy2.num,boy2.name);
   printf("Sex:%c\nage:%d\nScore:%4.1f\n",boy2.sex,boy2.age,boy2.score);
}
```

程序运行结果如下：

```
Number:102
Name:Zhang ping
Sex:M
Age:20
Score:78.5
```

本例中，对结构体变量 boy1 作了初始化赋值，然后把 boy1 的值整体赋予 boy2，最后用 printf 函数输出 boy2 各成员的值。

10.3　结构体数组

10.3.1　结构体数组的定义

结构体数组的每一个元素都具有相同的结构体类型。在实际应用中，经常用结构体数组来表示具有相同数据结构的一个群体。如一个班的学生档案，一个车间职工的工资表等。

结构体数组的定义和结构体变量的定义相似，只需要说明它为数组类型。

例如：

```
struct stu
{   int num;
    char name[20];
    char sex;
    float score;
};
struct stu boy[5];
```

它定义了一个结构数组 boy，共有五个元素，boy[0]～boy[4]，其数组元素为 struct stu 结构体类型。在定义结构类型时也可以直接定义数组，例如：

```
struct stu
{   int num;
    ⋮
}boy[5];
```

或

```
struct
{   int num;
    ⋮
}boy[5];
```

10.3.2 结构体数组的初始化

与其他类型的数组一样，对结构体数组也可以进行初始化。例如：

```
struct stu
{    int num;
     char name[20];
     char sex;
     float score;
}boy[5]={
          {101,"Li ping",'M',45},
          {102,"Zhang ping",'M',62.5},
          {103,"He fang",'F',92.5},
          {104,"Cheng ling",'F',87},
          {105,"Wang ming",'M',58}
        };
```

定义数组时，元素个数可以不指定，例如可写成以下形式：

```
struct stu boy[]={{…},{…},{…},{…},{…}};
```

编译时，系统会根据给出初值的结构体常量的个数来确定数组元素的个数。一个结构体常量的数据包括结构体中全部成员的值。

10.3.3 结构体数组的引用

一个结构体数组的元素相当于一个结构体变量，引用结构体数组元素的一般形式为：

数组名[下标].成员名

例 10.2　计算学生的平均成绩和不及格的人数。

```
#include <stdio.h>
struct stu
{   int num;
```

```
    char name[20];
    char sex;
    float score;
}boy[5]={
        {101,"Li ping",'M',45},
        {102,"Zhang ping",'M',62.5},
        {103,"He fang",'F',92.5},
        {104,"Cheng ling",'F',87},
        {105,"Wang ming",'M',58}
       };
main()
{   int i,c=0;
    float ave,s=0;
    for(i=0;i<5;i++)
    {   s+=boy[i].score;
        if(boy[i].score<60) c+=1;
    }
    ave=s/5;
    printf("average=%f\ncount=%d\n",ave,c);
}
```

程序运行结果如下：

```
average=69.000000
count=2
```

本例程序中定义了一个结构体数组 boy，共五个元素，并作了初始化赋值。在 main 函数中用 for 语句逐个累加各元素的 score 成员值存于 s 之中，如果 score 的值小于 60（不及格），那么计数器 c 加 1，循环完毕后输出全班平均分及不及格人数。

10.4　结构体指针变量

10.4.1　指向结构体变量的指针

指向结构体变量的指针称为结构体指针变量（可简称为结构指针），其值为所指向的结构体变量的首地址。

定义结构体指针变量的一般形式为：

struct 结构体名 *结构体指针变量名

例如：

```
struct stu boy,*pstu;
```

它定义了结构体变量 boy 和结构体指针变量 pstu，通过赋值语句可使 pstu 指向 boy，即：

```
pstu=&boy;      /*将 boy 的地址赋给 pstu */
```

（1）结构体指针变量与普通指针变量的性质一样，赋值前不能使用。

（2）编译系统不给代表结构类型的结构体名分配空间，所以下面的用法是错误的。

```
pstu=&stu;
```

利用结构体指针可以访问结构体变量的各个成员，一般形式为：

```
结构体指针变量-> 成员名
```

其中，运算符“->”的优先级比较高，高于算术运算符、关系运算符、逻辑运算符等。例如：

```
++pstu->num    等价于 ++(pstu->num)
pstu->num>5    等价于(pstu->num)>5
```

利用结构体指针访问结构体变量的形式也可以表示为：

```
(*结构体指针变量).成员名
```

例如：

```
(*pstu).num
```

应该注意(*pstu)两侧的括号不可少，因为成员符“.”的优先级高于“*”，如果去掉括号写作*pstu.num 则等效于*(pstu.num)，这样意义就完全不对了。

因此，以下三种形式是等价的：

```
结构体变量名.成员名
(*结构体指针变量).成员名
结构体指针变量->成员名
```

例 10.3 结构指针变量的引用。

```
#include <stdio.h>
struct stu
{   int num;
    char name[20];
    char sex;
    float score;
}boy={102,"Zhang ping",'M',78.5},*pstu;
main()
{   pstu=&boy;
    printf("Number=%d\tName=%s\n",boy.num,boy.name);
    printf("Sex=%c\tScore=%f\n",boy.sex,boy.score);
    printf("Number=%d\tName=%s\n",(*pstu).num,(*pstu).name);
    printf("Sex=%c\tScore=%f\n",(*pstu).sex,(*pstu).score);
    printf("Number=%d\tName=%s\n",pstu->num,pstu->name);
    printf("Sex=%c\tScore=%f\n",pstu->sex,pstu->score);
}
```

程序运行结果如下：

```
Number=102      Name=Zhang ping
Sex=M   Score=78.500000
Number=102      Name=Zhang ping
Sex=M   Score=78.500000
Number=102      Name=Zhang ping
Sex=M   Score=78.500000
```

该程序定义了一个结构体类型 stu，定义了 stu 结构体类型变量 boy 并作了初始化赋值，还定义了一个指向 stu 结构体类型的指针变量 pstu。在 main 函数中，pstu 被赋予 boy 的地址，因此 pstu 指向 boy。然后，通过 printf 函数用三种形式输出 boy 的各个成员值。每个 printf 函数输出两个数据，以转义字符“\t”隔开，“\t”的作用是跳到下一个“制表位置”，在所用系统中一个“制表区”占 8

列。第一个 printf 函数先输出 Number=102，但已超过 8 列，占两个制表区，所以下面遇到“\t”时跳到第 3 个制表区，即从第 17 列输出 Name= Zhang ping；第二个 printf 函数先输出 Sex=M 不到 8 列，占一个制表区，然后遇到“\t”跳到第 2 个制表区，即从第 9 列输出 Score=78.500000。这就造成输出结果未对齐的现象。如想对齐，简单的方法是将输出 Sex=M 后面的一个“\t”改为两个“\t”。

10.4.2　指向结构体数组的指针

对于普通数组可以通过指针变量来访问，同样也可以通过结构体指针访问结构体数组。例如，如果把 10.3.2 定义的结构体数组 boy[5]的首地址赋给结构指针 pstu，即，

```
pstu=boy;
```

或

```
pstu=&boy[0];
```

则 pstu 就指向了该结构体数组的第一个元素 boy[0]。结构体指针 pstu 加 1 则指向下一个元素，这个“1”代表的字节数取决于它所指向的结构体数组类型的长度。

例 10.4　用指针变量输出结构体数组。

```
#include <stdio.h>
struct stu
{   int  num;
    char name[20];
    char sex;
    float score;
}boy[5]={
            {101,"Zhou ping",'M',45},
            {102,"Zhang ping",'M',62.5},
            {103,"Liu fang",'F',92.5},
            {104,"Cheng ling",'F',87},
            {105,"Wang ming",'M',58}
        };
main()
{  struct stu *ps;
   printf("No\tName\t\t\tSex\tScore\t\n");
   for(ps=boy;ps<boy+5;ps++)
    printf("%d\t%s\t\t%c\t%4.1f\t\n",ps->num,ps->name,ps->sex,ps->score);
}
```

程序运行结果如下：

```
No      Name                Sex     Score
101     Zhou ping           M       45.0
102     Zhang ping          M       62.5
103     Liu fang            F       92.5
104     Cheng ling          F       87.0
105     Wang ming           M       58.0
```

该程序定义了 stu 结构体类型的数组 boy，并作了初始化赋值。在 main 函数内定义 ps 为指向 stu 类型变量的指针。在 for 语句的表达式 1 中，ps 被赋予 boy 的首地址，每循环一次，ps 加 1，指向下一个元素，共循环五次，输出 boy 数组中各成员值。

假设 ps 的初值为 boy,即指向数组的第一个元素 boy[0]，注意下面运算的差别：

（1）(++ps)->num 先使 ps 自加 1，然后得到它指向的元素中的 num 成员值（即 102）；

（2）(ps++)->num 先得到 ps->num 的值（即 101），然后使 ps 自加 1，指向 boy[1]；

（3）++ps->num 等价于++(ps->num)先得到 ps->num 的值（即 101）,然后使得到的值自加 1，即 101+1=102。

10.5 结构体与函数

10.5.1 结构体变量作为函数参数

结构体变量的成员可作为函数的实参，用法和普通变量作实参一样。ANSI C 允许结构体变量作为函数参数，此时将结构体变量所占内存单元的内容全部顺序传递给形参。如果结构体的规模很大，这种值传递方式在空间和时间上的开销是很可观的。因此一般较少使用这种方法。

例 10.5 显示学生的基本信息。利用结构体变量作为函数参数编程。

```
#include <stdio.h>
#include <string.h>
struct stu
{   int num;
    char name[20];
    char sex;
    float score;
 };
main()
{   void list(struct stu student);
    struct stu student;
    student.num=101;
    strcpy(student.name, "Zhou ping");
    student.sex='M';
    student.score=45;
    list(student);
}
void list(struct stu student)
{   printf("Number=%d\tName=%s\n",student.num,student.name);
    printf("Sex=%c\t\tScore=%f\n",student.sex,student.score);
}
```

程序运行结果如下：

```
Number=101      Name=Zhou ping
Sex=M           Score=45.000000
```

struct stu 在主函数外部定义，这样源文件中的各个函数都可以用它来定义变量的类型。main 函数中的变量 student 定义为 struct stu 类型，list 函数中的形参 student 也定义为 struct stu 类型。在 main 函数中对 student 的各成员赋值。在调用 list 函数时以 student 为实参向形参 student 实行“值传递”。在 list 函数中输出结构体变量 student 各成员的值。

10.5.2 返回结构体类型数据的函数

函数的返回值可以是整型、实型或指针类型等。新的 C 标准允许函数返回一个结构体类型的值。

例 10.6 将例 10.5 输入数据部分用函数实现。

```
#include <stdio.h>
struct stu
{   int num;
    char name[20];
    char sex;
    float score;
 }student;
main()
{   void list(struct stu student);
    struct stu newstudent();
    student=newstudent();
    list(student);
}
void list(struct stu student)
{   printf("Number=%d\tName=%s\n",student.num,student.name);
    printf("Sex=%c\t\tScore=%f\n",student.sex,student.score);
}
struct stu newstudent()
{   struct stu newstu;
    scanf("%d",&newstu.num);
    gets(newstu.name);
    scanf("%c %f", &newstu.sex,&newstu.score);
    return newstu;
}
```

程序运行结果：

```
101Li ping↙
M 76↙
Number=101      Name=Li ping
Sex=M           Score=76.000000
```

10.5.3　结构体指针作为函数参数

结构体指针作为函数的参数时，传递的只是地址，从而减少结构变量作参数时引起的空间和时间上的开销。

例 10.7　将例 10.5 改为指针作函数参数。

```
#include <stdio.h>
#include <string.h>
struct stu
{   int  num;
    char name[20];
    char sex;
    float score;
 };
main()
{   void list(struct stu *student);
    struct stu student;
    student.num=101;
    strcpy(student.name, "Zhou ping");
    student.sex='M';
    student.score=45;
    list(&student);
}
void list(struct stu *p)
```

```
{   printf("Number=%d\tName=%s\n",p->num,p->name);
    printf("Sex=%c\t\tScore=%f\n",p->sex,p->score);
}
```

程序运行结果如下：

```
Number=101    Name=Zhou ping
Sex=M         Score=45.000000
```

在该程序中，list 函数的形参 p 是指向 struct stu 类型数据的指针变量。调用时，将结构体变量 student 的地址&student 传送给形参 p，这样 p 就指向 student。在 list 函数中输出 p 所指向的结构体变量的各个成员值，也就是 student 的成员值。

10.6　位段结构体

有些信息，在存储时并不需要占用一个完整的存储单元，只需占一个或几个二进制位。例如，在存放一个开关量时，只有 0 和 1 两种状态，用一位二进位即可。为了节省存储空间，并使处理简便，C 语言提供了称为“位段结构体”的数据类型。特别在嵌入式编程中，因为内存资源的稀缺，常用到位段；还有在网络通信中，对头信息部分的结构定义也常用到位段。

C 语言允许在一个结构体中以位为单位来指定其成员所占内存长度，这种以位为单位的成员称为“位段”或称“位域”（bit field）。

10.6.1　位段结构体类型及其变量的定义

位段结构体类型定义与结构体类型定义相仿，其形式为：

```
struct 位段结构体名
{   类型标识符 位域名 1：位域长度；
    类型标识符 位域名 2：位域长度；
          ⋮
    类型标识符 位域名 n：位域长度；
};
```

例如：

```
struct bs
{   int a:8;
    int b:2;
    int c:6;
};
```

位段结构体变量的定义与结构体变量定义方式相同，可采用先定义位段结构体类型再定义位段结构体变量；在定义位段结构体类型的同时定义位段结构体变量；或者直接定义位段结构体变量这三种方式。例如：

```
struct bs
{   int a:8;
    int b:2;
    int c:6;
}data;
```

定义 data 为 bs 类型变量，共占四个字节。其中位域 a 占 8 位，位域 b 占 2 位，位域 c 占 6 位。

关于位域有以下几点说明。

（1）位域成员的类型一般为 unsigned 或 int 类型，在 VC 中也可以为 char、short、long 等；位域长度为整型常量表达式。

（2）一个位域必须存储在同一个存储单元中，不能跨越两个单元。如一个单元所剩空间不够存放下一个位域时，则该空间不用，而从下一个单元起存放该位域。

（3）由于位域不允许跨两个存储单元，因此位域的长度不能大于存储单元的长度，同时也不能定义位域数组。

（4）通过使用空域可使下一个位域从下一个存储单元开始存放。

例如：

```
struct bs
{   unsigned a:4;
    unsigned :0;            /*空域*/
    unsigned b:4;           /*从下一单元开始存放*/
    unsigned c:4;
};
```

在这个位段结构体 bs 定义中，a 占第一个单元的 4 位，其他位填 0 表示不使用，b 从第二个单元开始，占用 4 位，c 占用 4 位。该位段结构体共 8 个字节。

（5）位域可以没有位域名，这时它只用来作填充或调整位置。无名的位域是不能使用的。例如：

```
struct k
{   int a:1;
    int  :2;                /*该 2 位不能使用*/
    int b:3;
    int c:2;
};
```

10.6.2　位域的引用

位域的引用和结构体成员的引用相同，其一般形式为：

位段结构体变量名.位域名

位域可以使用%d，%x，%u 和%o 等格式字符，以整数形式输出位域的值。

例 10.8　位域的引用。

```
#include <stdio.h>
main()
{   struct bs
    { unsigned a:1;
      unsigned b:3;
      unsigned c:4;
    }bit,*pbit;
    bit.a=1;
    bit.b=7;
    bit.c=15;
    printf("%d,%d,%d\n",bit.a,bit.b,bit.c);
    pbit=&bit;
    pbit->a=0;
    pbit->b&=3;
    pbit->c|=1;
```

```
    printf("%d,%d,%d\n",pbit->a,pbit->b,pbit->c);
}
```

程序运行结果如下：

```
1,7,15
0,3,15
```

该程序中定义了位段结构体 bs，包含三个位域 a、b 和 c。同时定义了 bs 类型的变量 bit 和指向 bs 类型的指针变量 pbit。程序给变量 bit 的三个位域 a、b、c 分别赋值 1、7、15，然后以整型格式输出。接着把变量 bit 的地址赋给指针变量 pbit，利用指针方式重新给位域 a、b、c 赋值，“pbit→>b&=3;”相当于“pbit→>b=pbit→>b&3;”（位域 b 与 3 进行按位与运算），“pbit→>c|=1;”相当于“pbit→> c=pbit→>c|1;”（位域 c 与 1 进行按位或运算），最后用指针方式输出了这三个位域的值。

10.7 链　　表

10.7.1 链表概述

在计算机中链表是常见的一种数据结构，它可以动态地进行内存分配。图 10.1 表示一种最简单的链表结构，它有一个“头指针（head）”指向第一个元素，即头指针中存放了第一个结点的地址。链表中每个元素称为一个结点，每个结点包括两个域：一个是数据域，用来存放用户的各种数据；另一个是指针域，用来指向下一个结点，即存放下一个结点的地址，图 10.1 所示的链表称为“单向链表”。由于最后一个结点不再指向下一个元素，因此指针域为 NULL（空指针）。本书只介绍单向链表，另外还有双向链表和循环链表等。

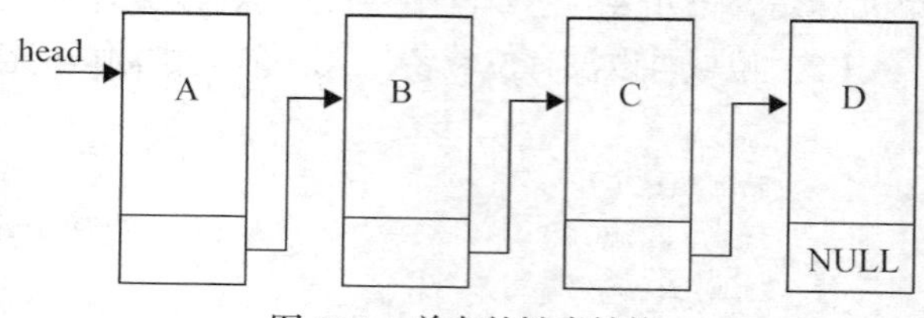

图 10.1　单向的链表结构

链表中各个结点在内存中不是连续存放的，要找到某一个结点必须首先找到前一个结点。如果不清楚第一个结点的地址，则将无法访问整个链表，如果链表中间断开，则断开结点后面的结点也无法被访问。

链表中每个结点都具有相同的数据类型，从组成来看，用结构体类型来做结点的数据类型最合适，例如：

```
struct stu
{  int  num;
   char name[20];
   struct stu *next;
};
```

其中成员 num 和 name 构成了数据域，成员 next 是指针域，指向 struct stu 类型数据。

10.7.2 内存动态管理

前面介绍的数组必须预先定义好，其长度是一个常量。C 语言中不允许定义动态数组类型，但是在实际的编程中，所需的内存空间往往取决于实际输入的数据，无法预先确定。对于这种问题，用数组的办法很难解决。为此，C 语言提供了一些内存管理函数，这些内存管理函数可以按需要动态地分配内存空间，也可把不再使用的空间回收待用，为有效地利用内存资源提供了保障。常用的内存管理函数有以下三个，使用时必须在程序开头包含头文件 stdlib.h 或 malloc.h。

（1）分配内存空间函数 malloc

函数原型为：

```
void *malloc(unsigned int size);
```

功能：在内存的动态存储区中分配一块长度为"size"字节的连续区域。如果分配成功，则函数的返回值为该区域的首地址。如果分配不成功（如内存空间不够），则返回空指针（NULL）。

malloc 函数返回值类型为 void *，该类型的指针变量具有一般性，可指向任何数据类型。用户也可以使用 void *定义指针变量。void 型指针与其他类型指针（如 float *）可以相互进行类型转换。在使用 malloc 函数返回值时，要将其强制类型转换成所需的类型。例如：

```
float *pc;
pc=(float *)malloc(5*sizeof(float));
```

它表示分配 20 个字节的内存区域，并强制转换为 float 型指针，然后赋予指针变量 pc。实际上，可理解为 pc 是一个一维 float 型数组的首地址，该数组包含 5 个元素。这样的数组是使用 malloc 函数动态生成的，可称为动态数组。

（2）分配内存空间函数 calloc

函数原型为：

```
void *calloc(unsigned n,unsigned size);
```

功能：在内存的动态存储区中分配 n 个长度为 size 的连续空间。如果分配成功，函数的返回值则为该区域的首地址，否则返回空指针（NULL）。利用该函数可以方便地实现动态数组，其中 n 为数组的大小，size 为每个数组元素所占用的内存空间。例如：

```
ps=(int *)calloc(5,sizeof(int));
```

它生成一个整型动态数组，数组大小为 5，其中的 sizeof（int）是求 int 型数据占用的内存空间大小。ps 为数组的首地址。

（3）释放内存空间函数 free

函数原型为：

```
void free(void * p);
```

功能：释放 p 所指向的一块内存区域，被释放的内存区域是 malloc 或 calloc 函数分配的。free 函数没有返回值。

例 10.9　动态数组的建立和使用。

```
#include <stdio.h>
#include <stdlib.h>
main()
{
    float *pf;
    int i,n;
    scanf("%d",&n);
    pf=(float *)malloc(n*sizeof(float));
    for(i=0;   i<n;  i++)
          pf[i]=1.1f*(i+1);      /* 由后缀 f 指定为 float 型常量*/
    for(i=0; i<n;   i++)
```

```
            printf("%f  ",pf[i]);
        printf("\n");
        free(pf);                       /*调用 free 函数时,会自动将指针 pf 的类型转换为 void 指针类型 */
    }
```

程序运行结果如下：

```
5↙
1.100000  2.200000  3.300000  4.400000  5.500000
```

在本例中，首先输入数组大小 n，然后分配 n*sizeof(float)个字节大小内存区域（内存空间分配函数也可以改为 calloc(n,sizeof(float)))，并把首地址赋予 pf，即 pf 为数组的首地址，接下来的一个循环为数组元素赋值，第二个循环输出各元素值，最后用 free 函数释放 pf 指向的内存空间。整个程序包含了申请内存空间、使用内存空间、释放内存空间三个步骤，实现存储空间的动态分配。

10.7.3 创建链表

建立链表指从无到有建立一个链表，即一个一个地开辟结点和输入各结点数据，并建立前后相链的关系，其算法如下：

（1）读取数据；

（2）生成新结点；

（3）将数据存入新结点；

（4）将新结点插入链表中。

重复上述步骤，直到输入结束。可以根据需要将新结点插入链表不同位置，如链表头、链表中间、链表尾等。下面的例子是将新结点插入链表尾部。

例 10.10 从键盘读入学生的信息，包括学号、成绩，当输入的学号为 0 时，表示建立链表结束。N-S 流程图如图 10.2 所示，结点类型定义及函数如下。

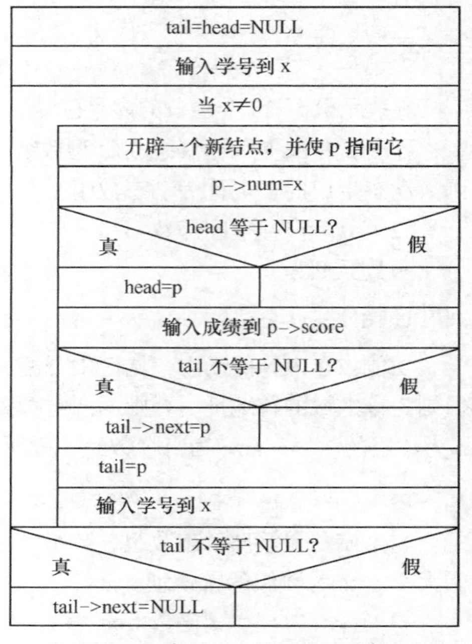

图 10.2 例 10.10 的 N-S 流程图

```
#include <stdio.h>
#include <malloc.h>
#define LEN sizeof(struct stu)/*LEN 为结构体类型 struct stu 的长度*/
struct stu
{   int num;
    float score;
    struct stu *next;
};
struct stu *creat()
{   struct stu *head;  /* 用于指向链表的第一个结点，即头指针 */
    struct stu *p;     /* 用于指向新生成的结点 */
    struct stu *tail;  /* 用于指向链表的最后一个结点 */
    int x;
    tail=head=NULL;
    scanf("%d",&x);
    while(x!=0)
    {   p=(struct stu *)malloc(LEN);
```

```
        p->num=x;
        if(head==NULL) head=p;
        scanf("%f",&p->score);
        if(tail!=NULL) tail->next=p;/*链表不空时，p 所指的新结点需插入链表尾*/
        tail=p;
        scanf("%d",&x);
    }
    if(tail!=NULL) tail->next=NULL;/*创建的链表非空时，最后一个结点的指针域要为 NULL*/
    return(head);
}
```

10.7.4　顺序访问链表中的结点

所谓“访问”就是对各结点的数据域中的值进行修改、运算、输出等。

例 10.11　编写函数，顺序输出链表中各结点数据域中的内容。顺序输出链表的算法比较简单，只需利用一个工作指针（p）从头到尾依次指向链表中的每个结点，当指针指向某个结点时，就输出该节点数据域中的内容，直到遇到链表结束标志为止。如果链表为空，就输出提示信息。

```
void list(struct stu *head)
{ struct stu *p;
  p=head;
  if(head!=NULL)
  {
    printf("The list records are:\n");
    do
    {  printf("%d\t%5.1f\n",p->num,p->score);
       p=p->next;  /* p 指针后移 */
    }while(p!=NULL);
  }else
    printf("The list is null");
}
```

调试这个函数时，要用到例 10.10 的代码，main 函数如下。

```
main()
{  struct stu *head;
   head=creat();
   list(head);
}
```

程序运行结果如下：

```
101 90↙
102 89↙
0↙
The list records are:
101    90.0
102    89.0
```

10.7.5　在链表中插入结点

链表的插入操作是指将一个结点插入一个已有链表中，因此，创建链表的过程也可以理解为将一个个结点插入空链表中。

例 10.12　编写函数，将一个结点插入一个链表中，要求链表按学号由小到大顺序排列。其算法过程如下：

（1）输入数据；

（2）生成新结点；

（3）将数据存入新结点；

（4）在链表中寻找第一个大于新结点学号的结点，分以下四种情况：

① 如果链表为空，直接插入新结点，即新结点为链表的唯一的结点。

② 查找成功，该结点为链表的第一个结点，将链表的头指针指向新结点，新结点的 next 域指向原来链表的第一个结点，即插到表头之前。

③ 查找成功，该结点不是链表的第一个结点，将新结点插入该结点之前，即插到表的中间。

④ 查找不成功，插入链表末尾的后面。

程序如下：

```
struct stu *insert(struct stu *head,struct stu *stud)
{   struct stu *p0;                   /* p0 指向要插入的新结点 */
    struct stu *p1;                   /* p1 指向链表中第一个学号大于新结点的学号的结点 */
    struct stu *p2;                   /* p2 指向 p1 的前驱结点，即 p2 的 next 域指向 p1 */
    p0=stud;
    p1=head;
    if(head==NULL)                    /* 情况①，原来的链表为空表 */
    {   head=p0;
        p0->next=NULL;
    }
    else
    {   while((p1!=NULL)&&(p0->num>=p1->num))
    /* 查找。两个条件的顺序不能对调，否则 p1 的值为 NULL 时，还要再访问 p1->num，将出现访问零地址的错误 */
        {   p2=p1;
            p1=p1->next;              /*  p1 指针后移一个结点  */
        }
        if(p1!=NULL)                  /* 与条件 p0->num<p1->num 一样 */
        {   if(head==p1) head=p0;     /* 情况② */
            else  p2->next=p0;        /* 情况③ */
            p0->next=p1;
        }
        else                          /* 情况④ */
        {   p2->next=p0;
            p0->next=NULL;
        }
    }
    return head;
}
main()   /* 该程序用到了例 10.11 的 list 函数 */
{   struct stu *newstu,*head;
    int num;
    head=NULL;
    scanf("%d",&num);
    while(num!=0)
    {   newstu=(struct stu *)malloc(sizeof(struct stu));
        newstu->num=num;
        scanf("%f",&newstu->score);
        head=insert(head,newstu);
        scanf("%d",&num);
```

```
    }
    list(head);
}
```

程序运行结果如下：

```
102 95↙       /* 情况① */
100 94↙       /* 情况② */
101 93↙       /* 情况③ */
103 99↙       /* 情况④ */
0↙
The list records are:
100 94.0
101 93.0
102 95.0
103 99.0
```

程序运行过程如下：

（1）初始情况下，链表为空，head=NULL;

（2）插入第一个学生，如图 10.3 所示，即情况①；

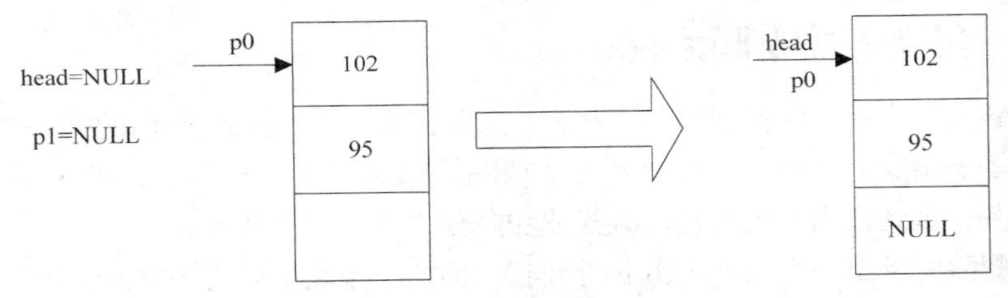

图 10.3　在空链表中插入一个结点

（3）插入第二个学生，如图 10.4 所示，即情况②；

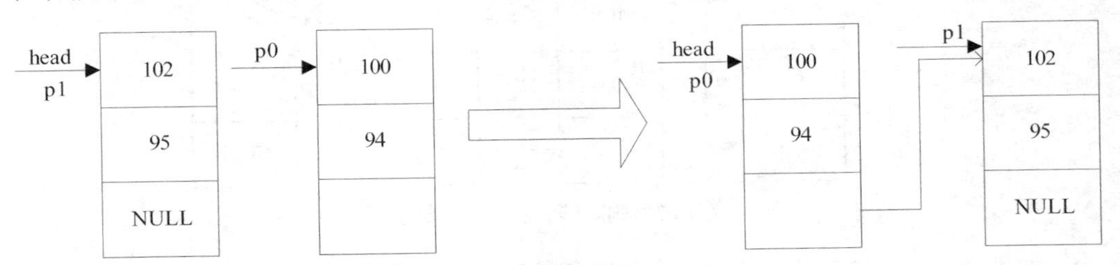

图 10.4　插入链表第一个结点前

（4）插入第三个学生，如图 10.5 所示，即情况③；

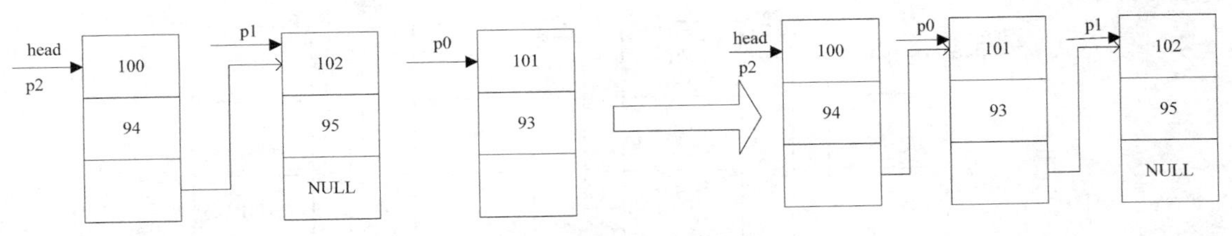

图 10.5　插入链表中间

（5）插入第四个学生，如图 10.6 所示，即情况④；

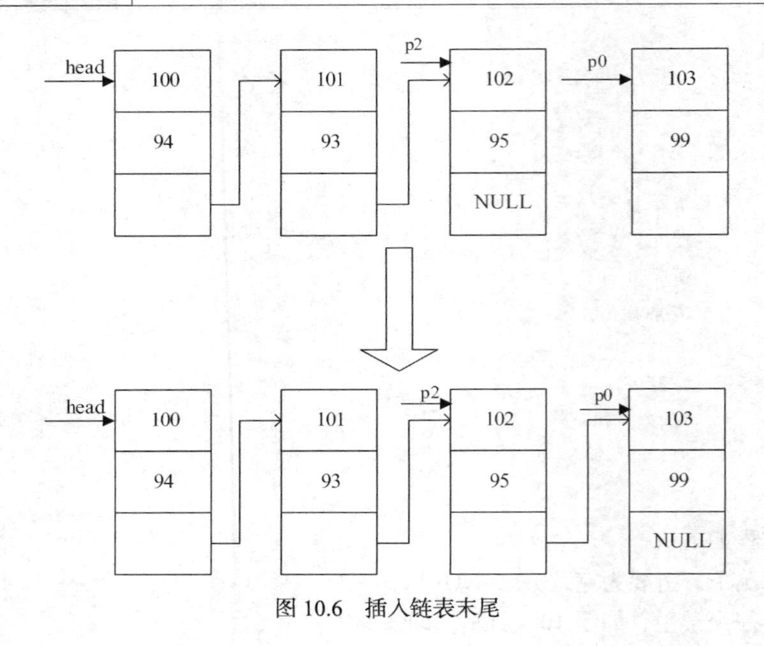

图 10.6 插入链表末尾

10.7.6 在链表中删除结点

从链表中删去一个结点的操作与插入相似，关键在于查找。从 p1 指向的第一个结点开始，检查其数据是否等于给定的关键字（如学号），如果相等就将该结点删除，否则 p1 后移一个结点，再如此进行下去，直到遇到表尾为止。查找成功时分为下面两种情况。

（1）如果删除的是第一个结点（由 p1 指向），例如，删除学号为 100 的学生结点，头指针指向第二个结点，操作为：head=p1->next，如图 10.7 所示。

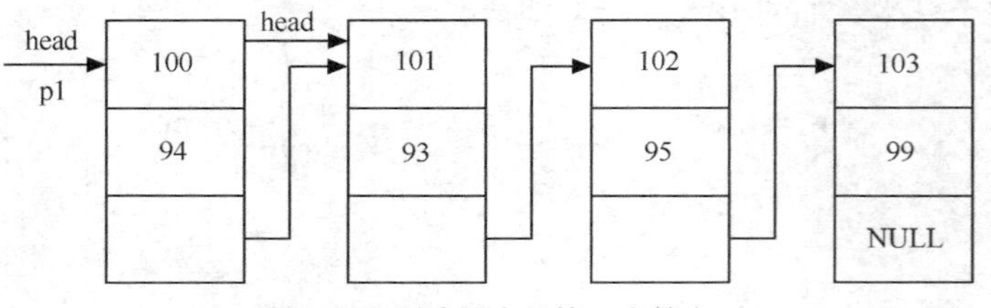

图 10.7 删除链表的第一个结点

（2）如果要删除的不是第一个结点，如删除学号为 102 的学生结点，即让学号为 101 的学生结点（由 p2 指向）的 next 指针域指向学号为 103 的学生结点，操作为：p2->next = p1->next，如图 10.8 所示。

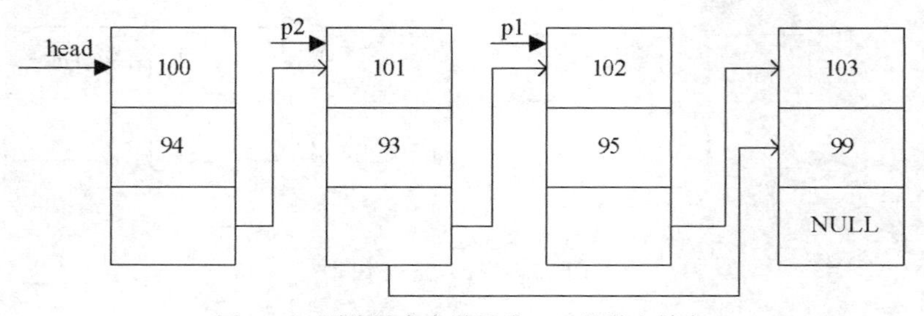

图 10.8 删除链表中学号为 102 的学生结点

上面的删除只是将要删除的结点从链表中分离出来，即撤销原来的链接关系，但并没有把它释放掉。最后必须使用 free 函数进行释放，否则被删除的结点所占存储空间将无法再分配。另外，删除结点时要考虑空表和找不到要删除结点的情况。

例 10.13　编写链表删除函数，根据输入的学号删除学生结点。

```
struct stu *del(struct stu *head,int num)
{   struct stu *p1;                                /*p1 指向要删除的结点*/
    struct stu *p2;                                /*p2 指向要删除的结点的前驱结点*/
    if(head==NULL)                                 /*空链表*/
      printf("The list is NULL\n");
    else
      {   p1=head;
          while(p1!=NULL&&p1->num!=num)
          {   p2=p1;p1=p1->next;}                  /* p1 后移一个结点  */
          if(p1->num==num)                         /* 找到了删除的结点 */
          {   if(p1==head) head=p1->next;          /* 删除第一个结点   */
              else p2->next=p1->next;              /* 删除中间结点     */
              printf("delete:%d\n",num);
              free(p1);
           }
          else printf("%d not been found!\n",num); /*没有找到结点*/
      }
    return(head);
}
main()
{   struct stu *newstu,*head;
    int num;
    head=NULL;
    /*开始建立链表*/
    scanf("%d",&num);
    while(num!=0)
    {    newstu=(struct stu *)malloc(sizeof(struct stu));
         newstu->num=num;
         scanf("%f",&newstu->score);
         head=insert(head,newstu);
         scanf("%d",&num);
    }
    /*建立链表结束*/
    list(head);                                    /*输出链表*/
    printf("please input the number for deletion:");
    scanf("%d",&num);
    head=del(head,num);                            /*删除链表中的结点*/
    list(head);                                    /*输出链表*/
}
```

程序运行结果如下：

```
102 95↙
100 94↙
101 93↙
103 99↙
0↙
```

```
The list records are:
100 94.0
101 93.0
102 95.0
103 99.0
please input the number for deletion: 102↙
delete:102
 The list records are:
100 94.0
101 93.0
103 99.0
```

10.8 共 用 体

10.8.1 共用体类型及其变量的定义

共用体类型及其变量的定义与结构体完全相同。共用体变量中的所有成员占用同一段内存空间，共用体又称为“联合体”，也是一种构造类型的数据结构。

共用体类型定义用关键字 union 标识，一般形式为：

```
union 共用体名
{  类型标识符    成员名表 1;
   类型标识符    成员名表 2;
      ⋮              ⋮
   类型标识符    成员名表 n;
};
```

其中，成员名表是以逗号分隔开的多个成员。成员可以是简单变量，也可以是数组、指针、结构体和共用体等。

例如，定义一个共用体类型，要求包含一个整型成员，一个字符型数组成员和一个实型成员：

```
union  data
{   int   i;
    char   s[6];
    float  f;
};
```

与结构体一样，共用体变量的定义有三种方式，即先定义共用体类型后定义共用体变量；同时定义共用体类型和变量；或直接定义共用体变量。

（1）先定义共用体类型后定义共用体变量。例如：

```
union  data
{   int   i;
    char   s[6];
    float  f;
};
union data a,b,c;
```

（2）同时定义共用体类型和变量。例如：

```
union  data
```

```
{   int   i;
    char   s[6];
    float  f;
}a,b,c;
```

（3）直接定义共用体变量。例如：

```
union
{   int   i;
    char   s[6];
    float  f;
}a,b,c;
```

说明：

（1）在定义共用体变量时只能对第一个成员进行初始化，如对上面定义的 a、b、c，初始化时只能赋予整型值。

（2）共用体变量的定义在形式上与结构体非常相似，但它们有本质的区别。结构体变量所占内存字节数至少是其成员所占字节数的总和，每个成员分别占有独立的存储空间；而共用体变量的各个成员共享一段内存空间，所以共用体变量所占的内存大小等于各个成员所占内存空间的最大值。例如，在 union data 类型中，成员字符型数组 s 占 6 个字节，比成员 i 和 f 都多，因此，共用体变量 a、b、c 分别占用 6 个字节的内存空间。

（3）由于共用体变量中的所有成员共享存储空间，因此变量中的所有成员的首地址相同，而且变量的地址也就是该变量成员的地址。例如，&a==&a.i==a.s==&a.f。

10.8.2　共用体变量的引用

共用体变量同结构体变量一样不能整体直接引用，只能引用共用体变量中的某个成员，引用共用体变量的成员方式有如下三种：

```
共用体变量名.成员名
共用体指针变量名->成员名
(*共用体指针变量名).成员名
```

例 10.14　共用体变量引用程序示例。

```
#include <stdio.h>
#include <string.h>
main()
{
  union
  {   char a[4];
      struct  bt
      {   char c1;
          char c2;
          char c3;
          char c4;
      }chs;
  }d;
  strcpy(d.a,"deab");
  printf("%c,%c\n",d.chs.c2, d.chs.c3);
}
```

因为共用体变量的地址和它的各个成员的地址相同，所以在上面程序中，d 的成员 a 和 chs 的首地址相同，即 a[0]、a[1]、a[2]和 a[3]的地址依次与 c1、c2、c3 和 c4 相同。程序运行结果如下：

```
e,a
```

C 语言最初引入共用体的目的之一是为了节省存储空间，另外一个目的则是可以将一种类型的数据不通过显式类型转换而作为另一种类型数据使用。

例 10.15 程序示例。

```
# include<stdio.h>
main()
{
  union
  {   char a;
      int b;
      long c;
   }uu;
   uu.c=0x12345678;
   printf("\n1:a=%x,b=%x,c=%lx",uu.a,uu.b,uu.c);
   uu.a=0x61;
   printf("\n2:a=%x,b=%x,c=%lx",uu.a,uu.b,uu.c);
   uu.b=0x1234;
   printf("\n3:a=%x,b=%x,c=%lx",uu.a,uu.b,uu.c);
}
```

程序运行结果如下：

```
1:a=78,b=12345678,c=12345678
2:a=61,b=12345661,c=12345661
3:a=34,b=1234,c=1234
```

当程序运行时，首先为 uu.c 赋值，整型数的低位数字存在内存的低字节，高位存在高字节，存储情况如图 10.9 所示，其中 k 为共用体变量的首地址。

k	k+1	k+2	k+3
78	56	34	12

图 10.9　整型数据存储示意图

在程序中第 1 次输出时，由于共用体变量的各个成员的首地址相同，因此 uu.a 对应 uu.c 的低字节，即 uu.a=0x78；uu.b 和 uu.c 占据的字节数一样，所以 uu.b=0x12345678。同理，可得到后面两次的输出结果。

另外，在引用共用体变量时，与结构体一样，新的 ANSI C 允许类型相同的共用体变量之间相互赋值；共用体变量也可作为函数的参数。

10.9 枚举类型

在实际问题中，有些数据的取值用有意义的名字表示更直观。例如，星期、月份用相应的英语单词来表示比用整型数据表示更能增加程序的可读性，并且它们的取值被限定在一个有限的范围内。为此，C 语言提供了一种称为“枚举”的类型。在枚举类型的定义中列举出所有可能的取值，被定义为“枚举”类型的变量取值不能超过定义的范围。应该注意，枚举类型是一种基本数据类型，而不是一种构造类型，因为它不能再分解为任何基本类型。

10.9.1 枚举类型和枚举变量的定义

枚举类型是一个采用标识符表示的整型常数的集合，其定义类似于结构体类型。

（1）枚举类型的定义

枚举类型定义的一般形式为：

```
enum 枚举名{ 枚举常量 1，枚举常量 2，…，枚举常量 n };
```

其中，enum 为关键字，表示枚举；枚举名是用户定义的标识符；枚举常量是用户定义的有意义的标识符。例如：

```
enum weekday{Sun,Mon,Tue,Wed,Thu,Fri,Sat}
```

该枚举名为 weekday，枚举值共有 7 个，即一周中的七天。凡被定义为 weekday 类型变量的取值只能是七天中的某一天。

（2）枚举变量的定义

与结构体和共用体一样，枚举变量的定义也有三种方式。现以定义 weekday 枚举类型变量 a、b、c 为例说明。

① 先定义枚举类型再定义枚举变量。

```
enum weekday{Sun,Mon,Tue,Wed,Thu,Fri,Sat};
enum weekday a,b,c;
```

② 同时定义枚举类型和枚举变量。

```
enum weekday{Sun,Mon,Tue,Wed,Thu,Fri,Sat}a,b,c;
```

③ 直接定义枚举变量。

```
enum {Sun,Mon,Tue,Wed,Thu,Fri,Sat}a,b,c;
```

10.9.2　枚举类型变量的赋值和使用

在使用枚举变量时，只能取其相应枚举类型所列出的枚举常量，例如：

```
enum { Sun,Mon,Tue,Wed,Thu,Fri,Sat}a,b,c;
a=Sun; /*正确*/
a=Sunday /*错误*/
```

枚举常量本身由系统定义了一个表示序号的数值，从 0 开始顺序定义为 0，1，2…。如在 weekday 中，Sun 值为 0，Mon 值为 1，…，Sat 值为 6。输出时应使用整型输出格式。

例 10.16　枚举类型变量赋值和使用程序示例。

```
#include <stdio.h>
main()
{   enum weekday{Sun,Mon,Tue,Wed,Thu,Fri,Sat}a,b,c;
    a=Sun;
    b=Mon;
    c=Tue;
    printf("%d,%d,%d",a,b,c);
}
```

程序运行结果如下：

```
0,1,2
```

（1）不能使用赋值语句对枚举常量标识符赋值。例如："Sun=5;"、"Mon=1;" 等都是错误的。

（2）只能把枚举常量值赋予枚举变量，不能把枚举常量所对应的序号直接赋予枚举变量。例如："a=0;"、"b=1;"是错误的。

若一定要把数值赋予枚举变量，则必须用强制类型转换。例如：

```
a=(enum weekday)2;
```

其意义是将顺序号为 2 的枚举常量赋给枚举变量 a，相当于：

```
a=Tue;
```

（3）枚举常量不是字符常量，也不是字符串常量，使用时不要加单、双引号。例如，赋值语句"a="Sun";"、"a='Sun';"都是错误的。

（4）枚举常量可以进行比较运算，由它们对应的整数参加比较。例如，"if(a==Mon)…"、"if(a>Sun)…"。

枚举值的比较规则是按其在定义时的顺序号进行比较，因此，Mon 大于 Sun，Sat 大于 Fri。

10.10 用 typedef 定义类型

C 语言不仅提供了丰富的数据类型，而且还允许用户使用 typedef 声明新的类型名来代替已有的类型名，也就是说允许由用户为数据类型取"别名"。例如，为 int 类型定义一个别名 INTEGER，形式如下：

```
typedef int INTEGER
```

这以后就可用 INTEGER 来代替 int 作整型变量的类型说明了。例如：

"INTEGER a,b;"等效于："int a,b;"

用 typedef 声明数组、指针、结构等类型将带来很大的方便，不仅使程序书写简单而且使意义更为明确，因而增强了可读性。例如：

```
typedef char NAME[20];
```

表示 NAME 是字符数组类型，数组长度为 20。然后可用 NAME 定义数组，如：

```
NAME a1,a2,s1,s2;
```

完全等效于：

```
char a1[20],a2[20],s1[20],s2[20]
```

又如：

```
typedef struct stu
{  char name[20];
   int age;
   char sex;
}STU;
```

声明 STU 为 stu 的结构体类型，然后可用 STU 来定义结构体变量：

```
STU body1,body2;
```

typedef 的作用范围取决于该语句所在的位置，如果它在一个函数的内部，那么其作用域是局部的，受限于某个函数；如果它在函数之外，那么其作用域是全局的。

有时也可用宏定义来代替 typedef 的功能，但是宏定义是由预处理完成的，而 typedef 则是在编译时完成的，后者更为灵活方便。

本章小结

结构体和共用体是两种构造类型数据，是用户定义新数据类型的重要手段。结构体和共用体有很多的相似之处，它们都由成员组成，成员可以具有不同的数据类型。可采用先定义类型再定义变量、同时定义类型和变量和直接定义变量三种方法定义结构体变量和共用体变量。同样可通过结构体（共用体）变量名.成员名、结构体（共用体）指针变量->成员名、(*结构体（共用体）指针变量).成员名三种形式引用结构体（共用体）成员。

在结构体中，各成员都占有自己的内存空间，它们是同时存在的。一个结构体变量的总长度等于所有成员长度之和。在共用体中，所有成员不能同时占用它的内存空间，它们不能同时存在，共用体变量的长度等于最长的成员的长度。

结构体变量可以作为函数参数，函数也可返回指向结构体的指针变量。而共用体变量不能作为函数参数，函数也不能返回共用体变量，但可以使用指向共用体变量的指针，也可使用共用体数组。

结构体定义允许嵌套，结构体中也可用共用体作为成员，形成结构体和共用体的嵌套。

位段结构体主要用于向一个存储单元的一个或几个二进制位赋值或改变它的值。位段结构体类型、变量的定义及引用方式同结构体类型、变量的定义方式相似。

链表是一种重要的数据结构，它适用实现动态的存储分配。本章主要介绍的是单向链表，此外还有双向链表、循环链表等。

“枚举”是指将变量的值一一列举出来，变量的值只限于列举出来的值的范围内。

用 typedef 定义的类型能增加程序的可读性，有利于可移植性。

习　　题

1. 选择题

（1）若有以下定义和语句，则选项中不正确的引用是________。

```
struct student
{  int age;
   int num;
};
struct student stu[3]={{1001,20},{1002,19},{1003,21}};
main()
{  struct student *p;
   P=stu;
   ⋮
}
```

A. (p++)->num　　B. p++　　C. (*p).num　　D. p=&stu.age

（2）以下程序的输出结果是________。

```
struct st
{   int x;
    int *y;
```

```
}*p;
int dt[4]={10,20,30,40};
struct st aa[4]={50,&dt[0],60,&dt[1],70,&dt[2],80,&dt[3]};
main()
{  p=aa;
   printf("%d ",++p->x);
   printf("%d ",(++p)->x);
   printf("%d\n",++(*p->y));
}
```

A. 10 20 20　　B. 50 60 21　　C. 51 60 21　　D. 60 70 31

（3）有以下程序：

```
#include <stdio.h>
#include <stdlib.h>
void fun(int **s,int p[2][3])
{    **s=p[1][1];    }
main()
{    int a[2][3]={1,3,5,7,9,11},*p;
     p=(int *)malloc(sizeof(int));
     fun(&p,a);
     printf("%d\n",*p);
}
```

程序的运行结果是________。

A.1　　B.7　　C.9　　D.11

（4）设有以下语句，则以下表达式的值为 6 的是________。

```
struct st
{  int n;
   struct st *next;
};
static struct st a[3]={5,&a[1],7,&a[2],9, '\0'},*p;
p=&a[0];
```

A. p++->n　　B. p->n++　　C. (*p).n++　　D. ++p->n

（5）设有以下说明：

```
struct packed
{   unsigned one:1;
    unsigned two:2;
    unsigned three:3;
    unsigned four:4;
}data;
```

则以下位段结构体数据的引用中不能得到正确数值的是________。

A. data.one=4　　B. data.two=3

C. data.three=2　　D. data.four=1

（6）若已经建立下面的链表结构，指针 p、q 分别指向图 10.10 所示结点，则不能将 q 所指的结点插入到链表末尾的一组语句是________。

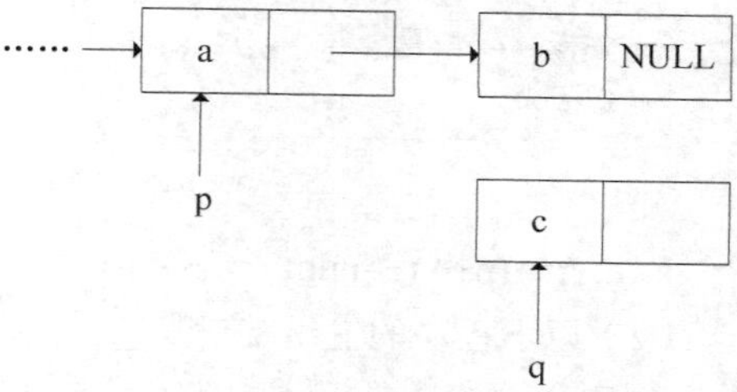

A. q->next=NULL; p=p->next; p->next=q;

B. p=p->next; q->next=p->next; p->next=q;

C. p=p->next; q->next=p; p->next=q;

图 10.10　习题（6）图

D.　p=(*p).next; (*q).next=(*p).next;(*p).next=q;

（7）以下程序的运行结果是________。

```
#include <stdio.h>
main()
{  struct date
   {   short int year,month,day;
   }today;
   union
   {   long a;
       short int b;
       char c;
   }m;
   printf("%d %d\n",sizeof(struct date),sizeof(m));
}
```

A.　6 4　　　　B.　8 5　　　　C.10 6　　　　D.12 7

（8）以下程序的正确运行结果为________。

```
#include <stdio.h>
main()
{  union
   {  short int a[2];
      long b;
      char c[4];
   }s;
   s.a[0]=0x39;
   s.a[1]=0x38;
   printf("%lx %c\n",s.b,s.c[0]);
}
```

A.　390038 39　　　B.　380039 9　　　C.　3938 38　　　D.　3839 8

2.　填空题

（1）以下程序用来按学生姓名查询其排名和平均成绩。查询可连续进行，直到键入 0 时结束，请在横线上填入正确内容。

```
#include <stdio.h>
#include <string.h>
#define NUM 4
struct student
{   int rank;
    char name[20];
    float score;
};
_______ stu[]={{3,"Tom",89.3},
               {4,"Mary",78.2},
               {1,"Jack",95.1},
               {2,"Jim",90.6}
               };
main()
{  char str[10];
   int i;
   do{  printf("Enter a name:");
        scanf("%s",str);
        if(strcmp(str,"0")==0) break;
        for(i=0;i<NUM;i++)
            if(_______)
             {  printf("name :%8s\n",stu[i].name);
```

```
                printf("rank :%3d\n",stu[i].rank);
                printf("average:%5.1f\n",stu[i].score);
                _______;
            }
        if(i>=NUM) printf("Not found\n");
    }while(1);
}
```

（2）结构体数组中存有三人的姓名和年龄，以下程序输出三人中最年长者的姓名和年龄，请在横线上填入正确内容。

```
static struct man
{   char name[20];
    int age;
}person[]={{"li-ming",18},{"wang-hua",19},{"zhang-ping",20}};
main()
{  struct man *p,*q;
   int old=0;
   for(_______;_______;p++)
     if(old<p->age)
     {   q=p;_______    }
   printf("%s%d",_______);
}
```

（3）以下函数的功能是统计链表中结点的个数，其中 head 为指向第一个结点的指针。请在横线上填入正确内容。

```
struct link
{   char data;
    struct link *next;
};
int count_node(struct link *head)
{    struct link *p;
     int c=0;
     p=head;
     while(_______)
     {    _______;
        p=_______;
     }
     return c;
}
```

（4）以下程序用以读入两个学生的情况存入结构体数组．每个学生的情况包括：姓名、学号、性别。若是男同学，则还登记视力正常与否（正常用 Y，不正常用 N）；对女生则还登记身高和体重。请在横线上填入正确的内容。

```
struct
{   char name[20];
    int number;
    char sex;
    union
    { char eye;
      struct
      {  int height;
         int weight;
      }f;
    }body;
}per[2];
main()
```

```
{ int i;
  for(i=0;i<2;i++)
  {  scanf("%s %d %c",&per[i].name,&per[i].number,&per[i].sex);
     if(per[i].sex=='m')
        scanf("%c",_______);
     else if(per[i].sex=='f')
        scanf("%d %d",_______,_______);
     else
        printf("input error\n");
  }
```

3. 编程题

（1）定义一个结构体变量（包括年、月、日）。计算该日在本年中是第几天？注意闰年问题。

（2）试利用结构体类型编制一程序，实现输入一个学生的语文、数学和英语成绩，然后计算并输出其平均成绩。

（3）试利用指向结构体的指针编制一程序，实现输入三个学生的学号、语文、数学和英语成绩，然后计算其平均成绩并输出成绩表。

（4）假定每个产品销售记录由产品代码 dm（字符型 4 位）、产品名称 mc（字符型 10 位）、单价 dj（整型）、数量 sl（整型）、金额 je（长整型）几部分组成。其中：金额=单价×数量。在 main 函数中输入若干个产品销售记录，并存入结构数组 sell 中。请编制函数 SortDat，其功能要求：按产品名称从小到大进行排列，若产品名称相同，则按金额从小到大进行排列，最终排列结果仍存入结构数组 sell 中。最后在 main 函数中输出结果。程序框架如下。

```
#define N 10
typedef struct
{
   char dm[5];     /*产品代码 */
   char mc[11];    /* 产品名称 */
   int dj;         /* 单价 */
   int sl;         /*  数量 */
   long je;        /* 金额*/
} PRO;
void SortDat(PRO sell[],int n)
{

}
void main()
{   PRO sell[N];
    输入数据
    SortDat(sell,N);
    输出结果
}
```

（5）利用 malloc 函数或 calloc 函数建立一个动态整型数组，存放由键盘输入的几个整数，然后按从小到大的顺序输出。

（6）编写程序，建立一个依学生的学号从小到大有序排列的链表。链表的节点中包括学号、姓名和年龄，最后输出该链表。

（7）有一个 unsigned long 型整数，现要分别将其前 2 个字节和后 2 个字节作为两个 unsigned short int 型整数输出，试编一函数 partition 实现上述要求。要求在主函数中输入该 long 型整数，在函数 partition 中输出结果。

第11章 文件

本章重点：

※ 文件的概念

※ 文件的打开和关闭函数

※ 几种文件读写函数的使用和区别

本章难点：

※ ASCII 文件和二进制文件

※ 顺序存取和随机存取

11.1 文件概述

11.1.1 文件的概念

在前面各章的阐述中，我们处理数据的过程一般都是从键盘输入数据，运行结果则输出到屏幕上。程序执行过程中的所有数据（程序的运行结果或中间数据）都暂时存放于内存中，不能永久保存。若能以文件的形式存储，不但可以永久保存，而且还可以在不同的时间和地点加以重复利用。

文件是程序设计中一个十分重要的概念。所谓文件（File），是指记录在外部介质上的数据集合。文件是由文件名来识别的。操作系统要访问存放在外部介质上的数据就必须先按文件名找到所指定的文件，再从该文件中读取数据。同样要向外部介质上存储数据就必须先建立一个文件，才能向它输出数据。

11.1.2 文件的分类

从不同的角度可对文件作不同的分类。从用户的角度看，文件可分为普通文件（磁盘文件）和设备文件（如键盘、显示器等）两种。普通文件是指驻留在磁盘或其他外部介质上的一个有序数据集，而按照文件保存的内容又可以分为程序文件和数据文件。程序文件保存的是程序，如源文件、目标文件、可执行程序等；数据文件保存的是数据，如生产报表等。程序文件的存取操作一般由系统完成，数据文件的存取往往由应用程序实现。设备文件是指与主机相联的各种标准设备，如显示器、打印机、键盘等。这时文件已变成了一个逻辑概念了。

从文件编码的方式来看，文件可分为 ASCII 文件和二进制文件两种，C 语言源程序是 ASCI 文件，C 程序的目标文件和可执行文件是二进制文件。ASCII 文件又称为文本文件，一般是直接可读的，其数据是以字符形式存放的，每一个字符用一个 ASCII 字符代码表示，并用一个字节存放。例如，float 类型数 3.141592，在内存中占四个字节，系统将它转换成 3、.（点号）、1、4、1、5、9、2 八个字符的 ASCII 码并依次存入文件，在文件中占八个字节。在使用 printf 函数进行输出时，就进行了这样的转换，只是在内部处理过程中指定了屏幕为输出文件。反之，当输入时，又把指定的一串字符按类型转换成数据并存入内存。例如，当调用 scanf 函数进行输入时，就进行了这种转换，只是在内部处理过程中，指定了键盘为输入文件。

当数据按二进制形式输出到文件中时，数据不经过任何转换，按计算机内的存储形式直接放到磁盘上。也就是说对于 char 型数据每个字符占一个字节，对于 short 型数据每个数据占两个字节，float 型数据占四个字节，其他依次类推。当从二进制文件中读入数据时，不必经过任何转换，直接将读入的数据存入变量所占内存空间。因为不存在转换的操作，从而提高了对文件输入输出的速度。注意：二进制数据不能直接输出到屏幕，也不能从键盘输入二进制数据。

在 C 语言中把文件当作一个字节流或二进制流，即把数据看作是一连串字节。C 语言对文件的存取以字节为单位。C 系统在处理这些文件时，并不区分类型，都看成是字符流，按字节进行处理。输入输出的数据流只由程序控制而不受物理符号（如回车换行符）的控制。所以，C 语言文件又称为流式文件，无论文件的内容是什么，一律看成是由字节构成的序列，即字节流。

第 3 章中已经介绍了 C 语言中数据输入输出的概念。把文件中的数据赋给程序中的变量的操作称为“输入”或“读”；把数据输出到文件中的操作称为“输出”或“写”。

C 语言中文件的存取方式分为顺序存取和随机存取。简单地说，顺序存取是从文件的头到尾的顺序进行读或写；随机存取是通过指定调用 C 语言的库函数去指定开始读或写的字节号，然后直接对此位置上的数据进行读或写操作。

一些 C 语言版本中，有两种对文件的处理方法，一种是“缓冲文件系统”，另一种是“非缓冲文件系统”。所谓“缓冲文件系统”指系统自动在内存为每一个正在使用的文件开辟一个缓冲区，对文件的读写操作实际上是对缓冲区进行的。缓冲文件系统是由 ANSI C 定义的，其执行方式如图 11.1 所示。当程序向磁盘文件写入数据时，先由程序将数据输出到输出缓冲区，每当输出缓冲区被填满后，就由操作系统一次性将输出缓冲区中的数据真正存入磁盘文件；当程序从文件读取数据时，先由操作系统从文件中输入一批数据到输入缓冲区，然后程序从输入缓冲区依次读取数据，当该缓冲区的数据读完后，系统再填入一批数据。这种方式使得读、写操作不必频繁地访问磁盘，从而提高了读、写操作的速度。缓冲区大小由系统确定，一般为磁盘的一个扇区大小，即 512 字节。

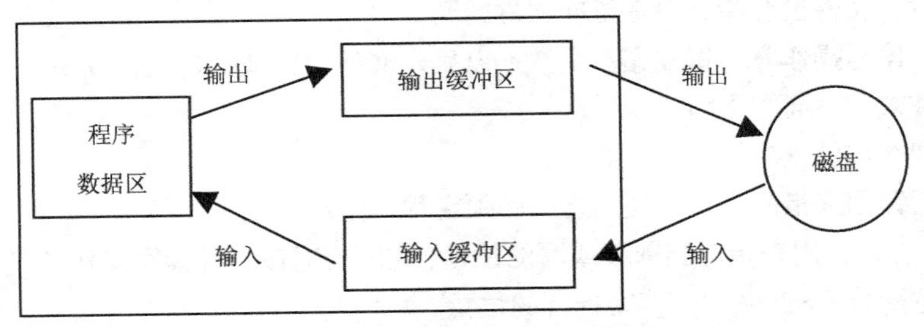

图 11.1 程序从磁盘文件中读写数据的过程

所谓“非缓冲文件系统”是系统不自动开辟大小确定的缓冲区，而由程序为每个文件设定缓冲区。即在非缓冲文件系统中，不由系统自动设置缓冲区，而由用户根据需要设置，程序员需要处理更多的细节。

非缓冲文件系统源于 UNIX 操作系统，该系统规定使用缓冲文件系统处理文本文件而使用非缓冲文件系统处理二进制文件。然而 ANSI C 并未规定要采用非缓冲文件系统，在 ANSI C 下，缓冲文件系统既可以处理文本文件，又可以处理二进制文件，这就扩充了缓冲文件系统的功能。本章我们只介绍缓冲文件系统。

11.2 文件类型指针和文件位置指针

11.2.1 文件类型指针

文件操作是通过文件指针来进行的。在缓冲文件系统中，文件类型指针是一个指向 FILE 类型结构的指针变量。在 stdio.h 头文件中定义了该结构类型，这个结构体中包含：缓冲区“满”或“空”的程度、文件状态标志、文件描述符、缓冲区的大小、数据缓冲区的位置、指针当前的指向等信息。缓冲文件系统按该结构类型为每一个文件在内存中开辟一个“文件信息区”，用来存放这些信息。编程时不必去了解其中的细节。定义文件指针变量的一般形式是：

```
FILE  *指针变量名;
```

例如：

```
FILE  *fp;
```

fp 是一个指针变量，指向文件信息区。通过 fp 即可找到存放某个文件信息的结构变量，然后通过结构变量提供的信息找到该文件，实施对文件的操作。习惯上也笼统地把 fp 称为指向一个文件的指针。只要使 fp 指向一个文件，我们就可以通过文件指针 fp 对缓冲文件系统中的各函数的使用和利用进行文件的读写操作。

切记当程序中对文件操作时，要首先定义文件指针变量。因为，要读写文件，必须借助于文件结构体，而使文件指针指向文件结构体后，才可以通过文件指针处理文件。

11.2.2 文件位置指针

每一个打开的文件中，都有一个文件位置指针（也称文件读写指针）。文件位置指针是一个形象化的概念，是用来标识被打开文件的读写位置的，即指向当前文件的读写位置。在使用 fopen 函数打开文件时，文件位置指针总是指向文件的开头。

当进行顺序读写操作时，每读完一个数据以后，文件位置指针自动移到下一个数据的位置，该指针随着文件被读写而在不断改变。

文件指针和文件位置指针的区别如下。

（1）文件指针用来指向文件，使用之前必须在程序中定义说明。

（2）文件位置指针用来指向当前读或写的位置，它随着对该文件读写操作的进行而不断移动，还可以通过定位函数 fseek 来改变读写指针的位置。

11.3 文件的打开和关闭

C 语言中要使用任何一个文件，必须要进行打开和关闭操作。所谓打开文件，实际上是建立文件的各种有关信息，并使文件指针指向该文件，以便进行其他操作。因此在使用文件之前必须打开文件，然后才可以对其中的信息进行存取。关闭文件则断开文件指针与文件之间的联系，也就是禁止再对该文件进行操作。

11.3.1　文件打开函数

在缓冲文件系统中，使用 fopen 函数打开文件，其调用格式为：

```
fopen(文件名，文件使用方式);
```

fopen 函数按使用方式要求，打开由参数“文件名”指定的文件，若打开成功，则返回指向该文件的 FILE 类型的文件指针，否则返回一个空指针值 NULL。

参数“文件名”是一个字符串常量或字符串数组，可以包含路径，如"e:\\test\\list.dat"，“\\”是转义字符，不能写成"e:\test\list.dat"，不包含路径时指当前目录下的文件，如"abc.txt"；参数“文件使用方式”也是一个字符串，用于指定文件的类型和操作要求，具体如表 11.1 所示。。

表 11.1　　文件使用方式

文本文件		二进制文件	
方　式	含　义	方　式	含　义
"r"	为只读打开一个文本文件	"rb"	为只读打开一个二进制文件
"w"	为只写创建一个文本文件	"wb"	为只写创建一个二进制文件
"a"	为追加打开一个文本文件	"ab"	为追加打开一个二进制文件
"r+"	为读写打开一个文本文件	"rb+"	为读写打开一个二进制文件
"w+"	为读写创建一个文本文件	"wb+"	为读写创建一个二进制文件
"a+"	为读写打开一个文本文件	"ab+"	为读写打开一个二进制文件

几点说明：

（1）“r” 表示以只读方式打开一个已经存在的文件，如果文件不存在，则会出错。打开后只能从该文件中读取数据。另外，若去读一个不允许读的文件时，也会出错。

（2）“w” 表示以只写方式创建一个新文件，创建后只能向该文件中写入数据，若文件名指定的文件已存在，它的内容将被删去（刷新）。

（3）“a” 表示以追加方式打开一个文件。如果指定的文件已存在，则保留原有数据，在文件尾部添加数据；如果文件不存在，则创建新文件。

（4）“b” 表示打开或创建的文件是二进制文件，此时将一个二进制流与相应文件联系；缺省字符 b 则表示是文本文件。

（5）“+” 表示打开或创建的文件既可输入数据，也可输出数据。使用 “r+” 或 “rb+” 方式时，指定的文件应当已经存在，这样才能向计算机输入数据。使用 “w+” 或 “wb+” 方式时，是指新建一个文件，先向该文件写入数据，然后读文件中的数据。使用 “a+” 或 “ab+” 方式时，是指文件的原有数据不被删去，可添加也可读取。

（6）fopen 函数返回 NULL 时，说明文件打开失败，失败原因可能是以 “r” 方式打开一个不存在的文件、磁盘出故障、磁盘已满无法新建文件等。为了增强程序的可靠性，建议对 fopen 函数的返回值进行检验，以判断文件是否正常打开。常用下面的程序段打开一个文件：

```
if((fp=fopen("file","r")) == NULL)
{
```

```
    printf("File can't opened.\n"); //打开失败时，输出提示信息
    exit(0);    /* 使用 exit 函数时，必须包含 stdlib.h */
}
```

上述代码中，函数 exit()的作用是关闭所有文件，结束程序执行，返回到操作系统。

（7）当程序开始运行时，系统将自动打开三个文件，这三个文件分别是标准输入文件、标准输出文件和标准出错文件，在 stdio.h 头文件中已进行说明，并规定它们相应的文件指针为 stdin、stdout、stderr。通常，stdin 与键盘连接、stdout 和 stderr 与终端屏幕连接。这些指针不能重新赋值，因为它们是常量，不是变量。

11.3.2 文件关闭函数

当文件不再使用时，应及时关闭它，特别是在程序结束之前。这样，一是节省系统资源，被打开的文件总是要耗费一定资源的；二是出于安全方面考虑，防止丢失数据，因为当向文件中写数据时，先将数据存入文件缓冲区，只有当缓冲区满时才把缓冲区中的数据真正写到磁盘上，如果数据未充满缓冲区而结束程序运行，就会将缓冲区中的数据丢失。而在写操作结束后，如果执行文件关闭函数，则系统先将文件缓冲区中的内容（不论缓冲区是含已满）都写入文件，然后使文件指针与文件脱离联系，这样就可以避免文件缓冲区里数据的丢失。

使用 fclose 函数关闭文件，其调用格式为：

```
fclose(文件指针);
```

其中，文件指针为某个用 fopen 函数打开的文件指针。

例如：fclose(fp);

说明：执行此关闭操作后，可以重新分配 fp 去指向其他文件。当 fclose 函数正常关闭时将返回 0 值，否则返回 EOF（EOF 是文件结束标志，在 stdio.h 中被定义为整型常量-1）。

程序运行结束后，将会关闭系统自动打开的三个文件。

例 11.1 打开二进制文件 abc，然后关闭，并判断文件是否关闭成功。

```
#include <stdio.h>
#include <stdlib.h>
main()
{
    FILE *fp;                          /*定义文件指针 fp*/
    int i;
    fp=fopen("abc","rb");              /*打开当前目录下名为 abc 的二进制文件，只读 */
    if(fp==NULL)                       /*判断文件是否打开成功*/
    {
       printf("file open error!"); /* 提示打开不成功，退出*/
       exit(0);
    }
    i=fclose(fp);                      /*关闭打开的文件*/
    if(i==0)                           /*判断文件是否关闭成功*/
      printf("file close ok!");        /*提示关闭成功*/
    else
```

```
        printf("File close error!");/*提示关闭不成功*/
    }
```

11.4　文件的读写

在正常打开了一个文件以后，就可以对它进行读或写的操作了。C 编译系统提供了丰富的文件读、写函数。常见的文件读写函数有 fgetc()、fputc()、fread()、fwrite()、fscanf()、fprintf()等。

11.4.1　读写一个字符的函数

1. 字符读函数 fgetc

这个函数可以从一个指定的以读或读写方式打开的文件上读字符，一般调用格式如下：

```
fgetc(fp);
```

其中，fp 是由 fopen 函数返回的文件指针，fgetc 函数读取 fp 所指文件的一个字符，若读取成功，返回该字符，若遇到文件尾时返回 EOF。

在顺序读取一个文本文件时，因为文件中的数据都是以字符的 ASCII 码值形式存放的，ASCII 值的范围是 0～255，不包含-1，因此可以用 EOF 作为文件结束标志。亦即，可使用如下方式判断文本文件是否结束。

```
while((c=fgetc(fp))!=EOF)
{   …   }
```

如果处理的是二进制文件，则不能使用上述方法。这是因为二进制文件中可能会出现-1 这样的值，所以不能用 EOF 作为文件结束标志，应使用 feof 函数进行判断。feof 函数调用格式是：

```
feof(fp)
```

功能：判断 fp 所指向的文件当前状态是否是“文件结束”，如文件结束，则返回值为非零，否则为 0。

顺序读取一个二进制文件中的数据时，可使用下面语句判断文件是否结束。

```
while(!feof(fp))
{   c=fgetc(fp);
    printf("%c",c);
      …
}
```

这种方法也适用于读 ASCII 文件。

2. 字符写函数 fputc

该函数可以将给定字符写到文件中去，一般调用格式如下：

```
fputc(c,fp);
```

其中，c 是要写的字符，可以是字符常量，也可以是字符变量；fp 是文件指针。该函数的作用是将字符 c 写到文件指针 fp 所指向的文件中。fputc 函数调用成功，就返回被输出的字符，否则返回 EOF。

3. 函数使用举例

例 11.2　从键盘输入一串字符，同时顺序地将它们存到磁盘文件上去。

```
#include <stdio.h>
```

```
#include <stdlib.h>
main()
{
        FILE *fp;
        char ch;
        if((fp=fopen("t.txt","w"))== NULL)   /*判断 t.txt 文件是否成功打开*/
        {   printf("can't open file!");
            exit(0);
         }
        ch=getchar();
        while(ch!='\n')                  /*若按下 Enter 键则循环结束*/
        {   fputc(ch, fp);
            ch=getchar();
        }                                /*向 t.txt 文件中写入字符*/
        fclose(fp);
}
```

运行程序，输入：

```
Are you ok ?
```

运行结果将这一行字符写到当前目录下的 t.txt 文件中。

例 11.3 任给一个 ASCII 码文件的名字，然后将文件中的内容显示到显示器上。

```
#include<stdio.h>
#include <stdlib.h>
main()
{
    FILE *fp;
    char c,filename[30];
    printf("Enter a file name:");
    scanf("%s",filename);
    if((fp=fopen(filename,"r"))==NULL)
    {  printf("File %s can't opened\n",filename);
       exit(0);
    }
   while((c=fgetc(fp))!=EOF)
     putchar(c);
   fclose(fp);
}
```

程序运行时，根据提示信息用户输入一个 ASCII 码文件的名字（可以包含路径），如例 11.2 创建的文件 t.txt，接着以读的方式打开给定的文本文件。如果打不开，则显示出错信息，并终止程序运行。如果正常打开，则通过 while 循环，用 fgetc 函数从打开的文件中逐个读出字符（顺序读取），并用函数 putchar 输出到显示器上，直到字符读完为止，最后关闭文件。

说明：fgetc 函数的调用形式和功能与 getc 函数完全相同，fputc 函数与 putc 函数完全相同。另外，第 3 章介绍的 getchar 和 putchar 函数是从 getc 和 putc 函数派生出来的，在 stdio.h 中有相关的宏定义：

```
#define getchar()   getc(stdin)
#define putchar(c)  putc((c),stdout)
```

11.4.2 块读写函数

1. 二进制文件读写

函数 fread 和 fwrite 用来对文件中的数据块进行读写操作，每调用一次就可以读或写一组数据。

（1）fread 函数

用于从指定文件中读出数据块，其一般调用格式是：

```
fread(buffer,size,count,fp);
```

其中，buffer 是一个内存区域的首地址；size 是每次读入的字节数；count 是要读入的次数；fp 是文件指针。

该函数的功能是：从 fp 指定的文件中读取 count 次，每次 size 个字节，存到 buffer 为首地址的内存区域中。

（2）fwrite 函数

用于向指定的文件中写入数据块，其一般调用格式是：

```
fwrite(buffer,size,count,fp);
```

其中，buffer 是要输出数据在内存中存放的首地址；size 是每次输出到文件中的字节数；count 是要输出的次数；fp 是文件指针。

该函数的功能是：从 buffer 为首地址的内存中取出 count 次数据块，每次 size 个字节，写入 fp 所指的磁盘文件中，如果函数调用成功，则返回实际写入的数据块个数。

例 11.4　将四个学生的学号及成绩，存到磁盘上并验证是否正确。

```
#include <stdio.h>
#include <stdlib.h>
#define N 4
main()
{   struct student     /*定义一个结构体类型*/
    {   char name[10];
        long int num;
        float score;
    };
    struct student a[N],s[N]={{"Zhao",20050102,83.5},{"Qian",20050103,92},
                              {"Sun",20050104,73.5},{"Li",20050106,87}};
     FILE *fp;
     int i;
   if((fp=fopen("t.dat","wb"))==NULL)
    {   printf("file creat error!\n");
        exit(0);
     }
    for(i=0;i<N;i++)
       fwrite(&s[i],sizeof(struct student),1,fp);
    fclose(fp);
    if((fp=fopen("t.dat","rb"))==NULL)
    {   printf("file open error!\n");
        exit(0);
    }
     for(i=0;i<N;i++)
     {   fread(&a[i],sizeof(struct student),1,fp);
         printf("\n%s,%ld,%f",a[i].name,a[i].num,a[i].score);
     }
     fclose(fp);
}
```

程序运行结果如下：

```
Zhao,20050102,83.500000
```

```
Qian,20050103,92.000000
Sun,20050104,73.500000
Li,20050106,87.000000
```

2. 格式化文件读写

函数 fscanf 和 fprintf 可以实现按指定格式读写文本文件。它们与函数 scanf 和 printf 的区别在于，前者是对磁盘文件进行读写，而后者是对标准输入输出设备（键盘或显示器）进行读写。

（1）fscanf 函数。用来实现按格式读文件，其一般调用格式是：

fscanf(文件指针，格式字符串，地址参数表列)；

例如：fscanf(fp，"%f，%d"，&a，&b);

如果 fp 所指的文件中有字符串“1.23，456”，则按照格式控制符将字符串“1.23”转换成浮点数送给变量 a，将“456”转换成整数送给变量 b。

（2）fprintf 函数。可以实现按格式写文件，其一般调用格式是：

fprintf(文件指针，格式字符串，输出项表列)；

例如：fprintf(fp，"%d，%.2f"，i，f)

它的作用是将整型变量 i 和实型变量 f 的值按“%d”和“%.2f”的格式输出到 fp 所指定的文件中。如果执行成功，则返回实际写入文件中的字符个数；如果出现错误，则返回负数。

（1）在写入和读出格式化数据时，用什么格式写入文件，就一定用相匹配的格式从文件读取，否则，读出的数据与格式控制符不一致，就造成数据出错。文件中数据之间的分隔符由读写格式决定，可以是逗号、空格、制表符、回车符等，与原来 scanf 函数一样。

（2）在使用 fscanf 函数的过程中，要把 ASCII 代码转换成二进制数据，然后再存储到内存中；而使用 fprintf 函数，数据输出时则又要将二进制数据转换成 ASCII 代码，花费时间比较多。所以，在内存与磁盘频繁交换数据的情况下，最好不用 fprintf 和 fscanf 函数，而用 fread 和 fwrite 函数。

例 11.5 下面程序生成文件 list.dat，以“单价　数量”格式存放某商场商品数据，其总金额存放在 list.dat 文件的最后一行。

```
#include<stdio.h>
main()
{
    FILE *fp;
    double total=0;
    float price,p[3]={12.3,45.6,78.9};  /*p为单价数组*/
    int i,num,n[3]={10,20,30};           /*n为数量数组*/
    fp=fopen("list.dat","w");
    for(i=0;i<3;i++)
      fprintf(fp,"%4.2f  %d\n",p[i],n[i]);
    fclose(fp);
    fp=fopen("list.dat","a+");
    while(!feof(fp))
    {
       fscanf(fp,"%f  %d\n",&price,&num);
       total+=price*num;
    }
    fprintf(fp,"%s %12.3f","total money:",total);
```

```
    fclose(fp);
}
```

运行结束后将生成一个名为 list.dat 的文件（可使用记事本查看），其内容如下：

```
12.30  10
45.60  20
78.90  30
total money:      3402.000
```

11.4.3　其他读写函数

1. 磁盘文件读写函数

函数 putw 和 getw 可以用来对磁盘文件读写一个字（整数）。例如：

```
putw(10,fp);
```

它的作用是将整数 10 输出到 fp 指向的文件。

```
i=getw(fp);
```

它的作用是从磁盘文件读一个整数到内存，赋给整型变量 i。

2. 文件字符串读写函数

（1）fgets 函数。该函数的功能是从指定的文件中读一个字符串到字符数组中，函数调用的一般格式为：

```
fgets(字符数组名，n，文件指针)；
```

其中，n 是一个正整数，表示从文件中读出的字符串不超过 n–1 个字符。在读入的最后一个字符后加上串结束标志'\0'。例如："fgets(str,n,fp);"的意思是从 fp 所指的文件中读出 n–1 个字符送入字符数组 str 中。

说明：

① 在读出 n–1 个字符之前，如遇到了换行符或 EOF，则读出结束。

② fgets 函数也有返回值，其返回值是字符数组的首地址。

（2）fputs 函数。该函数的功能是向指定的文件写入一个字符串，函数调用的一般格式为：

```
fputs(字符串，文件指针) ;
```

其中，字符串可以是字符串常量，也可以是字符数组名或字符指针变量。例如：

```
fputs("abc", fp);
```

其意义是把字符串"abc"写入 fp 所指的文件之中。

这两个函数类似前面介绍过的 gets 和 puts 函数，只是 fgets 和 fputs 函数以指定的文件作为读写对象。

11.5　文件的定位和出错检测

11.5.1　文件的定位函数

对文件的读写方式，前面介绍的都是顺序读写，即读写文件只能从头开始，顺序读写各个数据。但在 C 语言的实际应用中，常常进行随机存取，即直接读写文件中的某一个数据项，而不是按文件的物理顺序逐个地读写数据项。这种可以随意指定读写位置的文件操作，就需要移动文件的读写位置，称为随机读写。

在实际问题中，当遇到只读写文件中某一指定的部分时，就需要强制移动位置指针指向所需位置，通过使用 C 语言提供的相应的库函数来改变文件的读写位置，这种函数称为文件定位函数。

1. rewind 函数

该函数功能是将文件的读写指针移动到文件的开头。其调用方式如下：

```
rewind(fp);
```

执行完 rewind 函数后，以后的文件读写操作将从文件首部开始。

2. fseek 函数

该函数功能是将文件的读写指针移动到指定的位置上，接着的读或写操作将从此位置开始。其调用方式如下：

```
fseek(文件类型指针，偏移量，起始位置);
```

（1）“起始位置”包括“文件首”、“文件当前位置”、“文件尾”，它们分别用符号常量 SEEK_SET、SEEK_CUR、SEEK_END 来表示，这些符号常量是在 stdio.h 文件中定义的，如表 11.2 所示。

表 11.2　起始位置的表示方法及含义

标 识 符	数　字	代表的起始点
SEEK_SET	0	文件开始
SEEK_CUR	1	文件当前位置
SEEK_END	2	文件结尾

（2）“偏移量”是长整型数据，是相对于“起始位置”的字节数，即将文件位置指针从“起始位置”向后（文件尾部）或向前移动多少字节。偏移量是正整数时，位置指针从指定的起始点向文件尾部移动；偏移量是负整数时，位置指针从指定的起始点向文件首部移动。例如：

“fseek(fp,100L,0); ”文件读写指针向后移动到离文件首部 100 个字节的位置处。

“fseek(fp,100L,1); ”文件读写指针从当前读写位置开始向文件尾方向移动 100 个字节。

“fseek(fp, −100L,2);”文件读写指针向前移动到离文件尾部 100 个字节的位置处。

fseek 函数一般用于二进制文件，因为文本文件在进行读写操作时，要发生字符转换，不容易准确地计算出字节位置，往往会发生混乱。

fseek 函数的正常返回值是当前指针位置，异常返回值是−1。

3. ftell 函数

该函数功能是返回文件的当前读写位置，用相对于文件首部的偏移量（字节数）表示，其调用方式如下：

```
long int fpos;
 .
 .
 .
fpos=ftell(fp);
```

其中，fp 是文件类型指针；fpos 是长整型变量，它将存放文件的当前读写位置。如果出错，返回 −1L。

11.5.2　出错检测函数

文件在操作过程中可能因为程序及程序之外的原因导致出错，C 语言提供了以下两个函数进行处理。

1. ferror 函数

该函数功能是检查文件在用各种输入输出函数进行读写时是否出错。其一般调用格式如下：

```
ferror(fp);
```

如果返回值为 0，表示文件没有出错；而返回非零值表示出错。需要注意，对同一个文件每次调用输入输出函数，均产生一个新的 ferror 函数值。在执行 fopen 函数调用后，ferror 函数的初始值自动置为 0。

2. clearerr 函数

该函数功能是把 fp 指向的文件出错标记重新置为 0，同时将文件的结束标志置为 0。其一般调用格式如下：

```
clearerr(fp);
```

如果调用一个输入输出函数出现错误时，ferror 函数值为一个非零值。调用 clearerr(fp)后，ferror(fp)的值就变成了 0。

本章小结

文件及其操作在程序设计中非常重要，合理地使用可以大大扩展程序的应用范畴和功能。本章主要叙述在缓冲文件系统中文件的相关操作，主要内容如下。

C 语言系统把文件当作一个“流”，按字节进行处理。

磁盘文件可以分为文本文件和二进制文件两种存储方式，每个磁盘文件都有一个文件结束符标记文件结束位置。

无论是文本文件还是二进制文件，在访问它们之前都要先打开文件，然后才能访问该文件，对文件操作结束后，再关闭该文件。

对文件的访问操作包括输入和输出两种操作，输入操作是指从外部文件向内存变量输入数据．输出操作是指把内存变量或表达式的值写入到外部文件中。

文件基本操作函数包括：fopen()、fclose()、fputc()、fgetc()、fgets()、fputs()、getw()、putw()、fread()、fwrite()、fscanf()、fprintf()、rewind()、fseek()、ftell()等。

文件可按只读、只写、读写、追加四种操作方式打开，同时还必须指定文件的类型是二进制文件还是文本文件。有些文件可按字节，字符串，数据块为单位读写，有些文件可按指定的格式进行读写。

文件内部的位置指针可指示当前的读写位置，移动该指针可以对文件实现随机读写。

通过学习，读者应能全面掌握以上内容，结合前几章所学的各种算法，就能熟练地解决各种文件类型的题目。

习　题

1. 选择题

（1）C语言可以处理的文件类型是________。

A. 文本文件和数据文件　　B. 文本文件和二进制文件

C. 数据文件和二进制文件　　D. 以上答案都不完全

（2）对文件操作的一般步骤是________。

A. 打开文件→操作文件→关闭文件　　B. 操作文件→修改文件→关闭文件

C. 读写文件→打开文件→关闭文件　　D. 读文件→写文件→关闭文件

（3）要打开一个已存在的非空二进制文件“file”用于随机读写，正确的语句是________。

A. fp=fopen("file","rb");　　B. fp=fopen("file","rb+");

C. fp=fopen("file","wb");　　D. fp=fopen("file","wb+");

（4）当顺利执行了文件关闭操作时，fclose函数的返回值是________。

A. –1　　B. TRUE　　C. 0　　D. 1

（5）标准库函数fgets(s,n,f)的功能是________。

A. 从文件f中读取长度为n的字符串存入指针s所指的内存

B. 从文件f中读取长度不超过n–1的字符串存入指针s所指的内存

C. 从文件f中读取n个字符串存入指针s所指的内存

D. 从文件f中读取n–1个字符串存入指针s所指的内存

（6）对fp所指文件，若已读到文件结束，则库函数feof(fp)的返回值是________。

A. EOF　　B. 0　　C. 非零值　　D. NULL

（7）若调用fputc函数输出字符成功，则其返回值是________。

A. EOF　　B. 1　　C. 0　　D. 输出的字符

（8）设有int a[5];，且已知fp是指向某个已打开的磁盘文件的文件指针，则下面函数调用语句中不正确的是________。

A. fread (a,sizeof(int),5,fp);　　B. fread(&a[0],5*sizeof(int),1,fp);

C. fread (a[0],sizeof(int),5,fp);　　D. fread(a,5*sizeof(int),1,fp);

（9）设有以下结构类型：

```
struct st
{  char name[8];
   int num;
   float s[4];
}student[50];
```

假设结构数组student中的元素都已有值，若要将这些元素写到磁盘文件fp中，以下错误的形式是________。

A. fwrite(student,sizeof(struct st),50,fp);

B. fwrite(student,50*sizeof(struct st),1,fp);

C. fwrite(student,25*sizefo(struct st),25,fp);

D. for(i=0;i<50;i++)

```
        fwrite(&student[i],sizeof(struct st),1,fp);
```

（10）下面程序的运行结果是________。

```
#include<stdio.h>
main()
{
    FILE *fp; int i=20,j=30,k,n;
    fp=fopen("d1.dat","w");
    fprintf(fp, "%d\n",i);
    fprintf(fp, "%d\n",j);
    fclose(fp);
    fp=fopen("d1.dat","r");
    fscanf(fp, "%d%d",&k,&n);
    printf("%d %d\n",k,n);
    fclose(fp);
}
```

A. 20　30　　B. 20　50　　C. 30　50　　D. 30　20

（11）函数 rewind 的作用是________。

A. 使位置指针重新返回文件的开头

B. 将位置指针指向文件中所要求的特定位置

C. 使位置指针指向文件的末尾

D. 使位置指针自动移至下一个字符的位置

（12）函数调用语句：fseek（fp,–20L,2）的含义是________。

A. 将文件位置指针移动到距离文件头 20 个字节处

B. 将文件位置指针从当前位置向后移动 20 个字节

C. 将文件位置指针从文件末尾处向前移动 20 个字节

D. 将文件位置指针移到离当前位置 20 个字节处

（13）函数 ftell(fp)的作用是________。

A. 移动文件的位置指针　　B. 得到文件的当前读写位置

C. 初始化文件的位置指针　　D. 以上答案均正确

2. 填空题

（1）以下程序由终端键盘输入一个文件名，然后把终端键盘输入的字符依次存放到该文件中，用#号作为结束输入的标志，请填空。

```
#include <stdio.h>
#include <stdlib.h>
main()
{
    FILE  *fp;
    char ch,fname[10];
    printf("Enter the name of file:\n");
    gets(fname);
    if((fp=________)==NULL)
    {   printf("Open error!\n");
        exit(0);
    }
    printf("Enter  data:\n");
    while((ch=getchar())!='#')
```

```
    fputc(______,fp);
    fclose(fp);
}
```

（2）以下程序用来统计文件中字符的个数，请填空。

```
#include<stdio.h>
#include <stdlib.h>
main()
{
    FILE *fp;  long  num=0;
    if((fp=fopen("fname.dat",______))==NULL)
    {  printf("Open error!\n");  exit(0); }
    do
    {    ______;
       if(feof(fp)) break;
       num++;
    }while(1);
    printf("num=%ld\n", num);
    fclose(fp);
}
```

（3）以下程序将从终端读入的 10 个整数以二进制方式写入一个名为“bi.dat”的新文件中，请填空。

```
#include<stdio.h>
#include <stdlib.h>
FILE *fp;
main()
{
    int i,j;
    if((fp=fopen(______,"wb"))==NULL)
        exit(0);
    for(i=0;i<10;i++)
    {   scanf("%d",&j);
        fwrite(______,sizeof(int),1,______);
    }
    fclose(fp);
}
```

（4）以下文件显示指定文件，在显示文件内容的同时加上行号。

```
#include <stdio.h>
#include <stdlib.h>
#include <string.h>
main()
{
    char s[20],filename[20];
    int flag=1,i=0;
    FILE *fp;
    printf("Enter filename: ");
    gets(filename);
    if((fp=fopen(filename, "r"))______)
    {   printf("File open error!\n");
        exit(0);
    }
    while(fgets(s,20,fp)!=NULL )
```

```
    {  if(_______)
            printf("%3d:%s",++i,s);
       else printf("%s",s);
       if(_______)
            flag=1;
       else flag=0;
    }
    fclose(fp);
}
```

3. 改错题

每个/****found****/下面的语句中都有一处错误，将错误的地方改正。注意：不得增行或删行，也不得更改程序的结构。

（1）以下程序用变量 num 统计文件 a1 中字符的个数。

```
#include<stdio.h>
main()
{ FILE  *fp;
  /**********found************/
  long num;
  char ch;
  fp=fopen("a1","r");
  /**********found************/
  while(feof(fp)!=0)
  {    ch=fgetc(fp);
       if(!feof(fp))
           num++;
  }
  printf("%ld",num);
  fclose(fp);
}
```

（2）下面的程序能求“d:ab.c”文件中的最长行和该行所在的位置。

```
#include<stdio.h>
main()
{  int lin,i,j=0,k=0;
   FILE *fp;
   fp=fopen("d:ab.c","r");
   /**********found***********/
   rewind(*fp);
   while(fgetc(fp)!=EOF)
   {
      i=1;
      /**********found**********/
      while(fgetc(fp)!='\0')
          i++;
       j++;
       if(i>=k) {  k=i;  lin=j;  }
   }
  printf("\n%d\t%d\n",k,lin);
  fclose(fp);
}
```

4. 编程题

（1）从键盘输入一个字母串，将其中的小写字母全部转换成大写字母，然后输出到一个磁盘文件“myfile”中保存。输入的字母串以“!”结束。

（2）有五个学生，每个学生有三门课的成绩，从键盘输入数据（包括学号、姓名、三门课程成绩），计算出每个学生的平均成绩，将原始数据和计算出的平均分数存放在磁盘文件 test 中。

（3）从键盘输入一个字符串和一个十进制整数，将它们写入“test”文件，然后再从“test”文件中读出，并显示在屏幕上。

（4）有两个磁盘文件“A”和“B”，各存放一行字母，要求把这两个文件中的信息合并（按字母顺序），输出到一个新文件“C”中。

（5）在屏幕上显示文本文件“file1.c”的内容，并将文件“file1.c”复制到文本文件“file2.c”。

（6）检查文件位置指针。建立文件 data.txt，检查文件指针位置；将字符串“Sample data”存入文件中，再检查文件指针的位置。

第 12 章 C++基础

本章重点：

※ 面向对象的基本概念
※ C++对 C 的扩充
※ 类与对象的概念和使用
※ 构造函数与析构函数的使用
※ 继承与派生的概念和使用
※ 多态性与虚函数

本章难点：

※ 重载函数、内联函数的使用
※ 构造函数与析构函数
※ 三种继承方式的使用
※ 多态性与虚函数的使用

12.1 概　　述

12.1.1 C++的发展历程

C 语言是结构化和模块化的语言，它是面向过程的。C++语言是在 C 语言的基础上扩展而成的，是 C 语言的超集。随着应用程序的规模越来越大，传统的以 C 为代表的结构化编程语言已经不能满足软件开发的需要了。

为了解决软件规模和软件开发方法之间的矛盾，美国 AT&T 公司的 Bell（贝尔）实验室的研究员 Bjarne Stroustrup 博士在 C 语言的基础上，研制出一种新的语言。这种语言最初被称为“带类的 C 语言”（C with class），1983 年，正式定名为 C++。

C++具备 C 语言的各种优点，同时增加了面向对象程序设计（Object-Oriented Programming，简称 OOP）的支持。C++并非只是 C 语法的扩充，它允许数据抽象、封装、继承和在相关类之间进行多态的消息传递。C++是真正面向对象的程序设计语言，并混合了结构化编程方法和面向对象编程方法，这使得 C++语言成为功能非常强大的编程语言。

1983 年 7 月，Stroustrup 博士的语言开发小组公开发表了 C++。之后，C++得到了大力发展。随着 C++的流行，许多公司都推出了用于 C++的编译系统。在 DOS 系统下可以使用 Turbo C++

或者 Borland C++。C++源程序文件的后缀名一般是.cpp（为 c plus plus 的缩写，即 C++）。另外，在 Windows 系统下，可以使用美国微软公司开发的 Visual C++，它适宜编制各种软件，尤其适用于开发大、中型程序项目。也可以使用由 Borland 公司推出的 C++ Builder。

例 12.1 C++程序示例。

```
#include<iostream.h>
/*本程序的作用是计算累加和*/
void main()
{
    const int num=10;  //C++提供的另一种定义符号常量的方法
    int i;
    i=1;
    int sum(0);        //将 sum 初始化为 0，这是 C++提供的另一种初始化方法
    while(i<=num)
      sum+=i++;
    cout<<sum;         //输出 sum 的值
}
```

运行结果是：

```
55
```

说明：

（1）C++的程序结构由注释、编译预处理和程序主体组成。其中，void 表示 main 函数没有返回值。

（2）注释是程序员为提高程序可读性采取的一种手段，分为两种：一种是序言注释，即/*和*/之间的内容，用于程序开头，说明程序或文件的名称、用途、编写时间等，该注释可以占用多行；另一种是注解性注释，即“//”之后的内容，直到换行。用于程序中难懂的地方，该注释是单行注释，不能跨行。

（3）使用 const 定义符号常量，需要指明类型。当然，C++程序中也可以使用#define 定义符号常量。

（4）在 C 语言的一个函数或复合语句中，要求变量定义必须放在所有执行语句之前，但 C++允许对变量的定义放在程序的任何位置（在使用该变量之前），如 sum 的定义。

（5）cout 的作用是将<<运算符右侧的内容输出到屏幕上。在使用 cout 时需要使用#include 命令将头文件 iostream.h“包含”进来。

12.1.2 面向对象程序设计

现实世界的任何一个事物都可以看成一个对象。从计算机的角度来看，对象就是一个包含数据以及相关操作的集合的软件包。其中的数据表示了对象的属性，可以用变量表示；操作是与该属性有关的一组过程，称其为方法。数据和操作也称为成员。

类是一组具有相同属性和相同操作的对象的集合。一个类中每个对象都是这个类的一个实例（instance）。例如“学生”是一个类，“学生”类的实例“张三同学”、“李四同学”都是对象，也就是说，对象是客观世界中的实体，而类是同一类实体的抽象描述。

面向对象的程序设计方法就是运用面向对象的观点来描述现实问题，然后用计算机语言来描述并处理该问题。这种描述和处理是通过类与对象实现的，是对现实问题的高度概括、分类和抽象。

面向对象程序设计方法是最符合人类认识问题思维过程的方法，具有如下一些基本特征。

1. 抽象

抽象是指对具体问题（对象）进行概括，抽出一类对象的公共性质并加以描述的过程。抽象的过程，就是对问题进行分析和认识的过程，包含数据抽象和代码抽象。抽象，是人类认识问题的最基本手段之一。

2. 封装

封装是指将抽象得到的数据成员和代码成员结合起来，形成一个有机的整体，也就是将数据与操作数据的行为进行有机地结合。在面向对象程序设计中，通过封装将一部分成员作为类与外部的接口，将其他的成员隐藏起来，这样就可以合理控制数据的访问权限，使程序中不同部分之间的相互影响减少到最低限度。在C++中是利用类的形式来实现封装的。

3. 继承

继承是指在已有类（称父类）基础上创建一个新类（称派生类），用户通过增加、修改或替换父类中的函数成员产生派生类，以便对父类进行扩充。这种继承性使得面向对象的软件具有可重用性优点。一个类可以从上一层类中继承同类中最本质的特征，然后再补充个体类的特征，而不必完全重新定义。

4. 多态

多态是指类中具有相似功能的不同函数使用同一个名称来实现。例如，系统中定义一种print方法，不同的对象通过使用不同参数的消息引用它，从而实现不同类型格式的打印。

12.2 C++对C的扩充

在面向过程的机制基础上，C++对C语言的功能进行了扩充，使得人们在进行结构化程序设计时，比以前更加方便和得心应手。在编写小程序时，使用C++编写面向过程的程序，也可以取得良好的效果。

12.2.1 C++的输入/输出

和C语言一样，C++语言也没有内置的输入/输出语句，所有的输入输出操作都是通过流这样的概念来完成的。在C++中，将数据从一个对象到另一个对象的流动抽象为“流”。所以在C++语言中，输入和输出的数据通常分别称为输入流和输出流。C++的输入/输出功能建立在iostream类的概念基础之上。程序的输入/输出数据所构成的字节流称为流对象，可以将流对象看作是数据的中转站。例如，来自键盘的字节流经过cin对象而流向程序；来自程序的字节流经过cout对象而输出到显示器。一般我们把在键盘和显示器上的输入/输出称为标准输入/输出，标准流是不需要打开和关闭文件的。下面介绍一下C++中的标准输入/输出流。

1. 用cout输出

在屏幕上输出的最常用方法就是使用cout对象。

cout必须和“<<”一起使用。这里的“<<”并不是左移运算符，而是将“<<”右边的内容插入到输出流中。通常将“<<”称为插入运算符。例如:

```
cout<<"Hello world!"<<endl;
```

```
cout<<"Hello world!\n";
```

这两条语句的输出结果是一样的。

endl（endl是“end line”的缩写）是一个流运算符，在头文件iostream.h中定义，其功能与格式输出中的转义符“\n”一样，强制换行。

一般来说，每个插入运算符“<<”会向输出流发送一个数据项（常量、表达式或者变量），可以在一个cout表达式中串联多个不同类型的数据项。例如：

```
float a=2.36;
int  b=5;
char c='A';
cout<<"a="<<a<<" b="<<b<<" c="<<c<<endl;
```

输出结果是：

```
    a=2.36 b=8 c=A
```

使用cout和“<< ”运算符输出的时候，不用考虑输出数据的类型。cout将自动考虑数据类型。在上面的例子中，就用一个输出语句输出了浮点型、整型和字符数据，比用printf函数输出时要指定输出格式（如%d，%f等）方便得多。

2. 用cin输入

当在键盘输入数据的时候，就产生了输入流。标准输入流cin从输入流中提取字符，并将其转换为输入语句所指定的数据类型，然后存储在指定的内存位置。

cin必须和“>>”一起使用。这里的“>>”并不是右移运算符，而被称为提取运算符，其作用是将cin中的内容插入到变量所对应的内存单元中。例如：

```
int  n;
cin>>n;
```

表示从输入流中读取一个整数，并存到变量n中。

与cout一样，使用cin也可以一次读取多个不同类型的数据。例如：

```
int n;
float m;
cin>>n>>m;
```

在键盘输入：

```
1 2.25↙
```

就可以从键盘上读取整数n和m的值分别是1和2.25。同样用cin和“>>”输入数据不需要指定数据类型（用scanf函数输入时需要指定%d，%f等输入格式符）。

例12.2 使用cout和cin进行简单的输入输出。

```
#include<iostream.h>
void main()
{
    cout<<"please input your name and age:"<<endl;
    char name[10];
    int age;
    cin>>name;
    cin>>age;
    cout<<"your name is "<<name<<endl;
    cout<<"your age is "<<age<<endl;
}
```

运行情况如下：

```
please input your name and age:
Li_Ming↙
18↙
your name is Li_Ming
your age is 18
```

另外，C++为流输入输出提供了格式控制，如 dec（十进制形式），hex（十六进制形式），oct（八进制形式），还可以控制实数的输出精度等。具体使用方法可参考相关书籍。

综上所述，C++的输入输出比 C 的输入输出更简单易用，当然在 C++中也可以使用 printf 和 scanf 等函数。

12.2.2　重载函数与缺省参数的函数

1. 函数重载

函数重载是指一个函数可以和同一作用域中的其他函数具有相同的名字，而参数的类型、个数不同。编译系统根据实参与形参的类型及个数的最佳匹配，确定调用哪一个函数。

（1）参数类型不同的重载函数

例 12.3　编写两个函数名 add 的重载函数，分别实现两整数求和、两实数求和的功能。

```
#include<iostream.h>
int add(int ,int);
double add(double,double);
void main()
{
   cout<<add(3,6)<<endl;
   cout<<add(4.6,9.0)<<endl;
}
int add(int a,int b)
{  return  a+b;  }
double add(double a,double b)
{  return  a+b;  }
```

运行结果是：

```
9
13.6
```

程序中，第一次调用 add 函数时，实参为整型，与形参为整型的 add 函数匹配，自动调用该函数。同理，第二次调用 add 函数时，自动调用形参为实型的 add 函数，计算两个实数和。

（2）参数个数不同的重载函数

例 12.4　找出几个整型数中的最大者。

```
#include<iostream.h>
int max(int a,int b);
int max(int a,int b,int c);
void main()
{   cout<<max(12,6)<<endl;
    cout<<max(5,9,-12)<<endl;
}
int max(int a,int b)
{   return a>b?a:b;}
int max(int a,int b,int c)
```

```
{
    int t;
    if(a>=b) t=a;
    else  t=b;
    if(c>t) t=c;
    return t;
}
```

运行结果是：

```
12
9
```

上面程序中，有两个 max 函数，一个有两个形参，另一个有三个形参，在调用时根据实参个数的匹配，选取相应的函数。

一般来说，重载函数主要解决函数名相同，算法也相同，但参数个数或类型不同的问题。这样，编程时可以不必费力地给它们分别起名和记忆。如果两个函数参数个数和类型完全相同，仅仅是返回值类型不同，则它们不是重载的函数。程序中出现这样两个函数，编译时将出错。

2. 带缺省参数的函数

C++允许实参与形参个数不同，这就是带缺省参数的函数。在使用这种函数时要在形参表列中对一个或几个形参指定缺省值（或称默认值），调用时，如果给出实参，则将实参值传递给形参。如果没有给出实参，则采用预先指定的缺省值。缺省参数可以在函数原型或函数定义时进行设定，二者只能选择其一。如：

```
void f(int a,int b,int c=50)        //在函数首部设定缺省参数
```

在调用此函数时如写成 f（1,3,6），则形参 a，b，c 的值分别为 1，3，6。如果写成 f（1,3），即少写了一个参数，则 a，b，c 的值分别为 1，3，50，因为函数在定义时已指定了 c 的缺省值为 50。

（1）缺省形参值必须按从右向左的顺序定义。例如：

```
int add(int x,int y=5,int z=6);     //正确
int add(int x=1,int y=5,int z);     //错误
int add(int x=1,int y,int z=6);     //错误
```

（2）同时使用重载函数和缺省参数的函数，系统会发生错误，这是因为当调用函数时少写一个参数，系统无法判定是利用重载函数还是利用缺省参数的函数。

12.2.3 变量的引用

引用是一种特殊类型的变量，它通常被认为是另一个变量的别名。定义引用变量的格式如下：

```
类型  &引用名=变量名;
```

例如：

```
int  a=5;
int  &b=a;
```

引用声明的同时必须进行初始化，除非引用作为函数的参数或者函数的返回值。无初始化的引用是无效的。这里，b 是一个引用，它是变量 a 的别名。引用与被引用的实体具有相同的地址，所有在引用上所施加的操作，实质上就是在被引用者上的操作。例如：

```
b+=5;
```

实质上是 a 加 5，使 a 的值改变为 10。

可以将一个引用赋给某个变量，则该变量将具有被引用的变量的值。例如：

```
int  c=b;
```

这时，c 具有被 b 引用的变量 a 的值，即 10。

例 12.5　引用的使用。

```
#include<iostream.h>
void main()
{  int i=5;
   int &ri=i;            //定义引用变量 ri，对应变量 i
   cout<<"addr_i="<<&i<<" addr_ri="<<&ri<<endl;
   cout<<"i="<<i<<" ri="<<ri<<endl;
   i*=3;                 //改变变量
   cout<<"i="<<i<<" ri="<<ri<<endl;
   ri+=5;                //通过引用 ri 改变变量的值
   cout<<"i="<<i<<" ri="<<ri<<endl;
}
```

运行结果是：

```
addr_i=0x0012FF7C addr_ri=0x0012FF7C
i=5 ri=5
i=15 ri=15
i=20 ri=20
```

从运行结果可以看出，变量 i 和引用 ri 的地址都是 0x0012FF7C，即这两个名字标识的都是同一个地址的存储空间。所以不论给 i 赋值，还是给 ri 赋值，都是对同一个存储单元赋值。在程序中对该单元的赋值过程如图 12.1 所示。

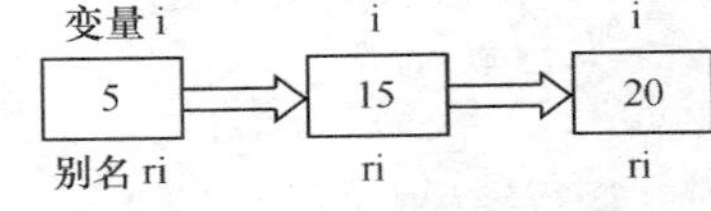

图 12.1　引用变量的使用

C++使用引用的主要目的是传递函数的参数和返回引用。引用作为函数形参时，实参必须是变量。在调用引用是形参的函数时，用实参变量来初始化引用形参。这样引用形参就成为实参变量的一个别名，对形参的任何操作也就会直接作用于实参。

用引用作为形参的函数调用，称为引用调用。

例 12.6　使用引用调用将两整数进行交换。

```
#include <iostream.h>
void swap(int &x,int &y)         //引用作函数的参数
{
    int temp;
    temp=x;
    x=y;
    y=temp;
}
void main()
{  int a=2,b=4;
   cout<<"a="<<a<<" b="<<b<<endl;
   swap(a,b);
   cout<<"a="<<a<<" b="<<b<<endl;
}
```

运行结果如下：

```
a=2 b=4
a=4 b=2
```

在例 12.6 中在被调函数 swap 中直接通过引用来改变实参变量的值。在 C++中常使用这种方法来实现在被调用函数中改变主调函数的实参值，而在 C 语言中就必须使用指针。

注意区分形如&a 的写法是声明引用变量还是取地址操作，当&a 的前面有类型符时（如 int &a），它就是对引用的声明；否则就是取变量的地址。

12.2.4 内联函数

程序执行过程中，每调用一次函数，就要在调用与返回过程中付出一定的时间与空间代价用于处理现场。当函数较小又反复使用时，处理现场的开销比重会急剧增大。

为解决这个问题，C++引入了内联函数。内联函数是用关键字 inline 说明的函数，在编译时用内联函数的函数体替换内联函数的调用。

例 12.7 编程计算圆的面积。

```
#include<iostream.h>
inline double CalArea(double radius)    //这是一个内联函数，求圆的面积
{
    return  3.14*radius*radius;
}
int  main()
{
   double r=3.0;
   double area;
   area=CalArea(r);                     //调用内联函数求圆面积
   cout<<area<<endl;
   return 0;
}
```

运行结果：

```
28.26
```

编译该程序时，用 CalArea()的函数体的代码代替调用 CalArea（r），同时将实参代替形参，而不是像一般函数那样是在运行时被调用。

内联函数类似于 C 语言中的宏替换，它既具备宏代码的效率，又增加了安全性，避免了宏在预处理进行替换（或展开）时会出现意想不到的问题。内联函数的替换会增加目标程序代码量，进而增加空间开销，但节省了函数调用时的时间开销，可见它是以目标代码的增加为代价来换取时间的节省。所以对于规模小但使用频繁的函数可以声明为 inline 函数，这样可以加快程序执行的速度。

12.2.5 作用域运算符

“::”是 C++的一个新的运算符，称为作用域运算符。“::”为单目运算符，它的右操作数是一个标识符。“::”用于限定访问全局作用域范围内的标识符，即“::”不能访问函数中的局部变量。

例 12.8 在函数体内访问同名的局部变量和全局变量。

```
#include<iostream.h>
float x=1.5;
```

```
void main()
{
    int x=10;
    cout<<x<<endl;
    cout<<::x<<endl;
}
```

运行结果是:

```
10  （局部变量 x 的值）
1.5 （全局变量 x 的值）
```

12.2.6　new 和 delete

C++提供了两个新运算符 new 和 delete，用于动态地分配和释放内存空间。这两个运算符比 C 语言的库函数 malloc()和 free()简便且功能更强。

new 和 delete 运算符的基本使用方式为:

```
p=new  type(初值);
delete p;
```

这里，p 为指针变量，基类型为 type，type 可以是整型、浮点型、结构体或者其他数据类型。new 运算符分配一个可以存放 type 类型数据的一段内存，并返回该内存块的首地址。当指定初值时，则在分配的同时对该内存块进行初始化。若没有，则内存块中的值是随机的。例如:

```
int  *p1=new int(8);     //分配 4 个字节空间，并初始化为 8
float *p2=new float;     //分配 4 个字节以存放 float 型数据
*p2=9.12345;
…
delete p1;               //释放 p1 所指向的内存块
delete p2;
```

可以用 new 运算符为数组分配空间。例如:

```
char *pc=new  char[30];          //分配存储 30 个元素的字符数组空间，首地址赋予 pc
int (*pi)[3]=new int[4][3];      //分配 4×3 二维数组空间，首地址赋予 pi
```

释放数组空间，可用如下语句:

```
delete 指针变量;
delete [ ]指针变量;
```

例 12.9　用 new 和 delete 实现动态内存分配。

```
#include<iostream.h>
#include<string.h>
void main()
{
    int *p;
    char *ptr;
    p=new int;
    ptr=new char[20];
    *p=888;
    strcpy(ptr, "Beijing");
    cout<<"add_p="<<&p<<endl;        //输出变量 p 的地址
```

```
    cout<<"add_m="<<p<<endl;          //输出用 new 申请的内存单元的地址
    cout<<ptr<<endl;                  //输出变量 ptr 指向的单元的值
    cout<<"value_*p="<<*p<<endl;      //输出 p 指向的单元的值
    delete p;                         //释放 p 指向的单元
    delete [] ptr;                    //释放 ptr 指向的数组单元
}
```

运行结果是：

```
add_p=0x0012FF7C
add_m=0x00431E30
Beijing
value_*p=888
```

new 和 delete 是运算符，不是函数，因此执行效率高。在程序中不要混合使用 C 和 C++的动态内存管理机制。malloc 和 free 函数要配对使用，同样 new 和 delete 也要配对使用。

12.3 类与对象

12.3.1 类的定义

类是面向对象程序设计方法的核心，通过它可以实现对数据的封装、隐藏，通过类的继承与派生，能够实现对问题的深入抽象描述。也就是说，类是逻辑上相关的函数与数据的封装，它是对所要处理的问题的抽象描述。

类中定义的数据和函数分别称为数据成员和成员函数，具体含义如下：

（1）数据成员：描述问题的属性。

（2）成员函数：描述问题的行为和变化等。

类实际上相当于一种用户自定义的类型，与其他类型不同的是，类中同时包含了对数据进行操作的函数。定义类的一般形式为：

```
class  类名
{
  public:
       外部接口
  protected:
       保护成员
  private:
       私有成员
};
```

其中，class 是定义类的关键字，类名要求是一个合法的 C++标识符；public、private 和 protected 三个关键字来说明类的数据成员和成员函数的访问控制属性。

例如：对于屏幕上的一个点，一般通过水平和垂直两个方向的坐标值 X 和 Y 来确定，所以可以定义一个 Point 点类如下：

```
class Point
{
  public:
    void Init(int xx,int yy);
    int GetX(){  return X; }
    int GetY(){  return Y; }
  private:
    int X,Y;
};
```

公有类型（public）声明了类的外部接口，任何一个来自外部的访问都必须通过这种外部接口来进行。在 Point 类中，外部的访问必须通过调用 Point 类中的 GetX()和 GetY()这两个公有类型函数成员来实现。

私有类型（private）的成员只允许本类的成员函数来访问，而类外部的任何访问都是非法的。这样私有的成员就整个隐藏在类中，在类的外部根本就无法看到，从而实现了访问权限的有效控制。

保护类型（protected）的性质和私有类型的性质相似，其差别在于继承过程中对产生的新类影响不同。

在一个类的定义中，关键字 private 和 public 出现的次数与顺序可以是任意的。C++ 规定，不加声明的成员都默认为私有的。因此，关键字 private 可以缺省。实际上在 C++中，结构体类型也可包含成员函数，但结构体类型的成员的隐含访问权限是公有的。

类的成员函数描述的是类的行为。在成员函数中，可以直接访问类的所有成员。成员函数的定义方式与普通函数大体相同，格式如下：

```
类型  类名::成员函数名(参数表)
{
    函数体;
};
```

“::”称为范围运算符，用于说明后面的函数定义属于哪个类的范围。也可在类中定义成员函数，此时为内联函数，如前面 Point 类中的 GetX()和 GetY()。除特殊指明外，成员函数操作的是同类某一对象中的数据成员。例如：

实现定义 Point 类中的成员函数：

```
void Point::Init(int xx=0,int yy=0)
{
    X=xx;
    Y=yy;
}
```

12.3.2 对象

类是一种抽象机制，描述的是一类问题的共同属性和行为。在 C++中，对象（Object）是类的一个实例（Instance）。如果将对象比作房子，那么类就是房子的设计图纸。

可以定义对象或对象数组，方法与一般变量或数组相同。定义对象后，就可以访问对象的公有成员，从而对对象内部属性进行了解和改变。访问方式主要有两种。

（1）对于一般对象，访问其成员有以下两种方式：

对象名.数据成员;
对象名.成员函数（实参表）;

其中，“.”为取成员运算符，表示访问一个对象的成员。由于代码是被一个类的所有对象所共享的，而数据则是属于各个对象的，因此，当一个对象的成员方法被调用时，可通过类找到成员方法的实现代码，同时通过对象确定需要访问的数据。

（2）对于指向对象的指针，访问其成员有以下两种方式：

对象指针->数据成员;
对象指针->成员函数(实参表);

对象指针在使用之前，一定要先进行初始化后再使用。

例 12.10　Point 类的完整程序。

```
#include<iostream.h>
class Point
{
   public:
    void Init(int xx,int yy);
    int GetX(){  return X; }
    int GetY(){  return Y; }
   private:
    int X,Y;
};
void Point::Init(int xx=0,int yy=0)
{
   X=xx;
   Y=yy;
}
void main()
{
   Point A;              //定义对象
   A.Init(3,4);          //用对象名访问对象成员
   Point *p;
   p=&A;                 //初始化指针
  cout<<"X="<<A.GetX()<<" Y="<<A.GetY()<<endl;      //用对象名访问对象成员
  cout<<"X="<<p->GetX()<<" Y="<<p->GetY()<<endl;    //用指针访问对象成员
}
```

运行结果如下：

```
X=3 Y=4
X=3 Y=4
```

（1）在类外面，通过对象名或对象指针只能访问公有成员，但友元函数例外。友元函数是在类声明中用 friend 关键字修饰的非本类成员函数，用来实现成员函数与其他函数之间数据的共享，但却打破了类的封装性。

（2）一般成员在对象创建后才能被访问，但由 static 声明的静态成员例外。静态成员在对象创建前已经存在，具有静态生存期，不属于任何一个对象，访问方法为“类名::成员名”。

12.3.3 构造函数

构造函数（constructor）是 C++提供的一种特殊成员函数，其函数名称与类名称相同，没有返回类型。构造函数被声明为公有函数，系统在编译过程中遇到定义对象语句时，会自动生成对构造函数的调用语句。因此说构造函数是在创建对象时由系统自动调用的。

构造函数的作用：在对象被创建时利用特定的值构造对象，将一个对象初始化为一个特定的状态，使其具有区别于其他对象的特征。

程序员如果没有定义构造函数，系统将提供一个参数表为空、函数体为空的默认构造函数。默认构造函数不做任何具体的事情。

例 12.11 构造函数使用。

```
#include<iostream.h>
class Clock
{
  private:
    int Hour,Minute,Second;
  public:
    Clock(int,int,int);
    Clock();
    void ShowTime();                 //显示时间
};
void Clock::ShowTime()
{
    cout<<Hour<<":"<<Minute<<":"<<Second<<endl;
}
Clock::Clock()                       //构造函数
{
    cout<<"Transferred the default constructor\n";
}
Clock::Clock(int h,int m,int s)      //构造函数
{
    Hour=h;
    Minute=m;
    Second=s;
    cout<<"Transferred the constructor\n";
}
void main()
{
    Clock t1(12,5,30);
    static Clock t2;
    t1.ShowTime();
    t2.ShowTime();

}
```

运行结果为：

```
Transferred the constructor
Transferred the default constructor
12:5:30
0:0:0
```

在类 Clock 中，有两个构造函数，其中一个是无参数的构造函数。在 main 函数中，调用构造

函数产生了对象 t1，其数据成员分别为 12、5、30；紧跟着，创建了一个静态对象 t2，这时调用的是无参构造函数，其数据成员值都是 0。

与其他成员函数一样，构造函数可以是内联函数、带缺省值的函数或者重载函数等。

C++还提供一种特殊的构造函数，称为复制构造函数。复制构造函数具有一般构造函数的所有特性，其作用是使用一个已经存在的对象（由复制构造函数的参数指定的对象）去初始化一个新的同类的对象，即完成本类对象的复制。

程序员如果没有定义复制构造函数，系统就会自动生成一个默认的复制构造函数，其功能是把已存在对象的每个数据成员都复制到新对象中。程序员定义复制构造函数时，一般形式为：

```
类名(类名 & 对象)
{
   函数体
}
```

例如，例 12.10 中的 Point 类中添加复制构造函数，改写如下：

```
class Point
{
   Public:
     Point(int xx=0,int yy=0){ X=xx;Y=yy; }       //构造函数
     Point(Point &p);                             //复制构造函数
     …
   Private:
     …
};
```

其中，复制构造函数的实现如下：

```
Point::Point(point &p)
{
    X=p.X;
    Y=p.Y;
    cout<<"复制构造函数被调用"<<endl;
}
```

复制构造函数在三种情况下都会被自动调用：

（1）用一个对象去初始化一个同类的新对象。

（2）如果函数的形参是对象，进行形参和实参结合时，调用复制构造函数。

（3）如果函数返回值是对象，在返回主调函数时，调用复制构造函数。例如：

```
void f(Point p) {   …   }
Point g()
{   Point A(2,3);
    return A;
}
main()
{   Point A(1,2);
    Point B(A);     /* 情况①   */
    f(A);           /* 情况②，调用 f 函数时，自动调用复制构造函数  */
    B=g();          /* 情况③   */
    …
}
```

默认复制构造函数实现的复制是浅复制，有时会产生错误。例如，当类的数据成员有指针类型时，假设同类对象 A 初始化 B，结果造成 A 和 B 对象使用同一内存区域。在撤销对象时，导致对这一内存区域的两次释放。所以，要求程序员编制复制构造函数，使对象 B 的指针型数据成员指向另外的内存区域，这称为深拷贝。读者可参看有关资料。

12.3.4 析构函数

析构函数（destructor）的作用与构造函数正好相反，用于在对象消失时执行一些清理任务的工作，如释放创建对象时动态分配的内存空间。析构函数是在对象的生存期即将结束时由系统自动调用的。对象在它的调用完成之后也就消失了，相应的内存空间也被释放。

析构函数的名称是在类名前面加“～”构成，以便和构造函数名相区别。需要注意的是：析构函数不接受任何参数。如果没有显式说明，系统将自动生成一个不做任何事的默认析构函数。

析构函数的定义形式如下：

```
类名::~类名()
{    函数体    }
```

如将例 12.11 中的 Clock 类中加入一个空的内联析构函数。

```
class Clock
{
  private:
    int Hour,Minute,Second;
  public:
    Clock(int,int,int);
    Clock();
    ~Clock(){ }               //析构函数
    void ShowTime();
};
```

这个新加入的内联析构函数的功能和系统自动生成的默认析构函数相同。一般来讲，如果希望程序在对象被删除之前的时刻自动完成某些事情，就可以把它们写到析构函数中。

12.4 继承与派生

12.4.1 继承与派生的方式

1．继承与派生的概念

继承是面向对象程序设计中一种重要的机制，允许一个新类继承已有类的属性，并扩展已有类的功能。或者说，允许以现有类为基础导出（定义）新的类，这一过程称为派生。现有类称为基类或父类，新类称为派生类或子类。图 12.2 展示了交通工具的类层次。交通工具类派生出空中交通工具、陆地交通工具和水上交通工具三个子类，而陆地交通工具类又派生出火车、汽车等子类。这样就构成了继承的层次结构。

一个派生类可以同时有多个基类，这种情况称为多继承。一个派生类只有一个直接基类的情况，称为单继承。

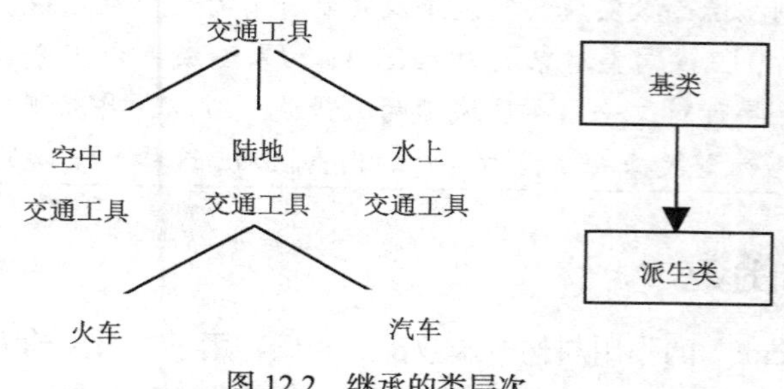

图 12.2　继承的类层次

2．派生类的建立

派生时不需要把既有类的相关代码重新书写一遍，只需要指明是以哪个或哪些类为基类，便可以将基类中的有关特征继承过来，实现了部分代码的重用。

在 C++的类派生过程中实际上有三个步骤：一是吸收基类中除构造函数和析构函数外的所有成员；二是改造基类成员，可通过继承方式改变基类成员的访问控制属性，或者通过在派生类中声明同名的成员覆盖基类的成员；三是在派生类中添加新的成员。

派生类定义的一般格式如下：

```
class  <派生类名>:<继承方式>  <基类名>
{
   <派生类新定义成员>
};
```

其中，继承方式或称引用权限指定了派生类以及对象对从基类继承来的成员的访问权限，继承方式有三种：public（公有的）、private（私有的）、protected（保护的）。

基类名为一个时，是单继承。基类名有多个时，是多继承，此时要为每个基类指定继承方式。本章只介绍单继承。

12.4.2　派生类的三种继承方式

1．公有继承

公有继承时，基类中的成员在派生类中仍保持各个成员的访问属性。在基类中说明为 public 或 protected 的成员，在派生类中其访问属性仍为 public 或 protected，派生类的成员可以直接访问它们，但不能直接访问基类的私有成员。通过派生类对象只能访问公有成员，包含继承来的或新增的。

例 12.12　由类 Point 派生矩形类 Rectangle。

```
#include<iostream.h>
#include<math.h>
class Point         //定义基类 Point 类
{
  public:           //公有函数成员
    void InitP(int xx=0,int yy=0)
    {   X=xx;   Y=yy;   }
    void Move(int xoff,int yoff)
    {   X+=xoff;   Y+=yoff;   }
```

```
        int GetX(){   return X;  }
        int GetY(){   return Y;  }
      private:   //私有数据成员
        int X,Y;
};
class Rectangle:public Point              //声明派生类
{
    public:                               //新增公有函数成员
        void InitR(int x,int y,int w,int h)
        {   InitP(x,y);    W=w;H=h;   }   //调用基类公有成员函数
        int GetH(){   return H;  }
        int GetW(){   return W;  }
    private:                              //新增私有数据成员
        int W,H;
};
 void main()
 {
    Rectangle rect;                       //定义 Rectangle 类的对象
    rect.InitR(1,3,18,10);                //设置矩形的数据
    rect.Move(4,3);                       //移动矩形位置
    cout<<"The data of rect(X,Y,W,H):"<<endl;
    cout<<rect.GetX()<<","<<rect.GetY()<<","<<rect.GetW()<<","
                                  <<rect.GetH()<<endl;  //输出矩形的特征参数
 }
```

运行结果：

```
The data of rect(X,Y,W,H):
5,6,18,10
```

在上面程序中，派生类的成员函数 InitR()不能访问基类的私有数据 X、Y，所以通过调用基类的函数 InitP()来进行赋值。在主函数中通过对象 rect 既可访问派生类的公有函数 InitR()、GetW()、GetH()，又可访问从基类继承来的公有函数 Move()、GetX(),GetY()。

2．私有继承

私有继承时，基类的公有成员和保护成员在私有派生类中是作为私有成员看待的，并且不能被这个派生类的子类所访问。所以，私有继承之后，基类的成员再也无法在以后的派生类中发挥作用，实际是相当于终止了基类功能的继续派生，出于这种原因，一般情况下私有继承很少使用。

将例 12.12 中 Rectangle 定义为私有派生，修改如下：

```
class Rectangle:private Student
{
    public:   //新增外部接口
    void InitR(int x, int y, int w, int h)
    { InitP(x,y); W=w;H=h;}               //派生类访问基类公有成员
    void Move(int xoff, int yoff)
    {  Point::Move(xoff,yoff); }
       int GetX() { return Point::GetX(); }
       int GetY() { return Point::GetY(); }
       int GetH(){ return H;}
       int GetW(){ return W;}
   private:             //新增私有数据
```

```
        int W,H;
};
```

私有继承时，派生类的成员可以访问从基类继承过来的公有和保护成员，例如：

```
void InitR(int x, int y, int w, int h){ InitP(x,y); W=w;H=h;}
```

但是派生类的成员函数及对象无法访问基类的私有数据（如基类的X，Y）。

3. 保护继承

保护继承时，基类中的公有成员、保护成员都以保护成员的身份出现在派生类中，而基类的私有成员不可访问。所以，派生类的成员可以直接访问从基类继承来的公有和保护成员，但在类外部通过派生类的对象无法访问它们。

保护继承方式与私有继承方式的情况相似，两者的区别仅在于派生类的成员对基类成员有不同的可访问性。

如假设B类以私有方式继承了A类后，B类又派生出C类，那么C类的成员和对象都不能访问间接从A类中继承来的成员。如果B类是以保护方式继承了A类，那么A类中的公有和保护成员在B类中都是保护成员，B类再派生出C类后，A类中的公有和保护成员被C类间接继承后，有可能是保护的或者私有的，因此，C类的成员有可能可以访问间接从A类中继承来的成员。

下面我们简单讨论一下保护成员的访问特性。如，

```
Class A                //声明基类
{
  protected:           //保护数据成员
    int x;
}
```

主函数为：

```
void main()
{
  A a;
  a.x=10;              //错误!
}
```

程序在编译阶段就会出错，原因在于建立A类对象a的模块中是无法访问A类的保护成员的。在这种情况下，保护成员和私有成员一样得到了很好的隐藏。

12.4.3 派生类的构造和析构函数

基类的构造函数不能被继承，因此派生类的构造函数就要对派生类新增数据成员、基类数据成员以及成员对象进行初始化，相应的构造函数调用的一般次序如下。

（1）调用基类的构造函数，调用顺序按照它们被继承时声明的顺序（从左到右）。

（2）调用派生类中内嵌成员对象的构造函数，调用顺序按照它们在类中声明的顺序。

（3）派生类的构造函数体中的内容。

派生类构造函数的一般格式是：

派生类名:: 派生类名（参数总表）:基类名1（参数表1），…，基类名n（参数表n），

```
        内嵌对象名1（内嵌对象参数表1），…，内嵌对象名n（内嵌对象参数表n）
{
    派生类新增数据初始化语句;
}
```

派生类的构造函数名与类名相同。在构造函数的参数表中，需要给出初始化基类数据、新增内嵌对象数据及新增一般成员数据所需的全部参数。在参数列表之后，列出需要使用参数进行初始化的基类名和内嵌成员名及各自的参数表，各项之间用逗号分隔。在生成派生类对象时，系统首先会使用这里列出的参数，调用基类和内嵌对象成员的构造函数。

另外，派生类的析构函数的功能是在该类对象消亡之前进行一些必要的清理工作，析构函数没有类型，也没有参数，和构造函数相比情况略微简单些。在派生类对象消失时，先调用派生类的析构函数，再调用基类的析构函数。

例 12.13　派生类的构造函数和析构函数示例。

```
#include<iostream.h>
class B1                                              //基类 B1，构造函数有参数
{
    public:
       B1(int i){ cout<<"constructing B1 "<<i<<endl; }       //B1 的构造函数
      ~B1( ) {  cout<<"destructing B1 "<<endl; }             //B1 的析构函数
};
class B2                                              //基类 B2，构造函数有参数
{
       public:
          B2(int j){  cout<<"constructing B2 "<<j<<endl;}
          ~B2( ) {  cout<<"destructing B2 "<<endl; }         //B2 的析构函数
};
class B3                                    //基类 B3，构造函数有参数
{
     public
        B3(){  cout<<"constructing B3 *"<<endl; }
        ~B3() {  cout<<"destructing B3 "<<endl; }              // B3 的析构函数
};
class C:public B2,public B1,public B3       //派生新类 C
//注意基类名的顺序
{
    public:                                 //派生类的公有成员
      C(int a,int b,int c,int d):B1(a),memberB2(d),memberB1(c),B2(b) { }
      //注意基类名的个数与顺序
      //注意成员对象名的个数与顺序
     private:                               //派生类的私有对象成员
     B1 memberB1;
     B2 memberB2;
     B3 memberB3;
 };
 void main()
 {
      C obj(1,2,3,4);
 }
```

运行结果是：

```
constructing B2 2
constructing B1 1
constructing B3 *
 constructing B1 3
 constructing B2 4
```

```
constructing B3 *
destructing B3
destructing B2
destructing B1
destructing B3
destructing B1
destructing B2
```

程序中B1，B2，B3是三个基类，其中B3只有一个默认的构造函数，其余两个基类的成员只是一个带有参数的构造函数。同时，我们给三个基类分别加入了析构函数，类C由这三个基类经过公有派生而来。派生类新增加了三个私有对象成员，分别是B1，B2和B3类的对象。其中派生类构造函数：

```
C(int a,int b,int c,int d):B1(a),memberB2(d),memberB1(c),B2(b){ }
```

其主要功能是初始化基类和内嵌对象成员，参数表中给出了基类和内嵌成员对象所需的全部参数，在冒号之后，分别列出了各个基类及内嵌对象名和各自的参数。

程序执行过程中，首先执行派生类构造函数，然后执行派生类的析构函数。具体过程是，程序的主函数只是声明了一个派生类C的对象obj，生成对象obj时调用了派生类的构造函数，其执行过程是先调用基类的构造函数，然后调用内嵌对象的构造函数。因为基类构造函数的调用顺序是按照派生类声明时的顺序，因此应该是先B2，再B1，再B3，而内嵌对象的构造函数调用顺序是按照成员在类中声明的顺序，所以应该是先B1，再B2，再B3。最后再执行派生类的析构函数，顺序与构造函数的调用刚好相反。

12.5 多态性与虚函数

12.5.1 多态性

在程序语言中，所谓多态就是一个名字可被几个相关但多少有些不同的对象所使用。例如，一个符号代表多个语义不同的算符，一个变量名代表多种类型的变量或指针，一个函数名（过程名）代表多个参数类型不同的函数（或过程），一个类名代表成员类型不同的类等。

面向对象的程序设计支持多态性的目的是允许一个名字来说明一种具有通用性的操作，根据正在处理的数据，选择一具体实例的执行。在程序运行中，多态就是同名的函数或过程对于不同的参数将执行不同的代码，或者说不同对象收到相同的消息时产生不同的动作，如函数重载。

多态从实现的角度来讲可以划分为两类：编译时多态性和运行时多态性。编译时多态性通过函数重载和运算符重载来实现，而运行时多态性则通过虚函数来获得。

多态性的实现和联编有关。C++中有两种联编，一种是静态联编，一种是动态联编。

静态联编（也称早联编）是指编译时发生的事。从本质上讲静态联编时要知道调用函数的全部信息，即系统用实参与形参进行匹配，也就是说，静态联编是在编译过程中装载对象和函数调用的。

动态联编（也称晚联编），与静态联编相反，函数的调用只有在程序运行时才能决定。即当程序调用到某一函数（过程）名时，才去寻找和连接其程序代码，也就是当对象接收到某一消息时，才去寻找和连接相应的方法。

静态联编方式可使程序运行快速、高效，但缺乏灵活性；动态联编恰好相反，其运行效率要低，但它可对程序进行高度抽象，设计出扩充性更好的程序。纯粹的面向对象程序语言由于其执行机制是消息传送，所以只能采用动态联编，这就给基于C语言的C++带来了麻烦。因为为了保持 C 语言的高效性，C++仍是编译型的，仍采用静态联编。为了解决这个问题，C++的设计者又想出了“虚函数”的机制。利用虚函数机制，C++可部分地采用动态联编。这就是说，C++实际是采用了静态联编和动态联编相结合的联编方法。

12.5.2　虚函数

虚函数的目的是让程序在运行时能执行多态功能，即利用同一条指令实施不同动作的一种能力，实际的动作取决于参与对象的具体类型。它只能是一个类中的成员函数，而且不能是静态的成员函数。虚函数是动态联编的基础，虚函数经过派生之后，在类族中就可以实现运行多态性。

虚函数是在基类中说明为 virtual，并在派生类中重新定义的函数，但函数原型不能改变。虚函数一般的说明格式为：

```
virtual 函数类型　函数名(形参表)
{
   函数体
}
```

例 12.14　虚函数示例。

```
#include <iostream.h>
class Base                              //基类 Base 声明
{
    public:
      virtual void vf()                 //虚成员函数
      {
         cout<<"This is base's virtual function!"<<"\n";
      }
};
class Derived1:public Base              //公有派生
{
   public:
      void vf()                         //虚成员函数
      {
         cout<<"This is derived1's virtual function!"<<"\n";
      }
};
class Derived2:public Base              //公有派生
{
  public:
      void vf()                         //虚成员函数
      {
        cout<<"This is derived2's virtual function!"<<"\n";
      }
};
int main()                              //主函数
{
      Base *p,b;                        //声明基类对象和指针
      Derived1 d1;                      //声明派生类对象
      Derived2 d2;                      //声明派生类对象
      p=&b;
      p->vf();                          //调用基类 Base 的函数成员
      p=&d1;
```

```
    p->vf();                          //调用派生类 Derived1 的函数成员
    p=&d2;
    p->vf();                          //调用派生类 Derived2 的函数成员
    return 0;
}
```

程序运行结果是：

```
This is base's virtual function!
This is derived1's virtual function!
This is derived2's virtual function!
```

程序中基类 Base 中的成员函数 vf()前面加上了 virtual 关键字，所以在派生类 Derived1 和 Derived2 中的虚函数 vf()前面不再需要加 virtual 关键字。同时在派生类 derived1 类和 derived2 类中的虚函数 vf()被重新定义，以完成不同的操作。

在 main()函数中说明的基类指针 p 用来指向基类和它的任何派生类对象，通过语句 p->vf()来访问函数成员，这样联编过程就是在运行中完成，实现了运行中的多态性，即在运行过程中实现调用不同的虚函数。

在使用虚函数时，还应注意以下几点。

（1）尽管可以用对象名、函数名的方式调用虚函数，但只有通过基类指针时才可获得多态性。前者是静态联编，后者是动态联编。

（2）由派生类重新定义的虚函数的原型要完全匹配基类中说明的原型，即参数类型及个数必须完全一致，否则就变成了重载函数。

（3）虚函数必须是类的成员函数，不能是友元；另外，构造函数不能是虚函数，而析构函数可以。

（4）当派生类继承虚函数时，其虚特性也被继承，而且不管继承多少次，它仍然是虚的。

在实际应用中，很多情况下，基类中并不能为虚函数给出一个完全有意义的定义，这时可以将这类虚函数说明成纯虚函数，而它的具体定义则由派生类给出。

说明纯虚函数的一般格式为：

```
virtual 函数类型 函数名(参数表)=0;
```

例如：

```
class Test
{   …
  public:
    virtual show()=0;          //定义纯虚函数
   …
};
```

说明：

（1）包含纯虚函数的类称为抽象类，一个抽象类只能作为基类，由此基类再派生新类。引入纯虚函数的目的主要是为不同的对象提供一个统一的接口，即实现“一个接口，多种算法”。同时，可以建立一般到具体的类层次。

（2）不能实例化抽象类。 例如；

```
Test t;        //错误
```

（3）成员函数内可以调用纯虚函数，但构造函数或析构函数内不能调用纯虚函数。

例如：

```
class A
{
   public:
     virtual void f()=0;
     void g()                    //成员函数中调用虚函数
   {
       f();
   }
};
```

本章小结

本章介绍了面向过程方面 C++对 C 语言的扩充以及 C++面向对象的初步知识，为以后系统学习 C++建立了一些基础。

在面向过程时，C++提供了新的输入和输出方法，允许使用“//”开头的注释，变量的定义可以出现在程序的任何位置；利用重载函数实现用同一函数名代表功能类似的函数，以方便使用，提高可读性；使用带缺省参数的函数，使函数调用更加灵活；引用为变量提供一个别名，利用引用作为函数形参可以实现通过函数的调用来改变实参变量的值；增加了内联函数，以提高程序的执行效率；增加了单目作用域运算符，使得在局部变量作用域内也能使用全局变量；用 new 和 delete 运算符代替 malloc 和 free 函数，使动态空间分配更加方便。

在面向对象方面，C++的内容很丰富，概念较多，语法规定也比较复杂，需认真体会。C++中最重要的概念是类，类作为面向对象程序设计方法的核心，是对所要处理的问题的抽象描述。而对象是类的一个实例（Instance）。构造函数与析构函数是两个特殊的成员函数，主要完成创建对象时的初始化工作和撤销对象时的清理工作。

继承是 C++的一个重要持性，主要解决关于代码的重用性和可扩充性等问题。派生新类的过程一般包括吸收已有类的成员、修改已有的类成员和增加新的成员三个步骤。通过派生的过程，着重阐述了三种继承方式下的基类成员的访问控制问题，为派生类添加构造函数和析构函数等。

多态是指相同的消息被不同类的对象接收时表现出完全不同的操作。多态从实现的角度来讲可以划分为两类：编译时多态性和运行时多态性。多态性的实现和联编有关。C++中有两种联编，一种是静态联编，一种是动态联编。

虚函数是利用关键字“virtual”声明的非静态函数成员。用基类类型的指针可以指向派生类对象。若将基类的同名函数设置为虚函数，使用基类类型的指针就可以访问到该指针所指向的派生类的同名函数。由于在基类中引入了虚函数，此时通过基类类型的指针、就可以使不同派生类的不同对象产生不同的行为，从而实现了运行过程的多态。

习　　题

1．选择题

（1）关于 C++与 C 语言的关系的描述中，错误的是________。

A．C 语言是 C++的一个子集　　　　B．C++与 C 语言是兼容的

C. C++对 C 语言进行了一些改进　　D. C++和 C 语言都是面向对象的

（2）下面程序的输出结果为________。

```
#include <iostream.h>
void fun(int &x, int &y)
{
      x=x+y;
      y--;
}
void main()
{
 int a=3,b=5;
 fun(a,b);
 cout<<a<<"    "<<b<<endl;
}
```

A. 3　5　　B. 8　5　　C. 8　4　　D. 有错误

（3）在 C++中，以下函数首部正确的是________。

A. void fun(int a=10,int b,int c)　　B. void fun(int a,int b=20,int c)

C. void fun(int a=10,int b,int c=30)　　D. void fun(int a,int b,int c=30)

（4）下面语句叙述正确的是________。

A. new 与 delete 是 C++的两个和内存使用有关的函数

B. 在声明类时自动调用析构函数

C. 指定内置函数时，只需在函数首部的右端加上关键字 inline 即可

D. 重载函数的参数个数或参数类型必须至少有一者不同

（5）有关类和对象的说法不正确的是________。

A. 对象是类的一个实例

B. 任何一个对象只能属于一个具体的类

C. 一个类只能有一个对象

D. 类与对象的关系和数据类型与变量的关系相似

（6）构造函数的特征描述不正确的是________。

A. 构造函数的函数名与类名相同

B. 构造函数可以重载

C. 构造函数可以设置默认参数

D. 构造函数必须指定类型说明

（7）下列对派生类的描述中，错误的是________。

A. 一个派生类可以作另一个派生类的基类

B. 派生类至少有一个基类

C. 派生类的成员除了它自己的成员外，还包含了它的基类的成员

D. 派生类中继承的基类成员的访问权限到派生类保持不变

（8）派生类的对象对它的基类成员中________是可以访问的。

A. 公有继承的公有成员　　B. 公有继承的私有成员

C. 公有继承的保护成员　　D. 私有继承的公有成员

（9）下面叙述中正确的是________。

A. 基类的构造函数是不能继承的

B. 派生类可继承其基类的全部成员，包括构造函数和析构函数

C. cout 只能和一个输出运算符<<配合使用，即一个 cout 只能输出一个数据

D. 任何非成员函数均可访问对象中的私有成员

（10）下面描述虚函数的语句中，正确的是________。

A. 虚函数是一个 static 类型的成员函数

B. 虚函数是一个非成员函数

C. 基类中说明了虚函数后，派生类中与其对应的函数可不必说明为虚函数

D. 派生类的虚函数与基类的虚函数具有不同的参数个数和类型

2. 填空题

（1）在 C++中有两种类型的注释符，一种是 C 语言中使用的注释符(/*…*/)，另一种是________。

（2）任何类中允许有三种类型的数据：________、________、________。

（3）在 C++中，若在类声明的外部定义成员函数，则函数首行的形式为________。

（4）定义在类内部的函数为类默认状态的________，在类外部每次调用该函数时，定义的函数代码会在调用函数位置展开。

（5）________是一种特殊的成员函数，它主要用来为对象分配内存空间，对类的数据成员进行初始化并执行对象的其他内部管理操作。

（6）在 C++中，构造函数名必须与________同名，它在________时自动执行。

（7）在 C++中，基类的保护成员成为私有派生类的________成员。

（8）在 C++中，派生类不可访问基类的________成员。

（9）对于派生类的构造函数，在定义对象时构造函数的执行顺序是：先执行________，再执行________，后执行________。

3. 概念题

（1）C++ 语言和 C 语言的本质差别是什么?

（2）面向过程的程序设计方法与面向对象的程序设计方法在对待数据和函数关系上有什么不同?

（3）举例说明 C++中类的概念。

（4）比较类的三种继承方式 public（公有继承）、protected（保护继承）和 private（私有继承）之间的差别。

（5）给出下面的基类：

```
class AreaClass
{
  public:
     //…
  protected:
     double height;
     double width;
 }
```

建立两个派生类 Box（方形类）与 Isosceles（等腰三角形类），让每个派生类包含一个函数 Area()，分别用来返回方形与等腰三角形的面积。用参数化构造函数对 height 和 width 进行初始化。

（6）什么叫多态性？在 C++中是如何实现多态的?

（7）什么是虚函数？虚函数的作用是什么?

第 13 章 VC++ 6.0 开发环境及程序测试与调试

VC++ 6.0 是 Microsoft 公司推出的运行在 Windows 操作系统中的交互式、可视化集成开发软件，它不仅支持 C++语言，也支持 C 语言。VC++ 6.0 集程序的编辑、编译、连接、调试等功能于一体，为编程人员提供了一个既完整又方便的开发平台。本章主要介绍英文版 Visual C++ 6.0 开发 C 语言程序的基本方法。

13.1 VC++ 6.0 的主窗口界面

用鼠标依次单击“开始”→“程序”→“Microsoft Visual Studio 6.0”→“Microsoft Visual C++ 6.0”，进入 VC++ 6.0 主界面窗口（以下简称 VC 窗口），如图 13.1 所示。VC 窗口由标题栏、菜单栏、工具栏、项目工作区窗口、输出窗口、编辑窗口、状态栏组成。

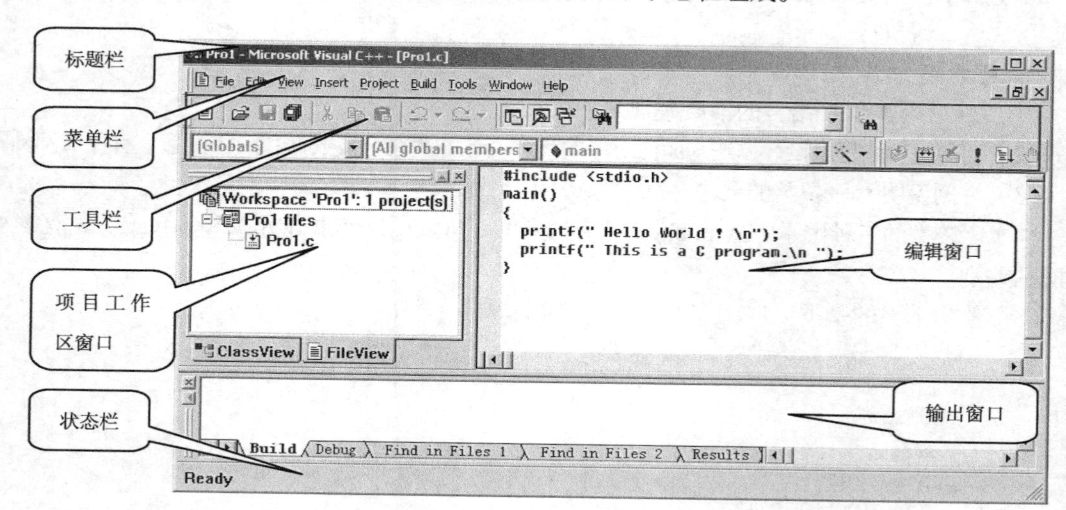

图 13.1 VC++ 6.0 的集成开发环境

（1）菜单栏

菜单栏包含 File（文件）、Edit（编辑）、View（视图）、Insert（插入）、Project（项目）、Build（建立）、Tools（工具）、Window（窗口）和 Help（帮助）菜单项，每个菜单项下有对应的下拉子菜单。选择菜单的方法与 Word 等软件相似，可以用鼠标单击菜单项，也可以用键盘操作，即同时按 Alt 键和所选菜单的热键字母。

（2）工具栏

VC 提供了多种工具栏，在默认的情况下，工具栏显示 Standard（标准工具栏）、Build MiniBar（小型编连工具栏）和 WizardBar（向导工具栏），其中，WizardBar 与类有关，在此不予介绍。在调试 C 语言程序时，用得最多的是 Standard 和 Build MiniBar。

Standard 工具栏中包含新建文本文件（ ）、打开（ ）、保存（ ）、剪切（ ）、复制（ ）、粘贴（ ）、查找（ ）等十几个常用编辑工具。

Build MinBar 工具栏中包含编译（ ）、建立项目（ ）、执行（ ! ）、断点设置（ ）等多个编译、连接、调试工具。

VC 允许用户根据自己的爱好和习惯来设置工具栏，如显示或隐藏工具栏，在工具栏的空白处单击鼠标右键，然后在弹出的快捷菜单中选择相应的工具栏命令，如图 13.2 所示。

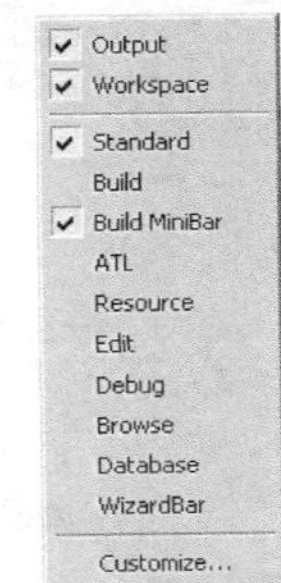

图 13.2　工具栏设置窗口

（3）项目工作区窗口

项目也称为工程，VC 是以项目为单位来管理程序开发的，一个项目是构成一个完整的程序所包含的所有源程序文件、资源文件和其他支持文件的集合。项目工作区窗口即是管理这些文件的界面，通过在该窗口上的操作，用户可以调出任何在当前项目中的文件进行编辑。在项目工作区窗口中有“ClassView”（类视图）、“ResourceView”（资源视图）和“FileView”（文件视图）三个选项卡，其中 FileView（文件视图）显示当前项目中用到的所有文件。

（4）编辑窗口

编辑窗口用来显示和编辑头文件、源文件、资源等各种文件，是用户进行输入和编辑的主要区域。

（5）输出窗口

输出窗口主要输出有关编译和调试过程中的信息及结果，如错误的数量、错误可能的位置与大致原因等。

（6）状态栏

状态栏显示当前操作状态、文本光标所在的行列号等信息。

13.2　编辑 C 语言源程序文件

运行一个 C 程序，要经过编辑源程序文件（包括.c 和.h 文件）、编译生成目标文件（.obj）、连接生成可执行文件（.exe）和执行四个步骤。下面介绍如何编辑一个 C 语言源程序文件，包括输入、修改、保存等，其余三步以后介绍。

在编辑 C 源程序文件时，主要使用 File 和 Edit 菜单。

File（文件）菜单主要用来对文件和项目进行操作，如图 13.3 所示，菜单中的命令分成了如下几组。

（1）New、Open、Close——创建新的文档、项目、工作区或其他文档等文件；打开已有的文件；关闭当前文件。

（2）Open Workspace、Save Workspace、Close Workspace——打开、保存、关闭工作区。

（3）Save、Save as、Save all——保存当前文件、另存当前文件、保存所有打开的文件。

（4）Page Setup、Print——页面设置、打印当前文件。

（5）Recent Files、Recent Workspaces——最近打开的文件、工作区列表。

（6）Exit——退出 VC。

Edit（编辑）菜单包括用于编辑或者查找的命令选项，如图 13.4 所示。其中撤销、重复、文本的选定、剪切、复制、粘贴、删除等编辑操作类似于 Word，在此不再详述。另外，也可以使用工具栏进行一些编辑操作。

图 13.3 File 菜单

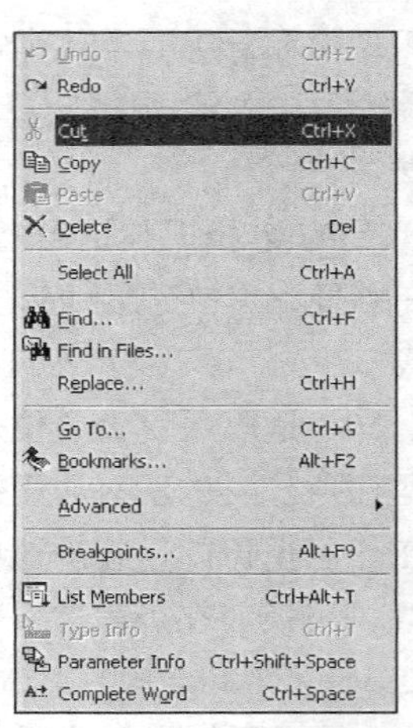

图 13.4 Edit 菜单

（1）Find、Find in Files、Replace——在当前文件中查找指定的字符串、在指定路径下的多个文件中查找、替换指定的字符串。

（2）Go To、Bookmarks——将光标移到指定的位置（如行、书签等）、设置/取消书签。

（3）Advanced——编辑的高级命令，如增量式搜索、用空格替换指定区域的 TAB 符号等。

（4）Breakpoints——弹出 Breakpoints 对话框，用于设置、删除和查看断点（有关断点概念在后面介绍）。

（5）List Members——在使用->或.调用类的成员时，弹出包含该类的所有成员的列表框，这时，只要键入成员的前几个字母就能从列表中选中该成员，按 Tab 键即可完成输入操作。也可以用滚动条找到要输入的成员名，然后双击它完成。

（6）Type Info——显示光标所在处的变量或者函数的定义或声明。

（7）Parameter Info——输入代码时，如果在函数名之后键入左括号，系统将显示该函数的完整原型，并用黑体显示其第一个参数。输入完第一个参数后，接着会出现第二个参数，依此类推。

（8）Complete Word——表示系统自动完成当前语句其余部分的输入。如果不能自动完成，则给出适当的提示帮助用户完成。

上面（5）～（8）是 IntelliSense 技术的产物，目的是帮助用户减少因输入而产生的语法错误。此外，单击 Tool→Options 菜单命令，在弹出的对话框中选择 Editor，可以设置自动激活（5）～（8）的操作。

13.2.1 新建 C 源程序文件

新建 C 源程序文件可以采取两种方法。

方法一：

（1）在 VC 窗口，选择 File→New 菜单命令，弹出 New 对话框，如图 13.5 所示。

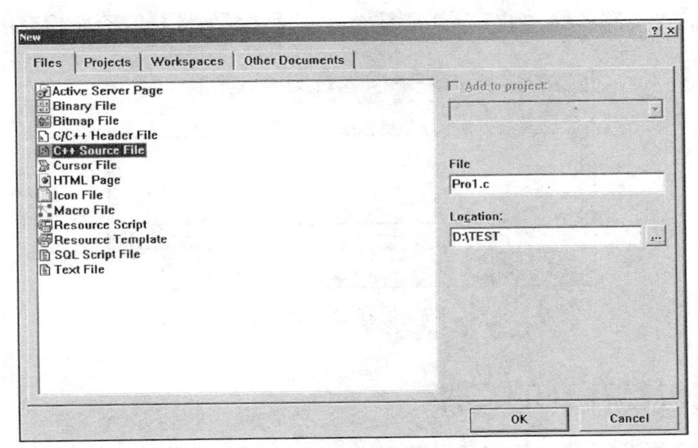

图 13.5　新建文件对话框

（2）选择 New 对话框上的 File 选项卡，并选择 C++ Source File 选项，建立 C 语言程序。如果选择 C/C++ Header File 选项，则将建立头文件，扩展名为.h。

（3）在对话框右半部分的 Location（位置）文本框中输入或选择新文件的存储位置（假定为 D:\TEST）。

（4）在 File（文件）文本框中输入新文件的名称，例如“Pro1.c”。在编写程序时，应根据程序的功能进行命名。注意，Pro1.c 后面的“.c”后缀是必需的。如果不写扩展名，VC 系统自动创建扩展名为“.cpp”的 C++程序。

（5）单击【OK】按钮，回到 VC 主窗口，在编辑窗口看到光标闪烁，此时可输入和修改源程序。例如，如图 13.6 所示，输入一个简单的程序。可以看到关键字字体以蓝色显示，以区分其他标识符。

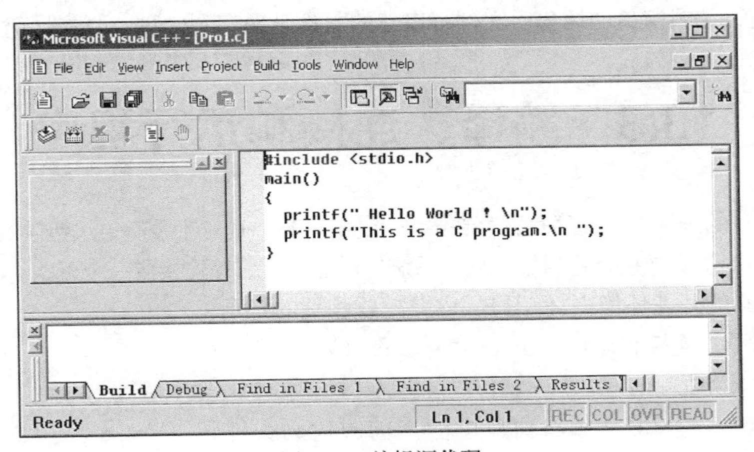

图 13.6　编辑源代码

（6）选择 File→Save 菜单命令，或单击工具栏中的保存按钮、或按快捷键 Ctrl+S 保存源程序文件。

方法二：

（1）在 VC 窗口，单击工具栏中的新建文本文件按钮，在编辑窗口生成一个文本文件，看到光标闪烁，可输入和修改源程序。

（2）在保存文件时，弹出“保存为”对话框，如图 13.7 所示，通过下拉箭头选择保存的位置，在文件名文本框中输入文件名称，例如 Pro1.c。注意，“.c”后缀是必需的，否则保存的是文本文件(.txt)。

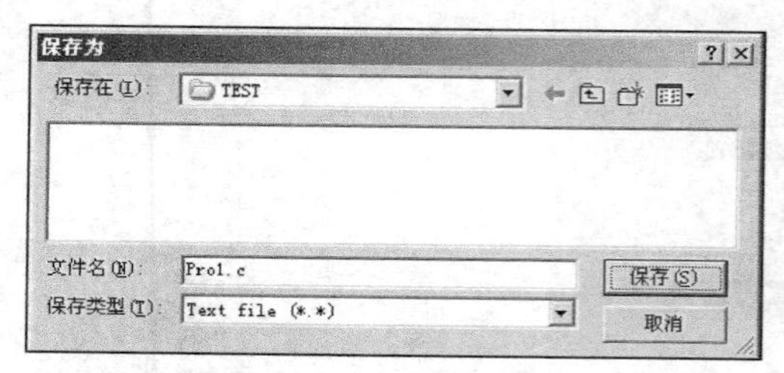

图 13.7　保存 C 源程序文件

13.2.2　编辑已存在的文件

对于已经存在的 C 源程序文件打开后即可进行编辑，方法与 Word 相似。

（1）打开文件。在“资源管理器”或“我的电脑”中按路径找到已存在的 C 程序（例如 Pro1.c），双击此文件名，自动进入 VC 开发环境，并打开了该文件，程序显示在编辑窗口中。也可以选择 File→Open 菜单命令、或按快捷键 Ctrl+O、或单击工具栏中的【Open】按钮打开对话框，从中选择所需文件。例如，二级 C 语言等级考试时，在考试系统的答题菜单下选择试题文件名，自动进入 VC 开发环境，在编辑窗口中显示该试题的源程序文件。

（2）编辑文件。可以使用 Edit 菜单或者标准工具栏，对编辑窗口的活动文件（即当前文件）进行编辑操作，包括插入、删除、选定文本、复制等。

（3）保存文件。编辑时，应经常保存，以免断电或程序未响应造成不必要的损失。保存到原来的文件可以使用前面介绍的方法。另外，也可以保存为新的文件名或者进行备份，方法是通过 File 菜单中的 Save As（另存为）命令，在弹出的对话框中指定保存的位置，输入新的文件名，单击【保存】按钮，编辑窗口的源程序文件就以新的文件名保存到磁盘（原文件仍存在）。

13.3　编译、连接和运行程序

编译的首要目的是检查源程序是否存在语法错误；其次，是对于没有语法错误的源程序，生成对应的目标文件（.obj）。连接是将目标文件与系统提供的库函数等连接成一个可执行文件（.exe）。

在 VC ++ 6.0 的开发环境中，使用 Build 菜单或相关的工具栏对源程序进行编译、连接和运行。Build 菜单如图 13.8 所示，所包含子菜单的含义如下。

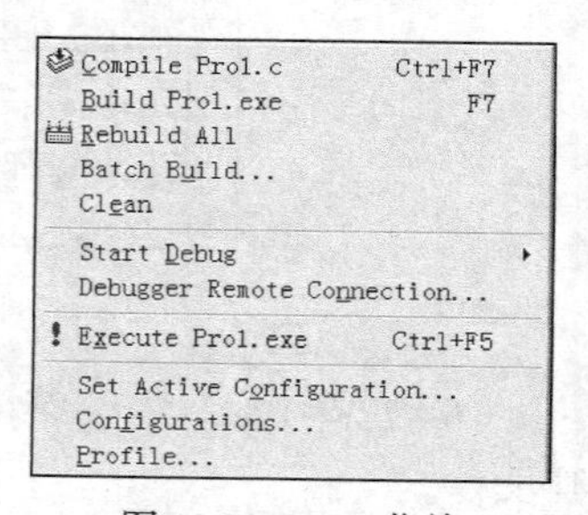

图 13.8　Build 菜单

Compile Pro1.c——编译编辑窗口中的当前源代码文件，Pro1.c 为当前源程序文件名。

Build Proc1.exe——编译、连接编辑窗口中的当前源代码文件，生成可执行文件。

Rebuild All——重新编译、连接项目中的所有文件。

Batch Build——编译连接多个项目。

Clean——清除所有编译、连接过程中产生的文件。

Start Debug——开始调试程序。

Debugger Remote Connection——远程调试连接的各项环境设置。

Execute Proc1.exe——执行应用程序。

Set Active Configuration——选择活动项目的配置，如 Win32 Release 和 Win32 Debug。

Configurations——设置、修改项目的配置。

Profile——启动剖析器。剖析器是分析程序代码运行行为的工具。利用剖析器提供的信息，可以找出代码中哪些部分是高效的，哪些部分需要更加仔细地加以检查。

13.3.1　编译

将上一节保存在 D:\TEST 文件夹下的 Pro1.c 在编辑窗口打开，编译的方法如下：

（1）单击工具栏上 Compile 按钮、或选择 Build 菜单栏中的 Compile Pro1.c（编译 Pro1.c）命令，编译系统进行编译，弹出如图 13.9 所示的对话框，单击【是】按钮，表示同意由编译系统建立一个默认的项目工作区，并对源程序进行编译；单击【否】按钮，将不会对源程序进行编译。

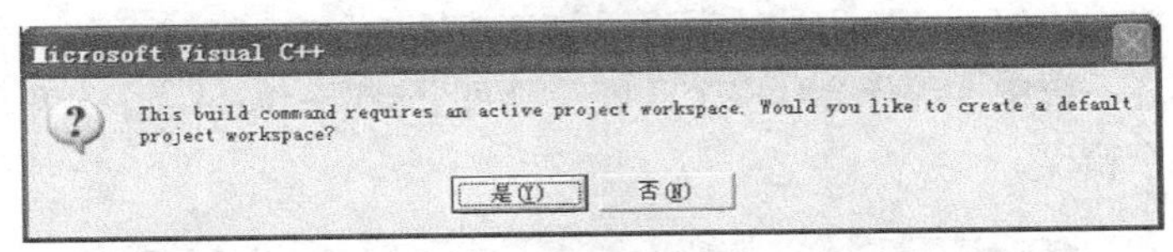

图 13.9　“是否建立一个默认的项目工作区”对话框

（2）若编译成功，则在 VC 输出窗口显示“0 error（s）,0 warning（s）”，如图 13.10 所示。“0 error（s）,0 warning（s）”表示没有编译错误（error），也没有警告错误（warning），编译系统生成一个目标文件 Pro1.obj，之后可以进行程序的连接与执行。

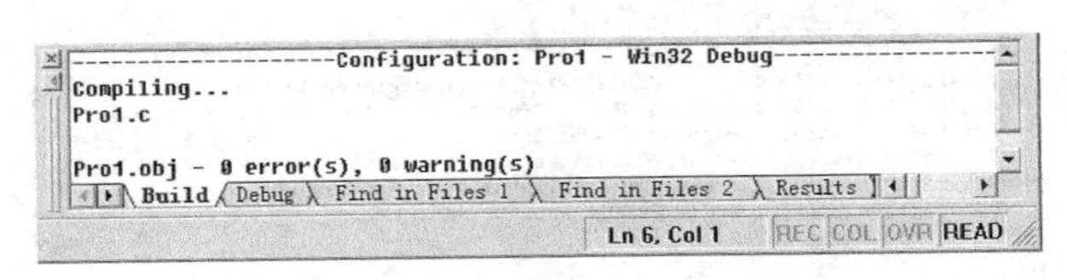

图 13.10　成功编译后的输出窗口

（3）若编译有错，则在输出窗口显示错误信息。按 F4 键、或双击错误提示行，在源程序出错行左侧出现➡标记，并且光标定位到此行。此时，应检查标记所在行（可能会是标记前一行或多行）的程序代码，找出错误的原因并修改，然后再编译，若再出现错误，则再修改，直到编译通过为止。

编译工作能发现源程序中的错误分为两类，一类是源程序中的语法错误，在输出窗口用 error 表示，编译系统不能为源程序生成目标文件。另一类是轻微错误，如数据类型不匹配等，用 warning（警告）表示，这类错误不影响生成目标程序和可执行程序，但有可能会影响运行的结果，也应改正。总之，修改错误，使程序既无 error，又无 warning。

应注意的是，在程序编译时还可能会出现以下情况。

（1）编译系统给出的错误信息中错误的位置有时偏离。

如图 13.11 所示，程序中第 4 行末尾丢失分号，但系统给出的错误提示信息是第 5 行丢失分号，位置出现了偏离。

建议：在看到一个错误信息时，如果在其提示的行中没有发现错误，可适当地将搜寻范围向前扩展。

（2）对于某个错误编译系统可能给出一系列连带的错误信息。

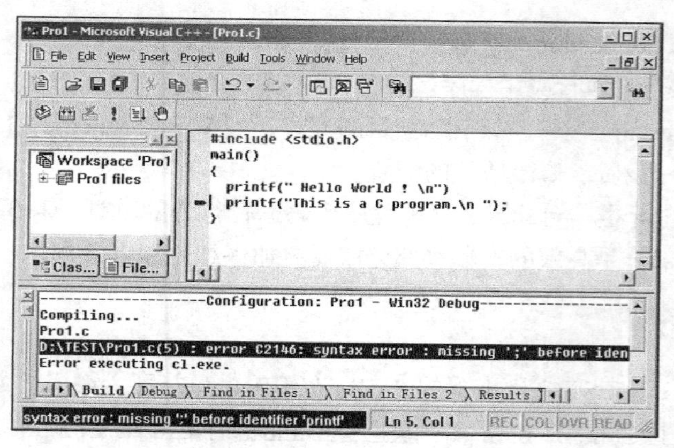

图 13.11　错误位置的偏离

如图 13.12 所示，在程序第 5 行“printf(This is a program.\n”);”中输出的字符串丢失左侧的双引号，只有一个错误，但系统给出的错误提示信息却是 4 个错误 2 个警告，错误的数量出现了偏离。在 VC 的编译系统中，编译会从多个角度检测每个错误，如果从多个角度解释都有问题，则系统会提示有多个错误。

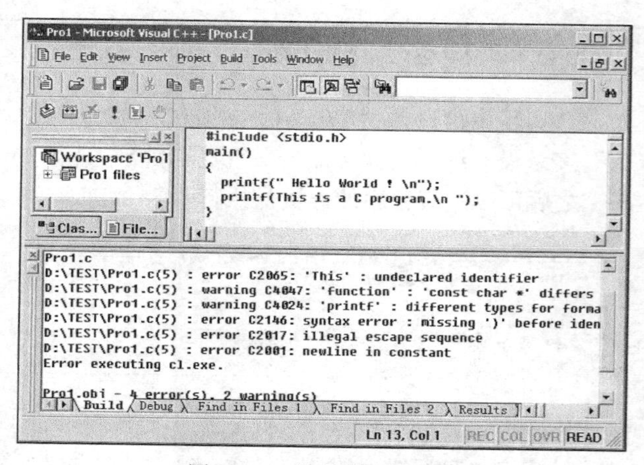

图 13.12　错误数量的偏离

建议：在看到多个错误信息时，不要被错误数量吓倒，无需全部改掉后再编译，尝试着先改掉其中的一个错误，立即重新编译，错误信息可能大幅度减少。

13.3.2　连接

源程序编译成功后，就可进行连接了。连接的方法是：单击工具栏上的 Build 按钮、或选择 Build→Build Pro1.exe 菜单命令、或按快捷键 F7 对目标文件 Pro1.obj 进行连接。若连接成功，则生成一个可执行文件 Pro1.exe，如图 13.13 所示。

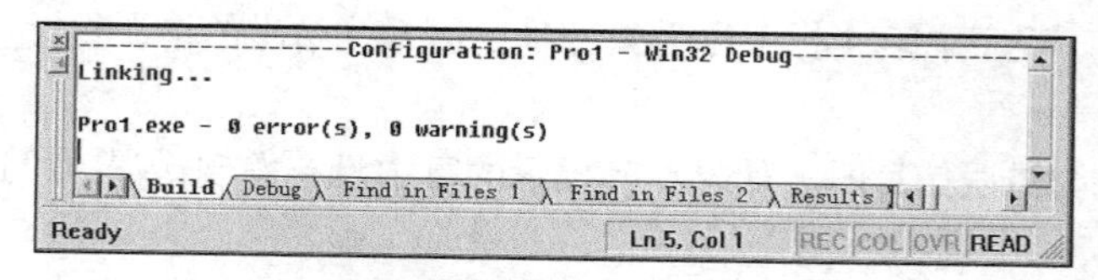

图 13.13　成功连接后的输出窗口

说明：在没有进行 Compile 时，也可直接使用 Build 菜单的 Build 命令，因为该命令包含编译。

13.3.3　运行

程序连接成功并生成可执行文件.exe 后，就可以运行程序。程序运行的方法是：单击工具栏上的 Execute 按钮 ! 、或选择 Build→!Execute Pro1.exe 菜单命令、或按快捷键 Ctrl+F5。运行后产生如图 13.14 所示的结果输出窗口。

最后一行“Press any key to continue”并非程序的输出，而是 VC 在输出完运行结果后由系统自动加上的一行信息，告知用户“按任意键继续”。当按下任意键后输出窗口消失，回到 VC 窗口，可继续对源程序进行修改、补充或其他的工作。

程序编译后又做了修改，如果直接运行，将会弹出如图 13.15 所示的对话框，单击【是】按钮，系统将自动对程序进行编译、连接并运行。

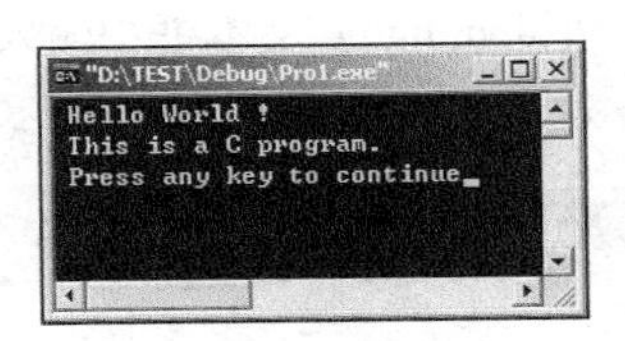

图 13.14　运行结果

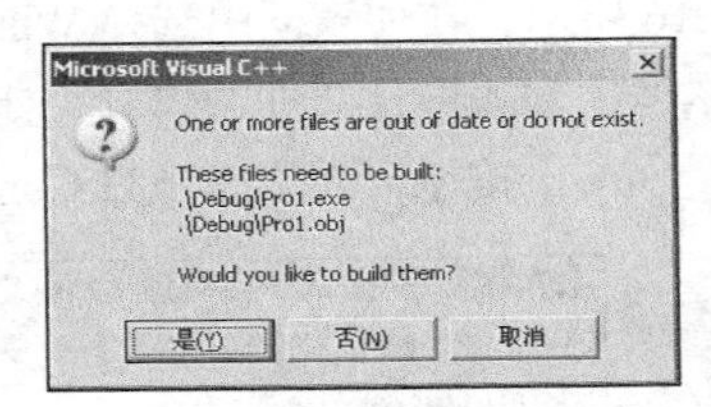

图 13.15　重新编译源程序

13.4　建立和运行多个文件的方法

一个完整的 C 程序可能包含一个或多个程序文件，包括源程序文件（扩展名为.c）、头文件（扩展名为.h），由项目（project）文件进行管理，所以一个项目文件（.dsp）对应一个应用程序。项目文件是放在项目工作区中并在项目工作区的管理之下工作的，因此需要建立项目工作区（workspace）。在编译程序时必须有一个项目工作区，如果用户未指定，系统会自动建立工作区（扩展名为.dsw），并以文件名作为工作区名（如前所述，源程序编译时系统自动建立了工作区）。建立项目工作区有两种方法：一种是由用户建立项目工作区和项目文件；另一种是用户只建立项目文件而不建立项目工作区，由系统自动建立项目工作区。下面介绍创建项目文件并自动创建工作区的方法。

（1）用前面介绍过的方法分别编辑好同一程序中的各个源程序文件并存放在指定的目录下。例如，下列 Pro2.h、Pro2_1.c 和 Pro2_2.c 保存在 D:\TEST 子目录下。

Pro2.h 中的内容：

```
int max(int x,int y);          //声明函数
```

Pro2_1.c 中的内容：

```
int max(int x,int y)           //求最大值函数
{
  int m;
  if(x>y)
    m=x;
  else
```

```
    m=y;
   return(m);
  }
```

Pro2_2.c 中的内容：

```
#include<stdio.h>
#include"Pro2.h"
main()                                    //主函数
{
  int a,b,imax;
  printf("please input two datas a,b: ");
  scanf("%d%d",&a,&b);
  imax=max(a,b);                          //调用求最大值的函数
  printf("\n Maximum is %d\n",imax);
}
```

（2）选择 File→New 菜单命令，弹出 New 对话框。单击对话框上部的 Projects（项目）选项卡，如图 13.16 所示，在列表框中选择 Win32 Console Application（Win32 控制台应用程序）。在 Location 文本框中输入项目文件的位置（如 D:\TEST），在 Project name 文本框中输入项目名（如 Pro2），单击【OK】按钮，弹出 Win32 Console Application 对话框，如图 13.17 所示。

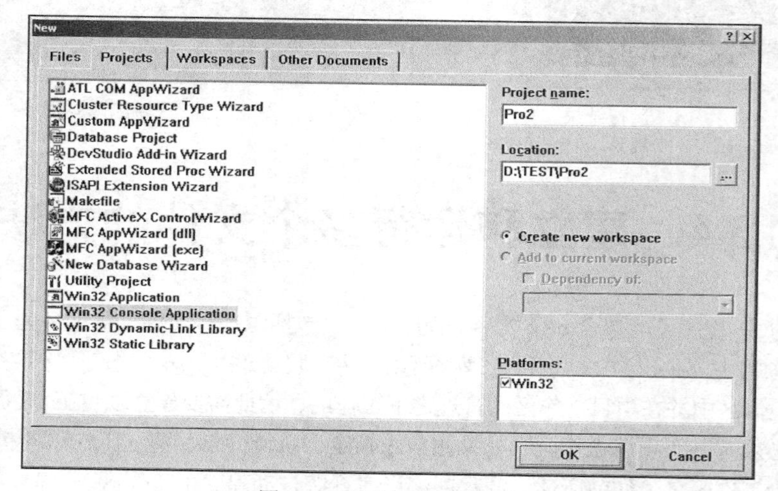

图 13.16　新建项目对话框

（3）在弹出的 Win32 Console Application 对话框中选择 An empty project 单选项，然后单击【Finish】按钮，弹出 New Project Information 对话框，如图 13.18 所示，单击对话框中的【OK】按钮，回到 VC 窗口。

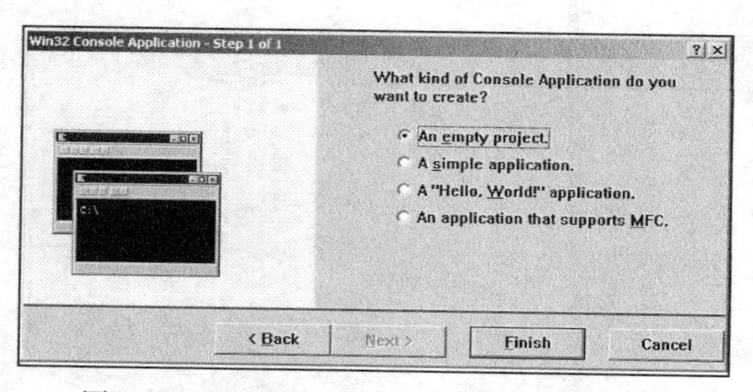

图 13.17　Win32 控制台应用程序向导对话框

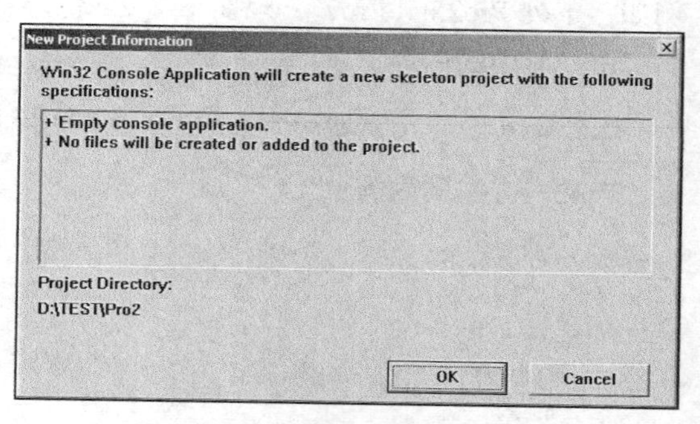

图 13.18　新建项目信息对话框

（4）在 VC 窗口中 Workspace 窗口的下方单击 File View 选项卡，窗口内显示“Workspace ‘Pro2’：1 Project（s）”，表示工作区 Pro2 中有一个项目文件；展开“Pro2 files”可查看源文件、头文件等，如图 13.19 所示。如果项目中定义了全局的结构体、共用体、类和变量等，可单击 ClassView 选项卡来查看。

（5）选择 Project→Add To Project→Files…命令，出现图 13.20 所示的对话框，在本例中，将源程序文件放到项目文件中。找到并选中 Pro2.h、Pro2_1.c 和 Pro2_2.c，单击【OK】按钮，将选中的三个文件添加到项目中。此时，回到 VC 主窗口，再观察 Workspace 窗口，可以看到项目文件 Pro2 中包含了源程序文件 Pro2_1.c、Pro2_2 和 Pro2.h，如图 13.21 所示。

（6）可通过工具栏上的 Compile 按钮或 Build 菜单中的 Compile 命令分别单独编译项目中的各源文件（每个源文件是一个编译单位），然后进行连接；也可直接选择 Build 菜单中的 Build 命令，对项目中的所有文件进行编译和连接。

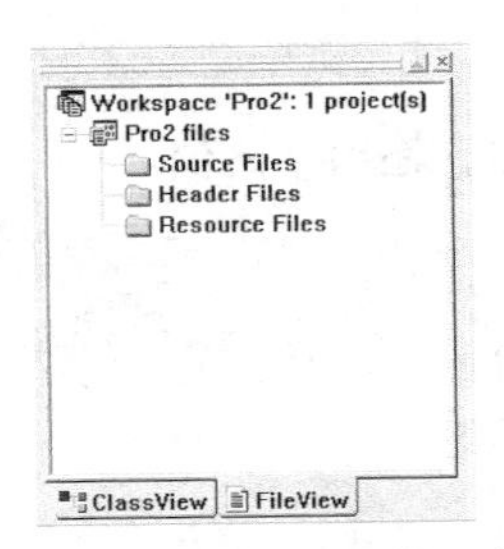

图 13.19　新建项目工作区窗口

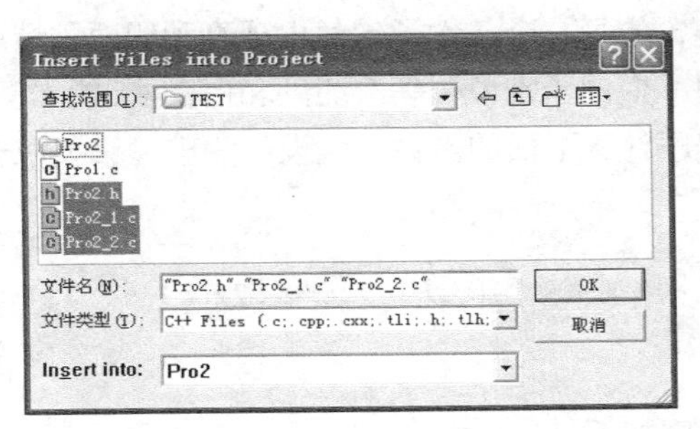

图 13.20　添加文件

（7）选择 Build 菜单中的 Execute Pro2.exe 命令，弹出程序运行窗口，输入 12　45 后按回车键，程序运行结果如图 13.22 所示。

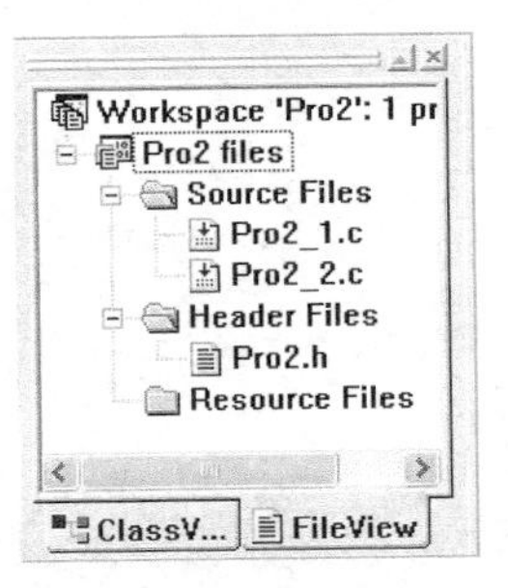

图 13.21　项目工作区

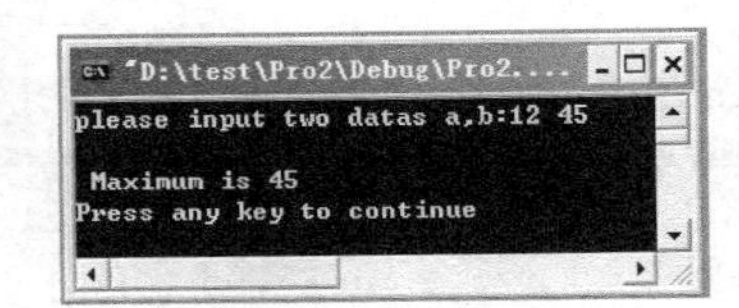

图 13.22　运行结果

13.5　程序测试与调试

程序测试和程序调试也是编写程序中很重要的一部分，程序测试的主要任务是找出程序中的错误；程序调试则主要是消除程序中的错误。程序测试和程序调试往往是交叉进行的，当程序测试有错误时，就需要对程序进行调试，然后调试通过后再进行测试，直到程序达到预期的功能。

13.5.1　程序测试

程序测试的目的是为了暴露程序中存在的错误或缺陷而执行程序的过程，不要抱有“程序运行无误就说明程序没有错误”的思想。测试是为了发现程序的错误，而不是证明程序无错。测试程序时首先需要准备一些数据（测试用例）。设计测试用例时，应当清楚相应的输出结果是否正确，而且测试用例应包括合理的输入数据和不合理的输入数据。根据选用测试用例的不同分为黑盒测试和白盒测试。

黑盒测试是指程序对测试者来说是完全透明的。测试者不考虑程序的内部结构和特性，只根据程序的功能等外部特性来设计测试用例。对程序内部结构不了解时，使用这种方法为好。

白盒测试是指将测试对象看作一个打开的盒子，测试人员利用程序内部的逻辑结构及有关的信息来设计或选择测试用例。一般程序设计人员多采用这种方法。

在选择测试用例的时候应该遵循以下三个覆盖原则：

（1）语句覆盖。选择足够多并且合适的测试用例使得每一条语句都能够被执行；

（2）分支覆盖。选择测试用例集使得每一个条件都出现真和假两种情况；

（3）子句覆盖。因为通常一个条件语句有可能会包含多个条件子句，那么子句覆盖就是让条件语句中包含的每一个条件子句都出现真和假两种情况。

下面用一个例子来说明黑盒测试和白盒测试。

编写程序计算下面的函数，假设 x 为整型，要求输入 x 的值，输出 y 的值。

$$y = \begin{cases} x & (x < 1) \\ 2x - 1 & (1 \leqslant x < 10) \\ 3x - 1 & (x \geqslant 10) \end{cases}$$

编写程序如下：

```
#include<stdio.h>
main()
{
    int x,y;
    printf("Input x: ");
    scanf("%d",&x);
    if(x<1)
    {
        y=x;
        printf("x=%3d,y=x=%d\n",x,y);
    }else if(x<=10)
    {
        y=2*x-1;
        printf("x=%3d,y=2*x-1=%d\n",x,y);
    }else
    {
        y=3*x-1;
        printf("x=%3d,y=3*x-1=%d\n",x,y);
    }
}
```

1. 黑盒测试

首先，采用黑盒测试，分两种情况选择测试用例。

（1）非法输入。如输入一个非数字字符，程序能运行，但结果不对，说明程序不能检测出非法输入，对本例来说无影响，但实际工作中是不允许的。

```
Input x:a↙
x=-13108,y=x= -13108
```

（2）临界值输入。分别输入 1 和 10，运行情况如下。

```
① Input x: 1↙
x=  1,y=2*x-1=1               (结果正确)
② Input x:10↙
x= 10,y=2*x-1=19              (结果错误)
```

显然，在测试用例为 x=10 时，程序的运行结果是错误的，正确结果是 y=3*x−1=29，说明程序判断有问题。将“else if（x<=10）”中的“=”去掉，再测试，则结果正确。

2. 白盒测试

采用白盒测试方法时，根据程序的逻辑结构，共有以下三种情况。

（1）x < 1 时：

```
Input x: 0↙
x=  0,y=x=0                   (结果正确)
```

（2）1 ≤ x < 10 时：

```
Input x: 5↙
x=  5,y=2*x-1=9               (结果正确)
```

（3）x ≥ 10 时：

```
Input x: 20000↙
x=20000,y=3*x-1= 59999
```

以上是程序测试的初步知识。对于一些复杂的程序，测试起来会更麻烦。读者应当多积累经验，学会合理组织测试数据，并根据测试结果修改、完善程序，即调试程序。

13.5.2　程序调试

程序调试对于程序设计来说是一个非常关键的环节，程序应经人工检查无误后，再上机调试。最简单的程序调试是根据编译或连接的出错信息，找出程序中出错之处。这种调试主要是针对语法进行的，只要理解各类出错信息的含义（后面给出了常见编译出错信息，供参考），调试起来并不困难，在此不再赘述。下面介绍另一种调试情况。

如果程序无编译和连接错误，但经测试后，发现程序运行结果不正确，则可使用 VC 提供的动态调试程序的功能找出问题所在。

在 VC 中每当建立一个项目（Project）时，VC 都会自动建立两个版本：Debug 版本和 Release 版本，正如其字面意思所说的，Debug 版本是在开发过程中进行调试时所用的版本，而 Release 版本是当程序完成后准备发行时用来编译的版本。默认情况下，Debug 版本中包含调试信息，且不进行任何代码优化；而 Release 版本不包含任何调试信息，并对可执行程序的二进制代码进行了优化。若要选择 Release 版本进行调试，需要进行一些设置（Project 菜单中的 Setting 命令），使其包含调试信息，否则是不能进行调试的。为方便起见，本书使用 VC 默认选择的版本，即 Debug 版本进行调试。

1. 调试的一般过程

这里所讲的调试，就是在程序运行过程的某一阶段观测程序的状态，而一般情况下程序是连续运行的，所以必须使程序在某一地点暂停下来，这个地点就是断点。在开始调试前，应保证程序编译连接无错误。在调试的过程中，首先要做的就是在程序的关键行处设置断点；其次，使用 Go 菜单命令再运行程序，使程序在断点处停下来，并观察程序的状态。程序在断点停下来后，有时需要按用户的要求控制程序的运行，以进一步观测程序的流向。下面依次介绍断点的设置、调试器的启动以及如何控制程序的运行。

2. 设置断点与删除断点

断点是 VC 调试器设置的一个代码位置，是最常用的调试技巧。调试时，只有设置了断点并使程序回到调试器，才能对程序进行在线调试。断点分为位置断点、数据断点和消息断点，下面主要介绍位置断点和数据断点的设置。

（1）位置断点的设置与删除。在源代码编辑窗口，将插入点移到要设置或删除断点的行，单击工具栏 （Insert/Remove Breakpoint）按钮、或按快捷键 F9 就可设置一个断点，此时编辑窗口左侧有一红色实心圆作为标识。例如，对上面测试时举的例子设置两个断点，如图 13.23 所示。如果该行已经被设置为断点，则再按 F9 键该断点被删除。一个程序中可以设置多个断点。

用上面的方法设置的位置断点有时作用有限，可以利用 Breakpoints 对话框设置附加的条件，这种有条件的位置断点在有些文献中称为条件断点。打开 Breakpoints 对话框的方法是按快捷键 Ctrl + B 或 Alt + F9，或者选择 Edit→Breakpoints 菜单命令，如图 13.24 所示。这个对话框下部显示设置了两个断点（第 7 行和第 14 行），单击其中一个，则在 Break at 文本框显示出来，并且可单击 Condition 按钮为断点设置一个表达式。当这个表达式发生改变时，程序就被中断。

单击图 13.24 所示 Breakpoints 对话框的 Remove all 按钮，或按快捷键 Ctrl+Shift+F9，可一次性删除程序中的所有断点。

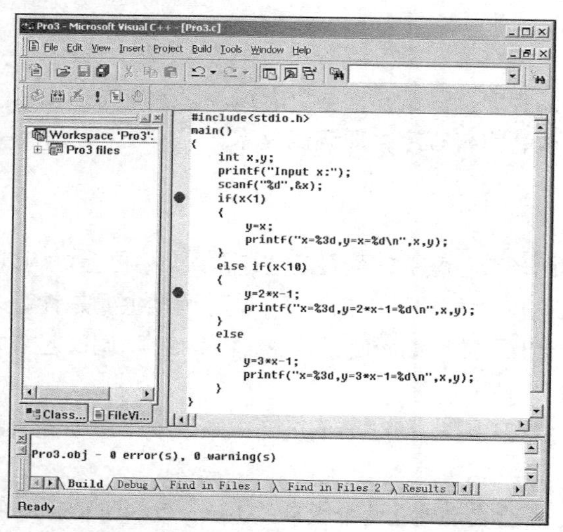

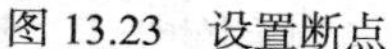
图 13.23 设置断点

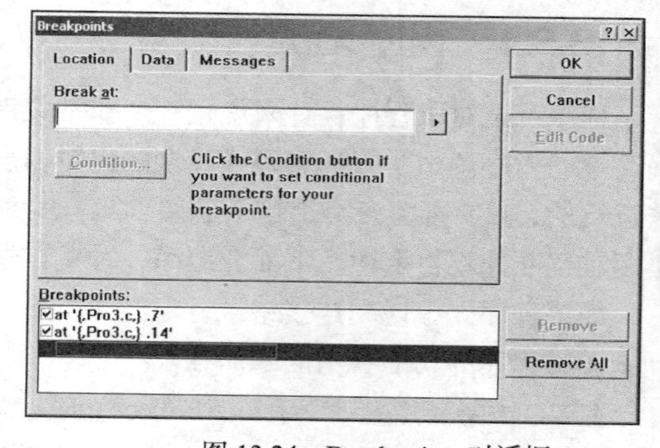

图 13.24 Breakpoints 对话框

（2）数据断点的设置与删除。程序调试过程中，有时会发现一些数据会莫名其妙地被修改（如一些数组的越界写导致覆盖了另外的变量），利用数据断点可以快速定位何时何处数据被修改。数据断点的设置与删除只能在 Breakpoints 对话框中进行，选择 Data 选项卡，显示设置数据断点的对话框。在编辑框中输入一个表达式，当这个表达式的值发生变化时，数据断点就到达，程序停在相关语句处。删除数据断点的方法是，在该对话框中选择一个数据断点，然后单击 Remove 按钮即可。

（3）消息断点的设置与删除。消息断点是为 VC 对 Windows 消息的截获提供的。设置与删除也是通过在 Breakpoints 对话框中选择 Messages 选项卡进行，因与本书无关，在此不再赘述。

3. 启动调试器

选择工具栏 go 按钮，或 Build→Start Debug 菜单中的 Go、Step Into 或 Run to Cursor 等命令，

均可启动调试器，进入调试状态。调试器提供一系列窗口，用于显示不同的调试信息，可以借助 View 菜单下的 Debug Windows 子菜单访问它们。

当启动调试器后，VC 开发环境的 Build 菜单自动改为 Debug 菜单，并且自动显示出 Variables 和 Watch 两个调试窗口，这两个窗口的作用如下。

（1）变量窗口

图 13.25 所示是 Variables（变量）窗口。随着程序的运行这个窗口会跟着变化，可以通过该窗口了解到程序中的变量状态。

（2）观察窗口

图 13.26 所示是 Watch（观察）窗口。对于变量比较多的程序，可以在 Name 列表中输入需要监控的变量名。如果需要可以在 Value 列中重新指定这些变量的值。

4. 控制程序运行

在工具栏空白处单击鼠标右键后选择 Debug 工具栏选项，弹出调试快捷窗口，集中所有的调试命令按钮，如图 13.27 所示，常用调试命令按钮功能如表 13.1 所示。

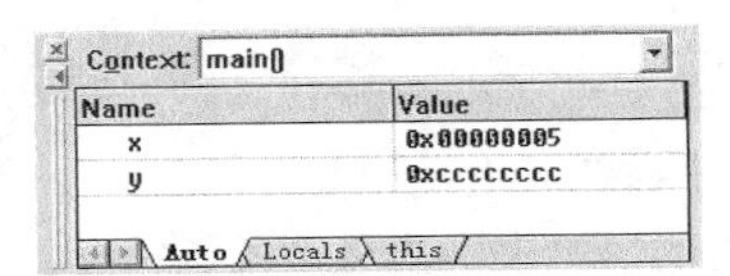

图 13.25　Variables 窗口

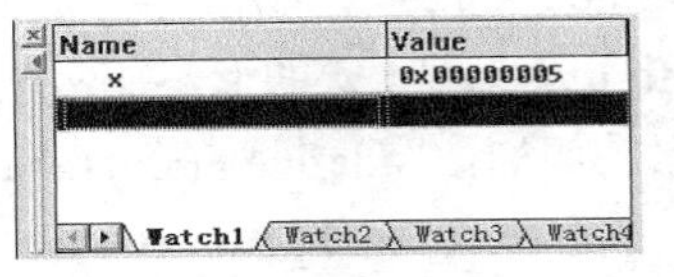

图 13.26　Watch 窗口

图 13.27　Debug 快捷窗口

表 13.1　常用调试命令功能表

子　命　令	快　捷　键	功　　能
Go	F5	运行程序至断点、或程序结束
Restart	Ctrl+Shift+F5	重新载入程序，并启动执行
StopDebugging	Shift+F5	关闭调试会话
Break		从当前位置退出
Step Into	F11	单步执行，并进入调用函数
Step Over	F10	单步执行，但不进入调用函数
Step Out	Shift+F11	跳出当前函数，回到调用处
Run to Cursor	Ctrl+F10	运行至当前光标处
Variables		显示或隐藏程序变量窗口
Watch		显示或隐藏查看窗口

以上介绍的调试方法的具体应用请参看第 14 章。另外，调试是面向行的。在 VC 中，虽然一行可写多个语句，但为了调试方便，每条语句最好独自成行。

13.6　常见编译、连接出错信息

出错信息包括类别、序号和说明，编译出错信息还包括文件名和编译器认为出错处的行号。下面按序号列出常见的出错信息，xxx、yyy 代表标识符或其他字符，圆括弧内是中文译文。

1．常见编译出错信息

● fatal error C1004: unexpected end of file found（意想不到的文件结束）

例如：函数定义缺少了“}”；程序中有#ifdef 或#if，但没有匹配的#endif。

● fatal error C1083: Cannot open include file: 'xxx.h': No such file or directory（无法打开头文件 xxx，没有这个文件或路径）

● error C2001:newline in constant（常量中创建新行）

字符串常量中间不能直接跨行，若需跨行，则要使用续行标记（反斜杠\）。

● error C2006: #include expected a filename, found 'identifier'（#include 需要文件名，但发现标示符）。

一般是头文件名未用一对双引号或尖括号括起来，例如：#include stdio.h>。

● error C2007: #define syntax（#define 后应有标识符）

● error C2008: 'x' : unexpected in macro definition（宏定义时出现了意外的字符 x）

宏定义时宏名要符合标示符的命名规则，并与替换串之间使用空格隔开，例如：“#define S"123"”没有使用空格隔开，“#define S="123"”使用“=”隔开。

● error C2009: reuse of macro formal 'xxx'（宏的形参 xxx 重复使用）

定义带参宏时，形参不能重名，例如：“#define F(a,a) (a*a)”中参数 a 重复。

● error C2010: 'x' : unexpected in macro formal parameter list（宏的形参表中出现意外字符 x）

例如：“#define S(r\) r*r”中参数多了一个字符“\”。

● error C2011: 'xxx' : 'struct' type redefinition（结构体类型 xxx 重复定义）

● error C2012: missing name following '<'（缺少“<”后面的名称）

宏命令#include 命令后面只跟了一个“<”，缺少文件名。

● error C2013: missing '>'（丢失“>”）

宏命令#include <文件名>缺少右定界符“>”。

● error C2014: preprocessor command must start as first nonwhite space（预处理命令前面只允许空格）

● error C2015: too many characters in constant（常量中的字符太多）

字符常量只能有一个字符，或以“\”开头的转义字符，例如：char ch = 'abcde';。

● error C2017: illegal escape sequence（非法的转义字符序列）

转义字符出现在字符或字符串定界符之外，例如：char *ps="abc"\n,ch = ' '\n;。

● error C2018: unknown character '0xa3'（未知的字符 0xa3）

一般是输入了中文标点符号，例如：“char ch='E'；”中的“；”为中文标点符号。

● error C2019: expected preprocessor directive, found 'x'（期待预处理命令，但发现字符 x）

一般是预处理命令的#号后误输入其他无效字符，例如：#!define TRUE 1。

● error C2020: 'xxx' : 'struct'/'union' member redefinition（结构或共用体成员 xxx 重复定义）

● error C2021: expected exponent value, not 'x'（期待指数值，不能是字符 x）

● error C2022: 'xxx' : too big for character（十进制 xxx 作为字符太大）

字符或字符串常数中跟在反斜杠（\）后面的八进制数字太大，如'\477'，不能表示字符，最大的 ASCII 的八进制表示是'\377'，即'\xFF'；或者，在\x 后面跟有超过 2 位的十六进制数字。在转义字符中，VC 会自动截取 3 位八进制数字作为字符的 ASCII 码，但不会自动截取 2 位的十六进制数字。

● error C2036: 'struct/ union xxx *' : unknown size（结构体或共用体类型 xxx：未知大小）

在结构体或共用体类型定义之前非法使用该类型的变量或数组，如求地址、引用。

● error C2037: left of 'yyy' specifies undefined struct/union 'xxx'（成员 yyy 左边指定的结构体或共用体类型 xxx 未定义）

例如：

```
void test(struct student a[],int n)
{    int i;
        for(i=0;i<n;i++)
        {    printf("a[%d]地址:%u\t",i,&a[i]);    // error C2036
             printf("%d\t%s\n",a[i].id,a[i].name);  // error C2036, error C2037
        }
}
struct student
{    int id;
        char name[20];
};
```

● error C2039: 'xxx': is not a member of 'yyy'（xxx 不是 yyy 的成员）

● error C2041: illegal digit 'x' for base 'y'（对于 y 进制来说数字 x 非法）

● error C2043: illegal break（非法 break）

break 只能在 do-while、for、while、switch 语句中使用。

● error C2046: illegal case（非法 case）

case 只能用于 switch 语句中。

● error C2047: illegal default（非法 default ）

● error C2048: more than one default（default 多于一个）

● error C2050: switch expression not integral（switch 表达式不是整型）

● error C2051: case expression not constant（case 表达式不是常量）

● error C2052: 'const double ' : illegal type for case expression（case 表达式类型非法）

● error C2057: expected constant expression（期待常量表达式）

一般是定义数组时数组长度为变量，例如："int n=10; int a[n];" 中的 n 为变量。

● error C2058: constant expression is not integral（常量表达式不是整型）

● error C2059: syntax error : 'xxx'（与 xxx 有关的语法错误）

引起错误的原因很多，可能多加或少加了符号 xxx。请检查 xxx 前后的内容。

● error C2063: 'xxx' : not a function（xxx 不是函数）

标示符 xxx 已有定义，但不是函数，所以当成函数进行调用是错误的。

● error C2064: term does not evaluate to a function（术语不评估为函数）

一般是编译器企图对表达式按函数调用进行处理而引起的。例如："x=2.3(a-b);" 的圆括弧左边应该是函数名。

● error C2065: 'xxx' : undeclared identifier（未定义的标识符 xxx）

可能原因：符号常量名、变量名、数组名等拼写错误或没区分大小写，字符串常数缺少左引号等。

● error C2070: illegal sizeof operand（非法的 sizeof 操作数）

sizeof 操作数既不是类型名，也不是合法表达式。如计算函数占内存大小，sizeof(函数名)。

- error C2075: 'xxx' : array initialization needs curly braces（数组初始化需要花括号）
- error C2078: too many initializers（初始值过多）

一般是数组初始化时初始值的个数大于数组长度，例如：int b[2]={1,2,3};。

- error C2079: 'xxx' uses undefined struct/union 'yyy'（xxx 使用未定义的结构或共用体 yyy）
- error C2082: redefinition of formal parameter 'xxx'（形参 XXX 重复定义）

函数首部中的形式参数不能在函数体中再次被定义。

- error C2084: function 'xxx' already has a body（函数 xxx 已有函数体）

在 C 语言中，相同类型的同名函数不能再次定义，但 C++支持的函数重载允许多次定义。

- error C2086: 'xxx' : redefinition（标识符 xxx 重复定义）

在一个作用域里，变量、数组只能定义一次。

- error C2087: '<Unknown>' : missing subscript（缺少下标）

一般是定义二维数组时未指定第二维的长度，例如：int a[3][];。

- error C2088: 'x' : illegal for struct/union（运算符 x 对结构体或共用体非法）

结构体或共用体变量之间进行加减、乘除、比较等运算是非法的。

- error C2092: array element type cannot be function（数组元素类型不能是函数）

把多个具有相同形参的函数定义成数组形式，例如：int fun[5](int a,int b);。

- error C2094: label 'xxx' was undefined（标号 XXX 未定义）
- error C2099: initializer is not a constant（初始化值不是一个常量）

静态变量和全局变量要求初始化值为常量表达式，例如：int a=1; static b=a+5;。

- error C2100: illegal indirection（非法的间接访问）

对非指针变量使用间接访问运算符“*”，例如：int a; *a=5;。

- error C2102: '&' requires l-value（运算符“&”要求左值）

在 C 语言中左值就是变量，不能是表达式。例如：“&(a+b)”是错误的。

- error C2105: '++/--' needs l-value（运算符“++”和“--”需要左值）
- error C2106: '=/+=' : left operand must be l-value（“=”和“+=”等的左操作数必须是左值）
- error C2107: illegal index, indirection not allowed（非法索引，不允许间接寻址）

一般是访问数组元素时，下标不正确。例如，指针变量作为下标，例句：int *p,a[5];a[p]=3;。再如，调用库函数时圆括弧错写成方括弧，例句：int str[80];gets[str];，编译器按引用数组元素处理，但发现 gets 是库函数。

- error C2108: subscript is not of integral type（下标不是整型）
- error C2109: subscript requires array or pointer type（下标需要数组或指针类型）

对非数组变量使用了下标，例如：int a;a[2]=3;。

- error C2110: cannot add two pointers（两个指针不能相加）
- error C2112: pointer subtraction requires integral or pointer operand（指针减法要求整型或指针操作数）
- error C2114: '+=/-=' : pointer on left; needs integral value on right（“+=”或“-=”的左侧是一个指针，右侧必须是一个整数值）
- error C2115: 'function' : incompatible types（函数调用时参数类型不兼容）

在赋值运算时也可能发生这种错误，如将一个结构体变量赋给整型变量。

- error C2124: divide or mod by zero（被零除或对 0 求余）

常量表达式除以 0 或对 0 求余，例如“(2+3)/0”。

- error C2129: static function 'xxx' declared but not defined（静态函数 xxx 已声明但未定义）
- error C2133: 'xxx' : unknown size（数组 xxx 长度未知）

一般是定义数组时未初始化也未指定数组长度，例如：int a[];。

- error C2137: empty character constant（字符型常量为空）
- error C2143: syntax error : missing 'xxx' before 'yyy'（语法错误：在“yyy”前缺少“xxx”）

例如：①在定义结构体类型时，“}”后跟“,”，此时编译错误提示：missing ';' before ','；②在函数调用中定义了实参类型，如“add(int a,b)”，编译错误提示：missing ')' before 'type'。

- error C2146: syntax error : missing 'xxx' before identifier 'yyy'（在标示符“yyy”前缺少“xxx”）

例如：“for(i=0; i<10; i++　　　s+=1;”中的标示符“s”前缺少“)”。

- error C2153: hex constants must have at least one hex digit（十六进制常数必须至少有一个十六进制数字）

用独立的 0x、0X 和\x 表示十六进制常数是非法的，在 x 或 X 后面至少跟一位十六进制数字。例如：int a=0x; char *str="\xqabc";。

- error C2177: constant too big（常量太大）
- error C2181: illegal else without matching if（非法的没有与 if 相匹配的 else）

可能多加了“;”或复合语句没有使用“{}”，例如“if(a<b) x=b;　; else x=a;”。

- error C2182: 'xxx' : illegal use of type 'void'（非法使用类型 void 定义变量 xxx）
- error C2196: case value 'xxx' already used（case 值 xxx 已使用）

case 常量表达式的值不能重复出现。

- error C2198: 'xxx' : too few actual parameters（调用函数 xxx 时实参太少）
- error C2223: left of '->xxx' must point to struct/union（“->xxx”左侧必须是指向结构或联合的指针）
- error C2231: '.xxx' : left operand points to 'struct/union ', use '->'（左侧操作数指向结构或共用体，使用“->”）

在通过结构或共用体指针访问成员 xxx 时，不能使用运算符“.”，要使用“->”。

- error C2296: '%' : illegal, left operand has type 'float'（非法，“%”的左侧操作数是 float 型）
- error C2297: '%' : illegal, right operand has type 'float'（非法，“%”的右侧操作数是 float 型）

求余运算的左右操作数必须均为整型，应使用正确的类型定义变量或使用强制类型转换。

- error C2371: 'xxx' : redefinition; different basic types（标识符 xxx 重定义；基类型不同）

使用不同的类型定义同名变量、数组、函数等。

- error C2374: 'xxx' : redefinition; multiple initialization（变量 xxx 重复定义，并多重初始化）
- error C2466: cannot allocate an array of constant size 0（不能分配长度为 0 的数组）
- error C2449: found '{' at file scope (missing function header?)

发现在文件范围内，“{”前面缺少函数头。定义函数时，函数首部“()”后面多了分号。

- error C2632: 'xxx' followed by 'yyy' is illegal（类型 xxx 后跟类型 yyy 是非法的）

例如：int float i;。

2. 常见编译警告信息

- warning C4002: too many actual parameters for macro 'xxx'（宏 xxx 有太多的实参）
- warning C4003: not enough actual parameters for macro 'xxx'（宏 xxx 没有足够的实参）

● warning C4005: 'xxx' : macro redefinition（宏 xxx 重复定义）

● warning C4010: single-line comment contains line-continuation character（单行注释包含行继续符）

由//引入的单行注释后面跟有一个反斜杠（\），该反斜杠用作续行符，编译器将下一行视为单行注释的继续，将其作为注释处理。

● warning C4018: 'xxx' : signed/unsigned mismatch（比较运算 xxx 时，有符号/无符号不匹配）

比较运算符的两个操作数分别为有符号和无符号数值，不匹配。有符号数将被转换为无符号数再进行比较。

● warning C4020: 'xxx' : too many actual parameters（函数 xxx 实参太多）

函数调用时，实参的数目超过函数定义中形参的数目。

● warning C4029: declared formal parameter list different from definition（函数原型说明的形参表不同于函数定义）

● warning C4042: 'xxx' : has bad storage class（“xxx”：糟糕的存储类别）

使用了不合适的存储类别说明符 xxx，不起作用，编译器会处理成默认的类别。如定义全局变量时使用了 register 或 auto，形参中使用了 auto 或 static 等。

● warning C4045: 'xxx' : array bounds overflow（数组边界溢出）

一般是字符数组初始化时，字符串 xxx 长度大于字符数组长度，例如：char str[3] = "abcd";。

●warning C4047: '=' : 'xxx' differs in levels of indirection from 'yyy'（不同级别的间接寻址）

一般是将指针赋给普通变量或不同级别的指针变量赋值，此处，字符串常量也是指针。例如：char ch,**p,*q; ch="a"; p=q;。

● warning C4067: unexpected tokens following preprocessor directive - expected a newline（预处理命令后出现意外的符号 – 期待新行）

例如：“#include <iostream.h>;”命令后的“;”为多余的字符。

● warning C4091: ' ' : ignored on left of 'xxx ' when no variable is declared（当没有声明变量 xxx 时忽略类型说明）

例如：“int ;”语句未定义任何变量，不影响程序执行。

● warning C4098: 'xxx' : 'void' function returning a value（void 类型函数 xxx 返回一个值）

●warning C4101: 'xxx' : unreferenced local variable（定义的局部变量 xxx 从未用过）

●warning C4133: 'function' : incompatible types - from 'float *' to 'int *'（参数类型不兼容）

● warning C4244: '=' : conversion from 'xxx' to 'yyy', possible loss of data（赋值运算，从数据类型 xxx 转换为数据类型 yyy，可能丢失数据）

需正确定义变量，数据类型 xxx 为 float 或 double、数据类型 yyy 为 int 时，结果有可能不正确；数据类型 xxx 为 double、数据类型 yyy 为 float 时，可能不影响程序运行结果。

● warning C4305: 'initializing' : truncation from 'const int ' to 'char '（初始化，截取 int 常量为 char 型）

● warning C4552: 'xxx' : operator has no effect; expected operator with side-effect（运算符 xxx 无效果；期待副作用的操作符）

有些表达式计算语句无意义，例如：“i+j;”中的“+”运算无效果。

● warning C4553: '==' : operator has no effect; did you intend '='?（“==”运算符无效果；是否为“=”？）

● warning C4700: local variable 'xxx' used without having been initialized（使用的局部变量 xxx 没有被初始化）

例如：int a,b;　b=a;，在将局部变量 a 赋给 b 时，a 未赋值，结果有可能不正确；也可能在使用变量 a 之前，通过 scanf 函数给 a 赋值，但漏写了“&”运算符。

- warning C4716: 'xxx' : must return a value（函数 xxx 必须返回一个值）

仅当函数类型为 void 时，才可以没有返回值。

- warning C4723: potential divide by 0（潜在除以 0）

非常量表达式除以 0，例如：(3+a)/0。

3.常见链接出错信息

- error LNK2001: unresolved external symbol _xxx（未解决的外部符号_xxx）

可能原因：①函数名拼写错，如将 main 拼写成 mian，②在一个源文件中 xxx 被定义成 static 全局变量或者没有定义，而另一个源文件中用 extern 声明 xxx，并使用它。本错误后跟随 fatal error LNK1120。

- error LNK2005: _xxx already defined in yyy.obj（xxx 已在 yyy.obj 中定义）

xxx 可以是全局变量、函数。在一个程序的不同源文件中重复定义了 xxx。另外，如果没有关闭上一个项目的工作区，会导致出现多个 main 函数。

- fatal error LNK1104: cannot open file "Debug/xxx.exe"（不能打开文件 Debug/xxx.exe）

可能原因是 xxx.exe 正在运行，但单击了 Build→Rebuild All 菜单命令，重新编译连接。

- fatal error LNK1168: cannot open Debug/xxx.exe for writing（不能打开 Debug/xxx.exe 文件，以改写内容）

可能原因是 xxx.exe 正在运行，修改了 xxx.c，然后编译连接。

- fatal error LNK1169: one or more multiply defined symbols found（出现一个或更多的多重定义符号）

一般与 error LNK2005 一同出现。

- fatal error LNK1120: x unresolved externals（x 个未解决的外部问题）

第 14 章 上机实验内容

14.1 上机实验总目的和要求

14.1.1 上机实验总目的

在学习 C 语言程序设计的过程中，上机实验是非常重要的环节，也是程序开发的一个重要环节，不上机是学不好 C 语言的，不上机也编不出好的程序。通过上机实验，主要是达到以下目的。

（1）熟练掌握 VC++ 6.0 开发环境的使用，包括编辑、编译、连接、执行、调试等，为今后学习其他 C 语言开发环境打下基础。

（2）加深和巩固对 C 语言语法规则的记忆与理解，为熟悉一个有疑问的概念，会独立编写一个小程序进行验证。

（3）熟悉程序开发的全过程，掌握程序流程图的画法及常用算法的思想和实现。

（4）掌握 C 程序的测试和调试方法，积累程序测试和程序调试的经验，养成良好的编程习惯。

（5）通过上机实验，对学生分析问题和解决问题方面进行锻炼，提高编写程序和实际动手的能力。

（6）一些较大的实验是为了锻炼学生的团体作战精神，为以后实际工作打下基础。

14.1.2 上机实验总要求

为达到以上的实验目的，每次上机实验时，希望按如下要求进行，以提高上机实验以及学习 C 语言的效率。

（1）先熟悉 VC++ 6.0 开发环境的基本操作，再结合实验练习较高级或者较难的操作。

（2）在上机实验前，一定要有计划，有准备。按照实验内容，预先在纸上独立写好程序，并且人工模拟计算机执行程序，写出运行结果。经过人工再三检查无误后，方可上机调试程序。

（3）当程序通过编译、运行后，要学会选择合理的测试数据，通过测试来发现程序中有可能存在的逻辑错误和运行错误。

（4）在调试程序时，学会“自设障碍”。例如，故意在 scanf 函数中漏写“&”；故意使整数溢出；故意使用变量定义数组大小；在比较是否相等时，故意用一个等号“ = ”等。

（5）本章共安排了 11 个实验项目。前 10 个实验与教材中相应的章节相对应，为验证性和设计性实验，最后 1 个为综合性实验。每个实验均有选做题，可在课外自主上机时选做一些。

（6）实验结束后，要整理实验结果并认真分析和总结，写出上机实验报告。上机实验报告应包括以下内容。

① 课程名称及实验题目。

② 实验目的和要求。

③ 实验过程（给出算法描述和程序清单）。

④ 实验结果（包括原始数据、运行结果）。

⑤ 实验分析（对运行情况所作的分析，以及本次调试程序所取得的经验。如果程序未能通过，则应分析其原因）。

14.2　实验一　基本数据类型、运算符与表达式

14.2.1　实验目的和要求

（1）掌握 VC++ 6.0 的运行环境，熟悉 C 源程序的编辑、编译、连接和执行的基本过程。

（2）掌握 C 语言的基本数据类型及类型转换，熟悉各种类型变量的定义方法。

（3）学会使用基本运算符，包括自加（++）、自减（--）、位运算等，熟悉表达式的计算规则。

（4）程序出错时，学习根据提示信息修改程序。

（5）为验证一个概念或问题，能独立编写简单的 C 程序。

14.2.2　实验内容及操作步骤

（1）熟悉 VC++ 6.0 集成环境。

① 进入 VC++ 6.0 环境，大致了解一下菜单栏、工具栏及各个窗口。

② 设置工具栏，如显示 Build 工具栏，与 Build MiniBar 比较；隐藏标准工具栏；恢复默认情况下工具栏的显示。

③ 在 E 盘上建立一个自己的文件夹，文件夹名自定。

④ 选择 File→New 菜单命令，单击 File 选项卡上的 C++ Source File，在 Location 文本框中选择第③步建立的文件夹，在 File 文本框中输入用户自定的文件名（如 sy1_1.c）。

⑤ 在编辑窗口中输入下面的程序。

```
#include <stdio.h>
main()
{
   int a,b,sum;
   a=123;
   sum=a+b;
   printf("a+b=%d\n",sum);
}
```

在输入程序时，使用 Tab 键进行缩进，编辑完毕，用图标按钮或 File→Save 菜单命令或按快捷键 Ctrl+S 保存编辑结果到源程序文件中。

⑥ 对上面输入的程序分别执行编译、连接和执行等操作。

编译：单击工具栏上 Compile 按钮或选择 Build→Compile 菜单命令或按快捷键 Ctrl+F7 进行编译，弹出“是否建立一个默认的项目工作区”对话框，选择【是】。编译结束后，在输出窗口提示“0 error(s), 1 warning(s)”，向上拉滚动条，看到具体的警告信息是“local variable 'b' used without having been initialized”，意为“局部变量 b 没有初始化”。先暂时不要修改。

连接：选择 build→build sy1_1.exe 菜单命令，或者单击相应的工具栏按钮，或者按快捷键 F7，生成可执行文件。

运行：按 Ctrl + F5 快捷键运行程序，观察程序运行结果，发现这个结果明显无意义。随便给变量 b 赋个值，再运行此程序，则结果正确。这说明有的警告信息必须改掉。如果去掉程序前面的#include <stdio.h>，编译时会出现“‘printf’ undefined; assuming extern returning int”警告信息，虽然不影响运行结果，但还是建议使用这个头文件。

（2）符号常量的使用。选择 File→Close Workspace 菜单命令，关闭当前工作区；然后单击标准工具栏中的按钮，输入例 2.1 的程序，保存为.c 文件（文件名假定为 sy1_2.c），执行这个程序，没有出错信息，然后按下面步骤修改程序。

① 将 main 函数中的大写 PI 改为小写 pi，按快捷键 Ctrl + F7，会出现编译错误，按 F4 键或双击错误提示行，可找到出错的源程序的行，请对照第 13 章出错信息进行理解。将人为制造的错误改回，再进行下面的操作（后面的操作进行之前也如此处理）。

② 去掉一个或两个花括弧，进行编译，观察分析编译出错信息。

③ 删除 printf 中的一个字母（如 t），使用 Build→Compile sy1_2.c 菜单命令编译。此时，出现警告信息，不予理睬，进行连接，对照第 13 章出错信息。然后再加上删除的字母，并编译连接。

（3）建立 sy1_3.c，输入以下代码，分析编译警告信息，并理解字符型数据和整型数据之间的通用。

```
#include <stdio.h>
main()
{
    char ch=354;   //将 354 的低 8 位（即 0x62）赋给 ch
    printf("%c,%d\n",ch,ch);
    ch="A";
    printf("%c,%d\n",ch,ch);
}
```

编译时，提示两条警告信息。如果不修改而执行程序，则第 1 行运行结果可以理解，而第 2 行难以理解。对照第 13 章的出错信息，warning C4305 意味着可能丢失数据，可不予理睬；但 warning C4047 说明将字符串常量赋给了字符变量，这是不正确的。将"A"改为'A'，再次编译、连接、运行。最后将 char 改为 int，再次运行程序，并分析结果。

（4）转义字符的使用。首先关闭已打开的工作区，然后打开 sy1_3.c，并且修改 printf 函数，再使用 File→Save as 命令另存（如为 sy1_4.c）。

```
#include <stdio.h>
main()
{
    printf("abc\bd\t\'\x80\nabc\\\"\200\n");  /* 输出字符串 */
    printf("efg\x63ab\07423q\rwe\n");
}
```

按 F7 键编译、连接，提示一个错误：

```
error C2022: '25515' : too big for character
```

在输出窗口双击这个错误提示行，光标定位在第二个 printf 函数行，错误中的“25515”是十六进制“63ab”的十进制，可见在\x 后面跟有超过 2 位的十六进制数字时，VC 不会自动截取 2 位十六进制数字作为转义字符。在输出字符串中的“3”和“a”中间增加一个非十六进制，如“p”。再编译，则无错误提示。请分析这个程序的运行结果。

（5）算术运算符的使用。运行如下程序，并分析运行结果。

```
#include <stdio.h>
main()
{
    int i=1,j=2,k=3;
    int x,y,z;
    x=k/j;
    y=k%j;
    z=(++i)+(i++)+(++i);
    printf("x=%d,y=%d,z=%d\n",x,y,z);
}
```

说明：不同的编译系统对(++i)+(i++)+(++i)的计算有不同的解释，在 VC 中计算结果为 7，而在 TC 中却为 9。在 VC 中，如果将(i++)项的位置后移，写成(++i)+(++i) +(i++)，则计算结果变为 9。这样的表达式计算很难理解，建议不要使用。

（6）对求余运算符（%）能否用于实型数据，请编程予以验证。

（7）假定 int m = 5,y = 2，请编程计算表达式 y + = y− = m* = y，最后输出的 y 值。

（8）逗号运算符及位运算符的使用。先人工算出下面程序的运行结果，然后与计算机的运行结果进行对比。

```
#include <stdio.h>
main()
{
    int  x,a;
    a=9&(-5);
    printf("%d\n",a);
    x=(a=1, a|123,a<<2);
    printf("a=%d,x=%d\n",a,x);
    x>>=a;
    printf("x=%d\n",x);
}
```

修改上面程序，去掉 int 和 x 之间的空格，再编译程序，观察出错信息。

（9）在类型转换时，有可能产生误差。请编程予以考证。

14.2.3　选做题

（1）编写一个程序求各种类型数据的存储长度。（第 2 章习题的编程题）

（2）从键盘输入公里数，屏幕输出其英里数。已知 1 英里 = 1.60934km（用符号常量）。（第 2 章习题的编程题）

（3）利用位运算，编写一程序，将变量 ch 中的大写字母转换成小写字母。

14.3 实验二 顺序和选择程序设计

14.3.1 实验目的和要求

（1）熟练掌握各种赋值语句的使用方法。

（2）掌握输入/输出函数（getchar、putchar、scanf、printf）的使用，能正确使用各种格式控制字符输入/输出各种类型的数据。

（3）了解 C 语言中逻辑量的表示方法，能够正确计算关系表达式和逻辑表达式。

（4）熟练掌握 if、if-else、switch 语句的使用，掌握设计分支程序的一般方法。

（5）进一步掌握 VC++ 6.0 集成环境的使用，掌握简单的单步调试方法。

14.3.2 实验内容及操作步骤

（1）单个字符的输入输出。输入下面的程序。

```
#include <stdio.h>
main()
{
    char c1,c2,c3;
    c1=getchar();
    c2=getchar();
    c3=getchar();
    putchar(c1);
    putchar(c2);
    putchar(c3);
}
```

按下面的输入运行几次程序：

① 输入 3 个以上的字符，按回车键，如输入 abcd。

② 输入 2 个字符，按回车键，如输入 ab。

③ 不输入任何字符，直接按回车键。

（2）格式字符的使用。按要求运行下面的程序，分析运行结果。

```
main()
{
    int a=15;
    long b=80000;
    float c=123.456;
    double d=12345678.1234567;
    char p='a';
    printf("a=%+d,%-05d,%o,%x\n",a,a,a,a);  /*注意区分数字 0 和字母 o*/
    printf("b=%ld,%5ld,%d,%f\n",b,b,b,b);  /*l 是字母，不是数字*/
    printf("c=%f,%lf,%010.4lf,%e\n",c,c,c,c);
    printf("d=%lf,%f,%8.4lf\n",d,d,d);
    printf("p=%c,%8c\n",p,p);
    printf("%o,%#o,%X,%#X\n",a,a,a,a);
}
```

① 输入上面程序，分析运行结果，记录不正确的地方。

② 修改格式字符，使之能输出正确结果。

③ 将程序某一处的英文字符"或;改为中文标点符号，再编译，分析出错信息。

④ 去掉 int a = 15 后面的分号，再编译，分析出错信息。

注意

数字 0 和字母 o、字母 l 和数字 1、小写 o 和大写 O、小写 p 和大写 P、小写 z 和大写 Z、双撇"和两个单撇''等区别。

（3）输出格式和有效位数。运行第 3 章习题的解析题（1），继续体会输出格式，注意浮点数的输出并非全部数字都是有效数字。

（4）数据的输入。执行以下程序时，若从第一列开始输入数据，为使变量 a = 3,b = 7,x = 8.5, y = 71.82,c1 = 'A'，c2 = 'a'，请按程序要求输入正确的数据。（第 3 章习题的解析题）

```
#include <stdio.h>
main()
{
    int a,b;
    float x,y;
    char c1,c2;
    scanf("a=%d b=%d",&a,&b);
    scanf("x=%f y=%f",&x,&y);
    scanf("c1=%c c2=%c",&c1,&c2);
    printf("a=%d,b=%d,x=%f,y=%f,c1=%c,c2=%c",a,b,x,y,c1,c2);
}
```

（5）关系表达式的计算。运行例 4.1 程序，分析运行结果。将 k = = j = = i + 5 改为 k = j = i + 5，再运行程序。

（6）逻辑表达式的计算。运行如下程序，分析运行结果。（第 4 章习题的选择题）

```
#include <stdio.h>
main()
{
    int a,b,c;
    a++ && b++ || c++;
    printf("%d,%d,%d", a,b,c);

}
```

（7）单步运行程序。对下面的函数，使用 if-else if 语句编写程序，要求输入 x 的值，输出 y 的值。（第 4 章习题的编程题）

$$y=\begin{cases} x & (-5<x<0) \\ x-1 & (x=0) \\ x+1 & (0<x<10) \end{cases}$$

① 输入这个题目的源程序，编译连接，如有错误，则修改，直至编译连接都无错。

② 设置工具栏，显示 Debug 工具栏。

③ 单击 Debug 工具栏上的按钮，或按 F10 键，每次执行一行语句。编辑窗口中的箭头指向某一行，表示将要执行该行。注意变量窗口中变量值的变化。

④ 在编辑窗口中的箭头指向 scanf 行时，再按一次 F10 键，在运行窗口输入一个数（如 5），按回车键后，在变量窗口可看到 x 的值改为所输入的数，如图 14.1 所示。

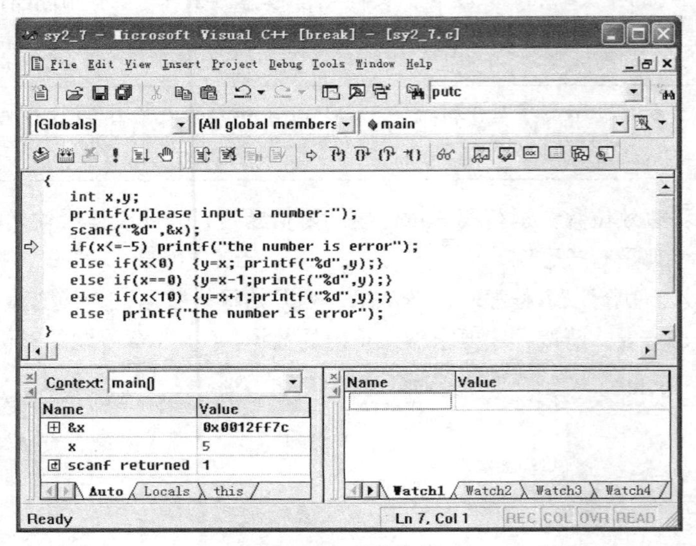

图 14.1　单步执行

⑤ 再继续按 F10 键，可看到 y 的值发生变化。

⑥ 当编辑窗口中的箭头指向最后一个}时，单击 （Stop debugging）按钮，程序调试结束。

（8）编程。使用条件表达式求出三个整数 a、b 和 c 中的最大者。

（9）第 4 章习题中第（7）个填空题，要求根据函数关系（参看习题），对输入的每个 x 值，计算相应的 y 值。该题使用了 switch 语句，请测试所填内容是否符合题目要求。

14.3.3　选做题

（1）getch()和 getche()函数均是从键盘上读入一个字符，与 getchar()函数相比不需回车。这两个函数均是无参函数，返回值为读入的字符。两者的区别是，getch()函数不将读入的字符回显在显示屏幕上，而 getche()函数则将读入的字符回显到显示屏幕上。运行如下程序，体会这两个函数的区别。

```
#include <stdio.h>
#include <conio.h>
main()
{
    char c,ch;
    c=getch();     /*从键盘上读入一个字符不回显送给字符变量 c*/
    putchar(c);    /*输出该字符*/
    ch=getche();   /*从键盘上带回显的读入一个字符送给字符变量 ch*/
    putchar(ch);
}
```

利用回显和不回显的特点，这两个函数经常用于交互输入的过程中完成暂停功能。

（2）编写程序。输入一位学生的生日（年、月、日），并输入当前的日期（年、月、日），输出该学生的实际年龄。

14.4　实验三　循环程序设计

14.4.1　实验目的和要求

（1）熟悉并掌握 while、do-while、for 语句的格式、功能及执行过程。

（2）能根据不同题目的要求，设置恰当的循环初始条件和循环控制语句。

（3）掌握循环程序设计中一些常用算法（如穷举、迭代、递推等）。

（4）掌握循环语句的嵌套及多重循环结构的设计方法。

（5）应用单步调试方法，掌握运行到光标位置和位置断点的调试方法。

14.4.2　实验内容及操作步骤

（1）运行下面的程序，然后将 x+=3，y++中的逗号改为分号，再运行程序。使用单步执行操作，区分程序修改前后的循环体。（第 5 章的选择题）

```
#include <stdio.h>
main()
{
    int x=0,y=0;
    while(x<20) x+=3,y++;
    printf("%d,%d\n",y,x);
}
```

（2）下面的程序是计算 1+2+3+…+100 的值，编译正确后，按下面步骤调试程序。

```
#include <stdio.h>
main()
{
    int i=1,s;
    do {
        s=s+i;
        i++;
    }while(i<=100);
    printf("%d",s);
}
```

① 鼠标单击第 7 行，光标在第 7 行前闪烁，这就是当前光标的位置。

② 单击（Run to Cursor）按钮，程序运行到光标位置，如图 14.2 所示。

在变量窗口，看到第一次循环时 i 的值为 1，正确；而 s 的值为-858993459，不正确。仔细分析程序，发现 s 没有赋初值。改正错误，在定义变量时，对 s 初始化为 0。重新编译连接，再进行①、②步的操作，在变量窗口看到 s 的值为 1，正确。

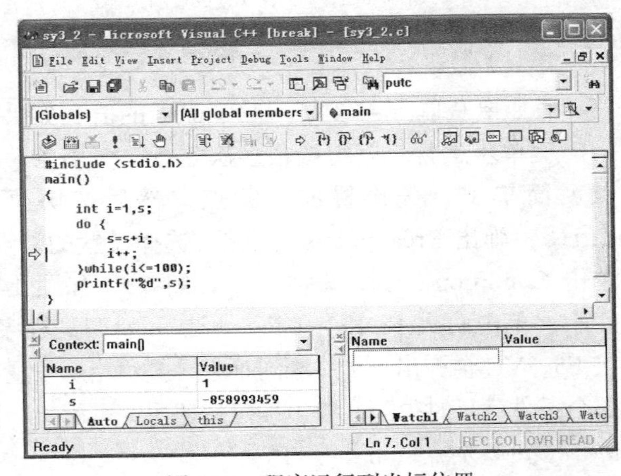

图 14.2　程序运行到光标位置

③ 将光标定位在最后一行(})，单击 (Run to Cursor)按钮，变量窗口中显示 s 的值为 5050，正确。

④ 单击（Stop Debugging）按钮，结束程序调试。

(3)位置断点实验。运行如下程序，将运行结果与人工运行结果对比。将 continue 改为 break，再次运行程序，并体会 break 和 continue 语句的用法，然后执行下面步骤。(第 5 章习题的填空题)

```
#include <stdio.h>
main()
{
    int x=9;
    for( ; x>0;  ) /* 调试时设置断点 */
    {
        if(x%3==0)
        {
          printf("%d ",--x);
          continue;  /* 调试时设置断点 */
        }
        x--;
    }
}   /* 调试时设置断点 */
```

① 将程序恢复原状，编译后，设置 3 个断点，具体位置见源程序中的注释。

② 单击（Go）按钮，观察变量 x 的值，再单击该按钮，再观察，直至程序运行结束。

③ 将 continue 改为 break，重复步骤②操作。

在调试程序时，如果出现 Find Symbols 对话框，提示“Please enter the path for vc60.pdb.”。此时单击 Cancel 按钮，一般也能进行正常调试。但如果要解决这个问题，可首先去掉所有的断点，再选择 Build→Clean 菜单命令，最后 Rebuilt All。

（4）带有附加条件的位置断点实验。将下面一段代码改成完整的程序。

```
int sum=0,i,j;
for(i=0;i<10;i++ )
{
    for(j=0;j<5;j++)
    {
     sum=sum+i+j; /* 设置断点 */
    }
}
```

假如要获取 i==1&&j==3 时 sum 的值，如果按 F10 键单步运行，就得按很多次才行。使用条件断点就简单了，先设置位置断点，然后按快捷键 Ctrl+b，弹出 Breakpoints 对话框，选择设置的断点，单击 Condition 按钮，输入 i==1&&j==3，如图 14.3 所示，单击两次【OK】按钮。现在开始调试程序，按 F5，VC 会弹出一个中断对话框，提示当所设置的那个条件满足时中断，单击确定按钮后，可看出，当 i==1&& j==3 时，sum 等于 16。

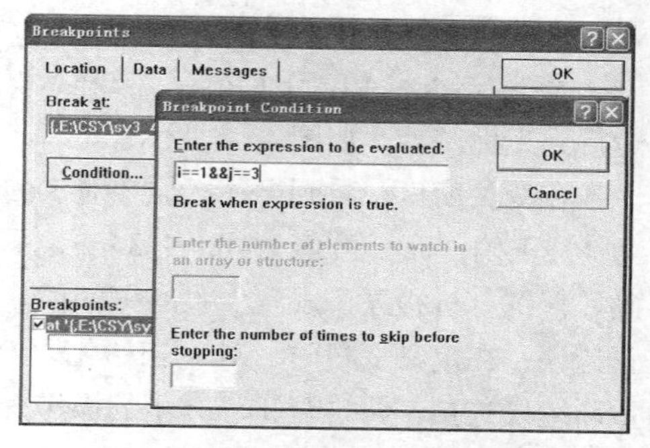

图 14.3　设置位置断点的附加条件

（5）求下列式子的值。(第 5 章习题的编程题)

$$1-\frac{1}{2}+\frac{1}{3}-\frac{1}{4}\cdots+\frac{1}{99}-\frac{1}{100}$$

（6）任意一个正整数的立方都可以写成一串连续奇数的和，例如 13×13×13 = 2197 = 157 + 159 + ⋯ + 177 + 179 + 181。（第 5 章习题的填空题）

（7）调试“水仙花数”程序。（第 5 章习题的改错题）

说明：程序中的错误可分为语法和逻辑错误。语法错误可通过编译发现、修改；逻辑错误需要通过分析运行结果和程序代码来修改，如计算公式错误、循环控制变量错用等等。

（8）编程序找出 1000 之内的所有完数。（第 5 章习题的编程题）

（9）用牛顿迭代法求下面方程在 1.5 附近的根。（第 5 章习题的编程题）

$$2x^3-4x^2+3x-6=0$$

（10）输出 3～100 之间的所有素数。（第 5 章习题的填空题）

14.4.3　选做题

（1）猴子吃桃问题。（第 5 章习题的编程题）

（2）输入 n 值，输出由*组成的高为 n 的等腰三角形。（第 5 章习题的编程题）

（3）编程输出九九乘法表。

（4）对第 5 章习题的所有改错题进行调试。

14.5　实验四　数组

14.5.1　实验目的和要求

（1）掌握一维数组和二维数组的定义、初始化以及数组元素的引用。

（2）熟悉字符串的输入输出方法，掌握字符数组和字符串的区别以及常用字符串函数的使用方法。

（3）掌握与数组有关的算法（特别是一些排序算法）。

（4）掌握数据断点的调试方法。

14.5.2　实验内容及操作步骤

（1）运行例 6.3 程序，用“冒泡排序法”对一维数组中的整数进行排序（由小到大）。修改程序，按照每行 5 个数输出。

（2）使用一维数组编程输出 Fibonacci 数列的前 40 项，每行输出 4 项。

（3）把一个整数转换成字符串，并倒序保存在字符数组 s 中。例如，当 n = 123 时，s = "321"。先按原题运行，再将 n 的值改为使用函数 scanf 输入。（第 6 章习题的填空题）

（4）先人工分析以下程序运行结果，然后上机验证。（第 6 章习题的写出程序运行结果题）

```
#include<stdio.h>
main()
{
```

```
    int i,j,row,col,max;
    int a[3][4]={{1,2,3,4},{9,8,7,6},{-1,-2,0,5}};
    max=a[0][0];row=0;col=0;
    for (i=0;i<3;i++)
       for (j=0;j<4;j++)
          if (a[i][j]>max) {
             max=a[i][j];
             row=i;
             col=j;
          }
   printf("max=%d,row=%d,col=%d\n",max,row,col);
}
```

（5）对N×N矩阵，以主对角线为对称线，对称元素相加并将结果存放在下三角元素中，右上三角元素置0。（第6章习题的编程题）

（6）测试下面的程序，测试数据可以是两个相等的字符串或不相等的字符串，字符串可以包含空格。（第6章习题的写程序运行结果题）

```
#include <stdio.h>
main()
{
    int i,s;
    char s1[100],s2[100];
    printf("input string1:\n");
    gets(s1);
    printf("input string2:\n");
    gets(s2);
    i=0;
    while ((s1[i]==s2[i])&&(s1[i]!='\0'))
       i++;
    if ((s1[i]=='\0')&&(s2[i]=='\0'))
       s=0;
    else
       s=s1[i]-s2[i];
    printf("%d\n",s);
}
```

（7）数据断点实验。从下面的程序运行结果来看，s1被修改了，但是什么时候被修改呢？没有明显地修改s1的代码。可按下面步骤进行调试。

```
#include <stdio.h>
#include <string.h>
main()
{
    char s1[20];
    char s2[10];
    strcpy(s1,"ModernEducation");
    printf("s1=%s\n", s1);  //A
    strcpy(s2,"TechnologyCenter");
    printf("s1=%s\n", s1);  //B
    printf("s2=%s\n", s2);
}
```

运行结果为：

```
s1=ModernEducation
```

```
s1=nter
s2=TechnologyCenter
```

① 在 A 和 B 行设置普通位置断点，按 F5 键运行程序，程序停在 A 行。在 Variables 窗口可看到数组 s1 的地址及其内容，在 Watch 窗口的 Name 列表中输入 s2，回车后即显示数组 s2 的地址及其未初始化时的内容，如图 14.4 所示，可以看出 VC 给 s2 分配的地址比 s1 小，这是 VC 规定的。

② 按 F5 键继续运行，程序停在 B 行。在调试窗口可看到 s2 的内容发生了变化，并且覆写了 s1。原因是，执行“strcpy(s2,"TechnologyCenter");”时，要将其中的字符串全部拷贝到以 s2 为首地址的连续存储空间，包含'\0'，但由于 VC 为 s1 和 s2 分配的存储空间问题，这个字符串也占用了数组 s1 的存储空间，从 s1 的角度来看，访问的是这个字符串的尾部几个字符，即"nter"。

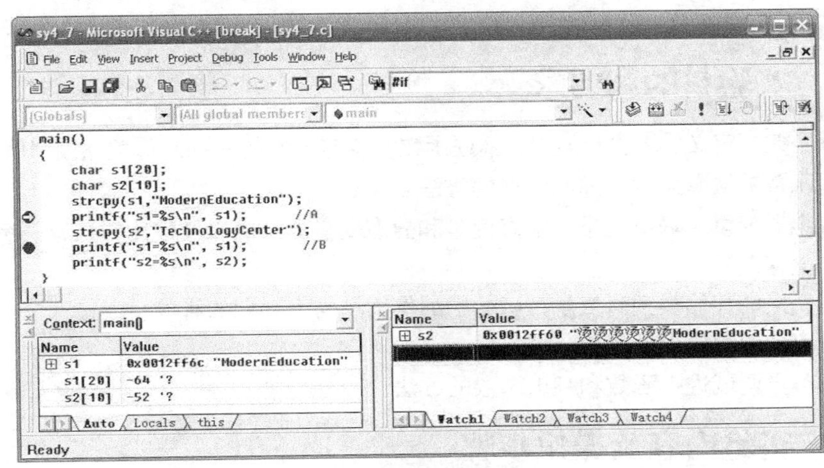

图 14.4　设置数据断点

③ 终止调试，修改程序中 s2 的定义，如改为 s2[20]，再运行程序，输出结果正确。

数据断点不只是对变量改变有效，还可以设置变量是否等于某个值。例如，在本题中可将图 14.4 中椭圆处改为“s1[0]! = 'M' ”，效果一样。

可以看出，数据断点相对位置断点一个很大的区别是不用明确指明在哪一行代码设置断点。

④ 终止调试，修改程序中 s2 的定义，如改为 s2[20]，再运行程序，输出结果正确。

（8）分别用一维数组和二维数组两种方法实现打印由星花（*）构成的平行四边形。（第 6 章习题的编程题）

（9）按下列步骤运行例 6.11。

① 输入字符时各单词之间用一个空格分开，分析运行结果是否正确。

② 输入字符时各单词之间用多个空格分开，分析运行结果是否正确。

（10）计算一个字符串中包含指定子字符串的数目。（第 6 章习题的改错题）

14.5.3　选做题

（1）用数组求一组数中的最大值、最小值和平均值，并求有多少个数超过平均值。（第 6 章习题的编程题）

（2）输入一个班 30 个学生的成绩：

① 统计各分数段 0～59，60～69，70～79，80～89，90～100 的人数；

② 分别统计在 60、70、80、90 以上的人数。（第 6 章习题的编程题）

（3）求能整除 k 且是偶数的数，把这些数保存在数组中，并按从大到小顺序输出。（第 6 章习题的填空题）

（4）将大于整数 m 且紧靠 m 的 k 个素数存入数组 xx。例如，若输入 17（m），5（k），则应输出 19，23，29，31，37。（第 6 章习题的改错题）

（5）编写程序，用 scanf 函数输入 10 个整数存储到数组中，按由小到大进行排序，排序后按照每行 5 个数输出。排序方法自定，但不能用本书中例题介绍的方法。

14.6 实验五　函数（1）

14.6.1　实验目的和要求

（1）掌握函数的定义、声明及调用，掌握函数实参与形参的一一对应关系及“值传递”方式。

（2）掌握函数的嵌套调用和递归调用的方法。

（3）掌握全局变量、局部变量、动态变量和静态变量的概念以及使用方法，熟悉这些变量各自的作用域和生存期。

（4）掌握变量的存储类型对变量在函数中的作用域与生存期的影响。

（5）了解模块化程序设计思想。

（6）掌握单步调试进入函数和跳出函数的方法。

14.6.2　实验内容及操作步骤

（1）上机调试下面的程序，分析出错信息，改正包含警告的全部错误。编译连接正确后，运行程序，但结果不正确，需要调试程序。

```
void main()
{
    int n;
    double f,x;
    scanf("%f",&x);
    f=power(x,n);     /*计算 x 的 n 次方，调试时设置断点 */
    printf("%f\n",f);
}   /* 调试时设置断点 */
double power(x,n);
{
    int i;
    double t;
    for(i=1;  i<=n;  i++)
       t=t*x;
    return t;      /* 调试时设置断点 */
}
```

① 设置 3 个断点，具体位置见源程序的注释。

② 单击 （Go）按钮，输入数据后，程序运行到第一个断点处暂停。

③ 单击 （Step Into）按钮，进入 power 函数调试。

④ 单击 （Go）按钮，程序运行到 power 函数的断点处暂停，在变量窗口可看到 t 的值明显不正确，因为 t 未赋初值。改正错误，定义 t 时初始化为 1，重新编译连接，按以上步骤运行到该断点处，变量窗口中 t 的值正确。

⑤ 单击 （Step Out）按钮，程序返回到主调函数。

⑥ 单击 （Go）按钮，程序运行到 main 函数的最后一个断点处，运行窗口输出正确结果。

⑦ 单击 （Stop Debugging）按钮，结束程序调试。

（2）运行例 7.3 程序，计算 $s = 2^2! + 3^2!$，理解嵌套调用。

（3）下面程序是将一个正整数转换成二进制输出。

```
#include <stdio.h>
void bina(int n);
int main()
{
    int n;
    scanf("%d",&n);
    bina(n);
    printf("\n");
    return 0;
}
void bina(int n)
{
    if(n>=1) {
      bina(n/2);
      printf("%d",n%2);
    }
}
```

认真分析该程序的编程思想，设计好测试数据(如 1，5，8，15，…，32766)，运行这个程序。

（4）编写函数将一维数组中的数据逆序存放，例如数组中的数据为 1、2、3、4、5，逆序存放后为 5、4、3、2、1。

```
#include <stdio.h>
void conarry(int x[],n);  /*n 为数组大小*/
main()
{
    int a[10],i;
     for(i=0;i<10;i++)
         scanf("%d",a[i]);
    conarry(a,10);
    for(i=0; i<10;i++)
         printf("%d\t",a[i]);
}
void conarry(int x[],int n)
{
    int i,t;
    for(i=0; i<n/2;i++)    {
         t=x[i];
         x[i]=x[n-i];
         x[n-i]=t;
    }
}
```

① 编译上述程序，输出窗口提示出错信息，对第 2 行函数声明进行修改，在参数 n 前面加上

int，再编译错误消除。

② 运行该程序，在输入一个数据后，提示应用程序错误，如图 14.5 所示。

③ 分析程序，发现 scanf 函数中没使用地址，在 a[i]前面加上&。

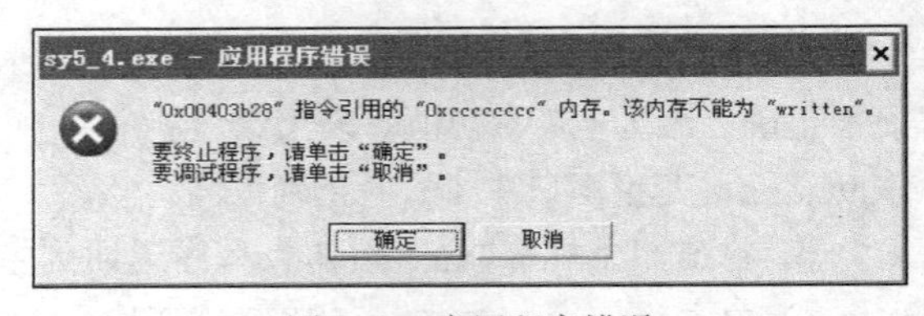

图 14.5　应用程序错误

④ 再运行程序，输入数据时，图 14.5 所示错误消除，但在输出结果时又出现图 14.5 所示的错误，并且结果不正确。由此可判断出是 conarry 函数造成的内存错误。

⑤ 修改 conarry 函数，具体修改由读者完成。然后再运行程序。

（5）上机运行如下程序，理解全局变量的应用。（第 7 章习题的选择题）

```
#include <stdio.h>
int m=13;
int fun(int x,int y)
{   int m=3;
    return (x*y-m);
}
main()
{   int a=7,b=5;
     printf("%d\n",fun(a,b)/m);
}
```

（6）上机运行如下程序，理解静态变量的应用，然后将变量 c 改为自动变量，再运行。（第 7 章的选择题）

```
#include <stdio.h>
fun(int a)
{    int b=0;
     static int c=3;
     a=c++,b++;    return (a);
}
main()
{   int a=2,i,k;
    for(i=0;   i<2;  i++)  k=fun(a++);
    printf("%d\n",k);
}
```

（7）有一长度不大于 40 的字符串，已知其中包含两个字符“A”，编写函数求处于这两个字符“A”中间的字符个数，并把这些字符依次打印出来。（第 7 章习题的编程题）

（8）编写一函数，由实参传来一个字符串，统计此字符串中字母、数字、空格和其他字符的个数，在主函数中输入字符串以及输出上述的统计结果。下面给出了一种程序格式，请写出 count 函数，上机调试通过后，再修改程序，要求不使用全局数组 nn。（第 7 章习题的编程题）

```
#include <stdio.h>
int nn[4];
void count(char str[]);
main()
{
     char str[81];
     int i;
     gets(str);
     count(str);
     for(i=0; i<4; i++)
          printf("%d\t",nn[i]);
```

```
}
void count(char str[])
{
}
```

14.6.3　选做题

（1）编一个程序，读入具有 5 个元素的实型数组，然后调用一个函数，递归地找出其中的最大元素，并指出它的位置。（第 7 章习题的编程题）

（2）用递归法计算 $n!$，$n!$可用下述公式表示。（第 7 章习题的编程题）

$$n! = \begin{cases} 1 & (n=0,1) \\ n\times(n-1)! & (n>1) \end{cases}$$

（3）对第 7 章习题的所有改错题进行调试。

14.7　实验六　函数（2）与编译预处理

14.7.1　实验目的和要求

（1）掌握多文件程序的调试，学会分工协作，锻炼学生在软件开发中的团队精神。

（2）掌握宏定义、头文件包含。

（3）掌握条件编译。

14.7.2　实验内容及操作步骤

（1）完成下面的多文件编程，每个.C 文件包含一个函数，共 4 个.C 文件。

① main 函数中定义一个实型数组，然后调用下面的函数。

② 函数 input 读入若干实型数，存入实型数组。

③ 函数 sort 对实型数组按从小到大的顺序排列。

④ 函数 output 将实型数组输出。

实验时，首先进行分组，3～4 人/组，每组设一位组长；由组长负责总体设计及分工；然后每人编写一个 C 程序文件，文件名自定，并独立进行编译。组长负责 main 函数的编写、项目文件的建立以及整个程序的测试，若 3 人一组，则组长再编写一个函数。

（2）人工分析以下程序的输出结果，然后与计算机运行结果进行对比。（第 8 章习题的选择题）

```
#include <stdio.h>
#define  FUDGF(y)  2.84+y
#define  PR(a)  printf("%d",(int)(a))
#define  PRINT1(a)  PR(a); putchar('\n')
main()
{
    int x=2;
    PRINT1(FUDGF(5)*x);
}
```

（3）请写出一个宏定义 SWAP(t,x,y)，其中 t 为类型标识符，参数 x 和 y 的类型为 t，这个宏用以交换 x 和 y 的值。提示：用复合语句的形式。（第 8 章习题的编程题）

（4）输入一行字符，用两种方式输出：一种为原文输出，另一种将字母变成其后续字母，即按密码输出。使用条件编译的方法来处理，用#define 命令来控制是否要译成密码。（第 8 章习题的编程题）。例如：

```
#define  CHANGE  1
```

则为输出密码。如果

```
#define  CHANGE  0
```

则为不译成密码，按原码输出。

（5）下面有两个宏定义，上机实验时，首先建立一个头文件，包含这两个宏定义，然后在 C 程序文件中包含这个头文件，并且调用这两个宏（可参照例 8.11）。

```
#define GetBit(var,i)  (var&(0x0001<<(i)))
#define SetBit(var,i)  var|=(0x01<<(i))
```

14.7.3 选做题

（1）请写出一个宏定义 ISALPHA(C)，用以判断 C 是否是字母字符，若是，得 1，否则得 0。（第 8 章习题的编程题）

（2）求三个整数的平均值，要求用带参宏实现且把带参宏定义存放在头文件中。（第 8 章习题的编程题）

14.8 实验七 指针

14.8.1 实验目的和要求

（1）掌握指针变量的定义与引用。

（2）掌握指针与变量、指针与数组、指针与字符串的关系。

（3）能正确使用指向函数的指针变量和返回指针的函数。

（4）了解指向指针的指针的概念及使用方法。

14.8.2 实验内容及操作步骤

（1）先人工计算出第 9 章习题的第 1 题的第（3）小题的输出结果，再与计算机运行结果对比。

（2）有 n 个整数，使前面各数顺序向后移 m 个位置，最后 m 个数变成最前面 m 个数。编写一函数实现上述功能，在主函数中输入 n 个整数，并输出调整后的 n 个数。部分程序如下，请补齐输入、输出部分，并认真准备测试数据。（第 9 章习题的编程题）

```
#include <stdio.h>
void move(int array[],int n,int m);
main()
{
    int number[20],n,m,i;
    输入 n、m 和数组元素，略
    move(number,n,m);
    输出数组元素，略
```

```
}
void move(int array[],int n,int m)
{
   int *p,array_end;
   array_end=*(array+n-1);
   for(p=array+n-1;p>array;p--)
      *p=*(p-1);
   *array=array_end;
   m--;
   if(m>0) move(array,n,m);
}
```

该程序使用了递归算法，运行正确后改为非递归算法，再运行。如果运行结果不正确，请按前面介绍的方法进行调试。

（3）运行以下程序，体会行列地址（指针）概念。

```
#include <stdio.h>
main()
{
   int a[3][4]={0,1,2,3,4,5,6,7,8,9,10,11};
   int (*p)[4];
   int i,j;
   p=a;
   for(i=0;i<3;i++){
      for(j=0;j<4;j++)
         printf("%2d  ",*(*(p+i)+j));
      printf("\n");
   }
}
```

分别将*(*(p + i) + j)改为*(p[i] + j)、(*(p + i))[j]和 p[i][j]，再上机运行。

（4）有一个整型二维数组，大小为 3 × 4，找出最大值所在的行和列，以及该最大值。此程序要求用一个函数 max 实现最大值的寻找，并在 max 函数中使用指针解决，数组元素的值在主函数中进行输入输出。部分程序如下，请补齐输入输出部分，并上机调试。

```
#include <stdio.h>
main()
{  void  maxval( int arr[][4],int m,int n,int *max,int *line,int *col);
   int array[3][4],i,j,m,l,c;
   输入数组元素值，略
   maxval(array,3,4,&m,&l,&c);
   输出结果，略
}
void maxval( int arr[][4],int m,int n,int *max,int *line,int *col)
{
    int  i,j;
    int  (*p)[4];
    *line=*col=0;
    *max=arr[0][0];
    p=arr;
    for(i=0;i<m;i++)
        for(j=0;j<n;j++)
            if(*max<*(*(p+i)+j)){
              *max=*(*(p+i)+j);
             *line=i;
```

```
                *col=j;
            }
    }
```

（5）在主函数中输入10个不等长的字符串，用另一函数对它们排序，然后在主函数中输出这10个已排好序的字符串（要求使用指针数组处理）。（第9章习题的编程题）

（6）第9章习题中有一个改错题是关于字符串复制的，请上机调试。

（7）第9章习题中有一个填空题是关于字符串连接的，请上机调试。

（8）求出在字符串中最后一次出现的子字符串的地址，通过函数值返回，在主函数中输出从此地址开始的字符串；若未找到，则函数值为NULL。（第9章习题的改错题）

（9）编写一个通用函数 double sigma(double (*fn)(double),double l,double u)，分别求 $\sum_{x=0.1}^{1.0}\sin x$ 和 $\sum_{x=0.5}^{3.0}\cos x$ 的值（步长为0.1，要求使用函数指针实现）。（第9章习题的编程题）

（10）输入月份（1～12），输出对应的英文名称（要求使用指针函数实现）。（第9章习题的编程题）

14.8.3 选做题

（1）编写程序，打印出以下形式的杨辉三角形。

```
1
1   1
1   2   1
1   3   3   1
1   4   6   4   1
1   5   10  10  5   1
1   6   15  20  15  6   1
```

可以将杨辉三角形的值放在一个方形矩阵的下半三角中，如果需打印7行，应定义大于等于7×7的方形矩阵，该矩阵的特点：①第0列和对角线上的元素都为1；②除第0列和对角线上的元素以外，其他元素的值均为前一行上的同列元素和前一列元素之和。下面是部分程序代码，请写出setdata函数，并增加函数声明。

```
#include <stdio.h>
#define N 10
main()
{
    int y[N][N],n=7;
    setdata(y,n);                     /*按照规律给数组元素置数*/
    outdata(y,n);                     /*输出杨辉三角形*/
}
void setdata(int (*s)[N],int n)
{
  …
}
void outdata(int s[][N],int n)
{
    int i,j;
    for(i=0;i<n;i++){
```

```
        for(j=0;j<=i;j++)
            printf("%6d",s[i][j]);
        printf("\n");
    }
}
```

（2）编写函数 mseek，完成以下功能：在若干个字符串中查找一个指定的字符串是否存在，如果存在，则返回 1，否则返回 0。（第 9 章习题的编程题）

（3）调试第 9 章的其他改错题。

（4）在 main 函数中输入一篇英文文章存入字符串数组 xx 中；请编制函数 void StrOR(char xx[][80],int maxline)，其功能是：以行为单位依次把字符串中所有小写字母 o 左边的字符串内容移到该串的右边存放，然后把小写字母 o 删除，余下的字符串内容移到已处理字符串的左边存放，之后把已处理的字符串仍按行重新存入字符串数组 xx 中。最后在 main 函数中输出。原始数据文件存放的格式是：每行的宽度均小于 80 个字符，含标点符号和空格。（第 9 章习题的编程题）

14.9　实验八　结构体、共用体与枚举类型

14.9.1　实验目的和要求

（1）掌握结构体变量的定义和使用方法。

（2）掌握结构体数组和结构体指针的使用方法。

（3）掌握结构体与函数。

（4）掌握链表的基本概念，会使用插入、输出等常用操作方法。

（5）会使用共用体以及枚举数据类型。

14.9.2　实验内容及操作步骤

（1）结构体数组中存有三人的姓名和年龄，输出三人中最年长者的姓名和年龄。（第 10 章习题的填空题）

（2）试利用指向结构体的指针编制一程序，实现输入三个学生的学号、语文、数学和英语成绩，然后计算其平均成绩并输出成绩表。结构体类型如下。（第 10 章习题的编程题）

```
struct stu
{   char no[20];
    int chinese,math, english;
    float ave;
};
```

（3）修改上题程序，在主函数中输入 n 个学生的学号、语文、数学和英语成绩，然后调用函数 sort，在函数 sort 中计算各学生的总成绩和平均成绩，并按总成绩从大到小排序，若总成绩相同，则按学号由小到大排序。程序格式如下：

```
main()
{
    定义变量和数组
    输入数据，略
```

```
    调用 sort 函数
    输出数据，略
}
void sort(struct stu *p,int n)
{
    计算平均成绩
    排序，注意同类型结构体变量可相互赋值
}
```

（4）建立一个依学生的学号从小到大有序排列的链表。链表的结点中包括学号、姓名和年龄，最后输出该链表。（第 10 章习题的编程题）

参考第 10 章例题，程序格式如下：

```
#include <stdio.h>
#include <stdlib.h>
#define LEN sizeof(struct stu)/*LEN 为结构体类型 struct stu 的长度*/
struct stu
{   int num;
    char name[20];
    int age;
    struct stu *next;
};
struct stu *creat()
{   struct stu *head;/* 用于指向链表的第一个结点 */
    struct stu *p;   /* 用于指向新生成的结点 */
    struct stu *pr,*pn;   /* 插入到 pr 所指向结点的后面 */
    int x;
    head=NULL;
    scanf("%d",&x);
    while(x!=0){
        p=(struct stu *)malloc(LEN);
        p->num=x;
        gets(p->name);
        scanf("%d",&(p->age));
        p->next=NULL;
        if(head==NULL) head=p;
        else {
            pn=head;
            while((pn!=NULL) && (p->num>=pn->num)) {
                pr=pn;
                pn=pn->next;
            }
            if(pn==NULL) pr->next=p;
            else {
                p->next=pn;
                pr->next=p;
            }
          }
          scanf("%d",&x);
        }
        return(head);
}
void list(struct stu *head)
{
     struct stu *p;
     printf("The list records are:\n");
```

```
    p=head;
    if(head!=NULL)
      do{
        printf("%d\t%s\t%d\n",p->num,p->name,p->age);
        p=p->next;
      }while(p!=NULL);
    else
      printf("The list is null");
}
main()
{   struct stu *head,*p;
    head=creat();
    list(head);
    while(head!=NULL)            /* 调试时设置断点 */
    {     p=head;
          free(p);
          head=head->next;       /* 调试时设置断点 */
    }
}
```

运行上述程序，发现运行结果不正确，并且显示图 14.6 所示的错误提示。运行结果不正确是因为在交叉使用 scanf 和 gets 函数时，scanf 函数造成了接收数据的混乱，可将 gets(p->name)改为 scanf("%s",p->name)。图 14.6 所示的错误往往与释放内存有关，按如下步骤调试程序。

① 设置断点，具体位置见源程序中的注释设置断点。

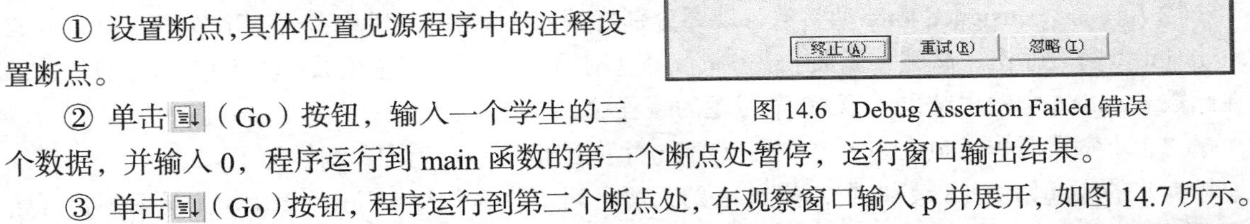

图 14.6　Debug Assertion Failed 错误

② 单击 (Go) 按钮，输入一个学生的三个数据，并输入 0，程序运行到 main 函数的第一个断点处暂停，运行窗口输出结果。

③ 单击 (Go) 按钮，程序运行到第二个断点处，在观察窗口输入 p 并展开，如图 14.7 所示。可看到，p 所指结点的内容，已不是原来的内容，这是因为 p 所指结点已被释放，故此不能使用。

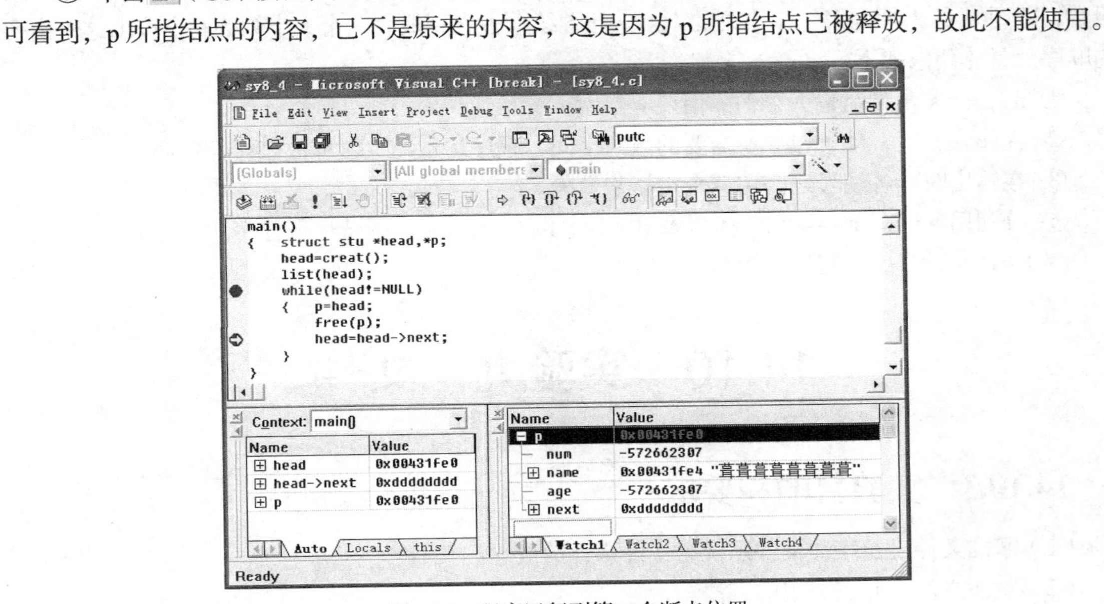

图 14.7　程序运行到第二个断点位置

④ 单击（Go）按钮，继续执行；再单击（Go）按钮，释放（free）一个不存在的结点，图14.6所示的错误产生了。

⑤ 改正错误，将 free(p)和 head = head->next 的顺序颠倒，然后单击（Restart）按钮重新开始调试，错误消除。

（5）分析下面程序运行的结果。（第10章习题的选择题）

```
main()
{
    union{
      short int a[2];
      long b;
      char c[4];
   }s;
   s.a[0]=0x39;
   s.a[1]=0x38;
   printf("%lx %c\n",s.b,s.c[0]);
}
```

（6）位域的引用，运行例10.8程序。

（7）枚举类型的使用，运行例10.16程序。

14.9.3 选做题

（1）定义一个结构体变量（包括年、月、日），计算该日在本年中是第几天。注意闰年问题。（第10章习题的编程题)

（2）有一个 unsigned long 型整数，现要分别将其前2个字节和后2个字节作为两个 unsigned short int 型整数输出，试编一函数 partition 实现上述要求。要求在主函数中输入该 long 型整数，在函数 partition 中输出结果（第10章习题的编程题）。

（3）求解雅瑟夫（Josephus）问题。设有n个人围坐在圆桌周围，编号为1、2、…、n，若从编号为k的人起始由1开始报数，数到m的人便出列；下一个人（第m + 1个）又从容不迫开始报数，数到m的人便是第二个出列的人。如此继续下去直到最后一个人出列为止。输出这个出列的顺序。具体要求如下。

① n、m、k由键盘输入，输入前要有提示。

② 在输入n后，动态建立所需要的数组空间，程序运行结束时释放该存储空间。

③ 在输出时，各编号之间用两个空格来分隔。

④ 分别用n = 8，m = 4，k = 1以及n = 10，m = 12，k = 4调试运行程序。

（4）第10章习题的其他选择题和填空题。

14.10 实验九 文件

14.10.1 实验目的和要求

（1）掌握文件以及缓冲文件系统、文件指针的概念。

（2）掌握文件打开、关闭的方法。

（3）掌握常用的文件读写相关函数。

（4）了解文件随机读写的方法。

14.10.2　实验内容及操作步骤

（1）由终端键盘输入一个文件名，然后把终端键盘输入的字符依次存放到该文件中，用#号作为结束输入的标志。（第 11 章习题的填空题）

（2）统计文件中字符的个数，可在上题的文件基础上进行编写。（第 11 章习题的填空题）

（3）编写程序实现文件的复制，其中源文件名称和目标文件名称由命令行参数提供。

程序涉及的文件可能是文本文件，也可能是二进制文件，但程序本身并不分析其数据，应统一考虑使用二进制方式。程序实现有两种办法：按字符模式和按块模式，字符模式使用 fgetc 和 fputc 函数。下面给出块模式程序。

```
#include <stdio.h>
#include <stdlib.h>
#define  BUFLEN   30000
void  datacopy(FILE *rbfp,FILE *wbfp);
void  main(int argc,char *argv[])
{
    FILE *rbfp,*wbfp;
    if(argc!=3) {
        printf("SourceFile DestFile");
        return;
      }
    rbfp=fopen(argv[1],"rb");
    if(rbfp==NULL){
       printf("Source File can't be Found!");
       return;
      }
    wbfp=fopen(argv[2],"wb");
    if (wbfp==NULL){
       printf("Dest File can't be Create!");
       return;
      }
    datacopy(rbfp,wbfp);
    fclose(rbfp);
    fclose(wbfp);
}
void  datacopy(FILE *rbfp,FILE *wbfp)
{
    char *buffer;
    long readbytes;
    buffer=(char *)malloc(BUFLEN);
    while (!feof(rbfp)){
        readbytes = fread(buffer,1,BUFLEN,rbfp);
        fwrite(buffer,1,readbytes,wbfp);
     }
     free(buffer);
}
```

该程序编译连接后需在操作系统提示符下运行。假设可执行程序文件名为 sy9_3.exe，则程序运行的格式如下：

```
E:\>sy9_3 <源文件名> <目的文件名>
```

其中，源文件名和目的文件名均可带扩展名。为了测试程序运行结果的正确与否，最少运行两次，一次复制文本文件，另一次复制二进制文件（如.exe）。复制后，可使用 DOS 命令 comp 进行比较，以确认程序运行的正确性。

14.10.3　选做题

（1）有五个学生，每个学生有三门课的成绩，从键盘输入数据（包括学号、姓名、三门课程成绩），计算出平均成绩，将原始数据和计算出的平均分数存放在磁盘文件 test 中。（第 11 章习题的编程题）

（2）接上题，增加一个函数，随机读取一个学生的数据，并在屏幕上显示。

（3）在选做题（1）的基础上，增加一个函数，随机修改一个学生的数据（随机写）。

14.11　实验十　C++基础

14.11.1　实验目的和要求

（1）掌握 C++对 C 的扩充。

（2）掌握 C++类的概念，了解 C++类的继承、多态性等。

14.11.2　实验内容及操作步骤

（1）运行例 12.4 程序，体会重载函数的使用。源程序文件的扩展名必须是.cpp。

（2）运行例 12.6 程序，使用引用。

（3）运行例 12.9 程序，用 new 和 delete 实现动态内存分配。

（4）补充下面程序的代码，并运行。

```
void f(Point p) { … }  /*函数体随意写，如输出对象 p 的数据 */
Point g()
{   Point A(2,3);


    return A;
}
void main()
{   Point A(1,2);
    Point B(A);
    f(A);
    B=g();
    …    /* 此处代码随意写，如输出对象 B 的数据 */
    }
```

其中，Point 是第 12 章定义的类。

（5）运行例 12.13 程序，体会派生类的构造函数和析构函数。

（6）运行例 12.14 程序，体会虚函数的用法。

14.11.3　选做题

（1）定义一个满足如下要求的 Date 类：

① 用下面的格式输出日期：日/月/年；

② 可在日期上进行加一天的操作。

③ 设置日期。

（2）建立一个对象，输出学生的学号、姓名、性别。

14.12 实验十一　综合程序设计

14.12.1 实验目的和要求

（1）熟悉以实际应用为基础提炼出数据结构。

（2）掌握模块化程序设计方法。

（3）练习人机交互的设计方法。

（4）掌握前面所学知识的综合应用。

（5）锻炼学生的团队精神。

14.12.2 实验内容及步骤

（1）设计一个程序，对某个班（最多 40 人）的学生成绩进行统计。每个功能为一个独立的函数，输入之前要有提示，输出格式要界面直观、清晰大方，能使用菜单最好，程序尽量简明、规范，使用结构数组。结构类型（可存于头文件中）如下：

```
struct stu
  {    char num[8];
       int grade[5];  /*五门课的成绩*/
       int sum;       /*总分*/
   };
```

要求实现如下功能。

① 输入每个学生的学号及五门课的成绩。

② 计算每人的总分。

③ 按总分从高到低排名次，若总分相同，则按学号由小到大排列，并输出每个学生的学习情况。

④ 课程号为 1、2、3、4、5。指定某门课程（键入课程号），输出总分在 85 分以上（含 85 分），且总分在前 10 名的学生学习成绩。

⑤ 输出任意一门课程不及格（小于 60 分）的学生的学习情况。

如下菜单供参考，菜单项名称可使用英语或汉语拼音。

① 输入数据

② 计算总分

③ 排序

④ 输出

⑤ 按课程号查找

⑥ 输出不及格成绩

⑦ 退出

（2）修改上题，要求实现以下功能。

① 编写函数将学生数据写入文件 st.dat 中。

② 对此文件按总成绩从低到高进行排序（用冒泡法），并输出排序结果。排序为一个函数，输出为另一个函数。

③ 输入一个总成绩范围，如（80～89），统计此分数段内的学生数。

④ 输入一个学号，用折半（对分）查找法查找学生的学习成绩并输出。

在做实验时，按下面步骤进行：

（1）分组，每组设一组长，负责分工、整合程序。

（2）画出程序流程图。

（3）编制程序。

（4）调试程序，对调试程序时出现的错误进行分析，思考导致错误的原因。

（5）在实验报告上写出通过调试并修改后的正确程序代码。

14.12.3 选做题

用 C 语言编制某单位的职工管理程序（职工不超过 200 人），每个职工档案的基本数据项包括职工号、姓名、性别、年龄、部门、住址、基本工资、文化程度等，其他项目可自行设定。要求：

① 从键盘上输入数据，并按职工号从小到大保存到文件 zgzl.dat 中。

② 可根据职工姓名查找并输出该职工的档案。

③ 可按部门输出某个部门的职工工资表，并查找出全厂中基本工资最高的职工和基本工资最低的职工。

④ 输出全厂职工的年龄分布情况。

附录 I ASCII 代码对照表

值	字符	控制字符	值	字符	值	字符	值	字符	值	字符	值	字符	值	字符	值	字符
000	(null)	NUL	032	(space)	064	@	096	`	128	Ç	160	á	192	└	224	α
001	☺	SOH	033	!	065	A	097	a	129	ü	161	í	193	┴	225	ß
002	☻	STX	034	"	066	B	098	b	130	é	162	ó	194	┬	226	Γ
003	♥	ETX	035	#	067	C	099	c	131	â	163	ú	195	├	227	π
004	♦	EOT	036	$	068	D	100	d	132	ä	164	ñ	196	─	228	Σ
005	♣	ENQ	037	%	069	E	101	e	133	à	165	Ñ	197	┼	229	σ
006	♠	ACK	038	&	070	F	102	f	134	å	166	ª	198	╞	230	μ
007	(beep)	BEL	039	'	071	G	103	g	135	ç	167	º	199	╟	231	τ
008	◘	BS	040	(	072	H	104	h	136	ê	168	¿	200	╚	232	Φ
009	(tab)	HT	041	)	073	I	105	i	137	ë	169	⌐	201	╔	233	Θ
010	(line feed)	LF	042	*	074	J	106	j	138	è	170	¬	202	╩	234	Ω
011	(home)	VT	043	+	075	K	107	k	139	ï	171	½	203	╦	235	δ
012	(form feed)	FF	044	,	076	L	108	l	140	î	172	¼	204	╠	236	∞
013	(carriage return)	CR	045	-	077	M	109	m	141	ì	173	¡	205	═	237	φ
014	♫	SO	046	.	078	N	110	n	142	Ä	174	«	206	╬	238	ε
015	☼	SI	047	/	079	O	111	o	143	Å	175	»	207	╧	239	∩
016	►	DLE	048	0	080	P	112	p	144	É	176	░	208	╨	240	≡
017	◄	DC1	049	1	081	Q	113	q	145	æ	177	▒	209	╤	241	±
018	↕	DC2	050	2	082	R	114	r	146	Æ	178	▓	210	╥	242	≥
019	‼	DC3	051	3	083	S	115	s	147	ô	179	│	211	╙	243	≤
020	¶	DC4	052	4	084	T	116	t	148	ö	180	┤	212	╘	244	⌠
021	§	NAK	053	5	085	U	117	u	149	ò	181	╡	213	╒	245	⌡
022	—	SYN	054	6	086	V	118	v	150	û	182	╢	214	╓	246	÷
023	↨	ETB	055	7	087	W	119	w	151	ù	183	╖	215	╫	247	≈
024	↑	CAN	056	8	088	X	120	x	152	ÿ	184	╕	216	╪	248	°
025	↓	EM	057	9	089	Y	121	y	153	Ö	185	╣	217	┘	249	·
026	→	SUB	058	:	090	Z	122	z	154	Ü	186	║	218	┌	250	·
027	←	ESC	059	;	091	[	123	{	155	¢	187	╗	219	█	251	√
028	∟	FS	060	<	092	\	124	|	156	£	188	╝	220	▄	252	^{n}
029	↔	GS	061	=	093	]	125	}	157	¥	189	╜	221	▌	253	^{2}
030	▲	RS	062	>	094	^	126	~	158	Pts	190	╛	222	▐	254	■
031	▼	US	063	?	095	_	127	DEL	159		191	┐	223	▀	255	

注：000～127 是标准的，128～255 是 IBM-PC 上专用的。

附录Ⅱ C语言中的关键字

auto	break	case	char	const
continue	default	do	double	else
enum	extern	float	for	goto
if	int	long	register	return
short	signed	sizeof	static	struct
switch	typedef	union	unsigned	void
volatile	while			

注：上面列出的是 ANSI C 规定的 32 个关键字，不同的编译系统可能会增加一些关键字。

附录III 运算符优先级和结合方向

优先级	运 算 符	含 义	要求运算 对象个数	结合方向	举 例
1	() [ ] -> .	圆括号 下标运算符 指向结构体成员运算符 结构体成员运算符		自左至右	(5+3)/2 a[2] p->data student.xm
2	! ~ ++ — + – * & （类型名） sizeof	逻辑非运算符 按位取反运算符 自增运算符 自减运算符 正号运算符 负号运算符 取内容运算符 取地址运算符 类型强制转换运算符 求字节运算符	1（单目运算符）	自右至左	!(a>b) ~a i++或++i i++或++i +1 −1 x=*pt p=&x int(1/2.5) sizeof(int)
3	* / %	乘法运算符 除法运算符 求余（模）运算符	2（双目运算符）	自左至右	x=a*b x=a/b x=a%b
4	+ –	加法运算符 减法运算符	2（双目运算符）	自左至右	x=a+b x=a-b
5	<< >>	左移运算符 右移运算符	2（双目运算符）	自左至右	a<<2 a>>2
6	< > <= >=	小于运算符 大于运算符 小于等于运算符 大于等于运算符	2（双目运算符）	自左至右	a<b a>b a<=b a>=b
7	== !=	等于运算符 不等于运算符	2（双目运算符）	自左至右	a==b a!=b
8	&	按位与运算符	2（双目运算符）	自左至右	a&b
9	∧	按位异或运算符	2（双目运算符）	自左至右	a^b
10	|	按位或运算符	2（双目运算符）	自左至右	a|b

续表

优先级	运 算 符	含 义	要求运算对象个数	结合方向	举 例
11	&&	逻辑与运算符	2（双目运算符）	自左至右	a>b&&b>c
12	||	逻辑或运算符	2（双目运算符）	自左至右	a>b||b>c
13	?:	条件运算符	3（三目运算符）	自右至左	x=a>b?a:b
14	= += *= /= %= &= ∧= |= <<= >>=	赋值运算符	2（双目运算符）	自右至左	x=2 x&=a+b
15	,	逗号运算符		自左至右	x=(a=1,b=2,a+b)

说明：

（1）在优先级别不同时，运算由运算符优先级决定；如果优先级相同，则运算的次序由运算符结合的方向决定。例如：表达式 x*y/z，因运算符*和/优先级相同，结合性为自左至右，所以等价于(x*y)/z；而表达式 x = y = z 因运算符从右到左结合而等同于 x = (y = z)。只有单目运算符、条件运算符和赋值运算符的结合性为自右至左，其他均为自左至右。

（2）C 编译系统在处理时尽可能多地将若干个字符组成一个运算符，如表达式 i+++j 等价于(i++)+j。

（3）从上述表中可以大致归纳出各类运算符的优先级顺序（从上至下依次递减），这样方便记忆：

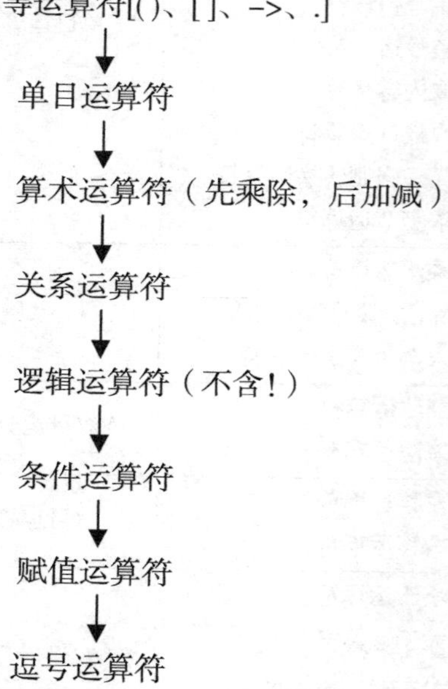

初等运算符其实不是真正意义的运算符。另外，以上的优先级顺序中不含位运算符，因为位运算符的优先级别比较分散，有的在算术运算符之前；有的在关系运算符之后。为简单起见，使用位运算符时可加圆括号。

附录IV 常用库函数

库函数是人们根据需要编制并提供用户使用的标准函数。标准 C 提供了数百个库函数，限于篇幅，本附录仅列出最基本的常用库函数，包括输入输出函数、数学函数、字符函数和字符串函数、动态存储分配函数等。更详细的函数说明及其他函数请查阅有关手册。

1. 数学函数

调用数学函数时，需要在源程序中使用以下命令行：

```
#include "math.h"或#include    <math.h>
```

函数名	函数原型	功能说明	返回值	说明
abs	int abs(int x);	求整数 x 的绝对值	计算结果	
acos	double acos(double x);	计算 $\cos^{-1}(x)$的值	计算结果	x 在−1～1 范围内
asin	double asin(double x);	计算 $\sin^{-1}(x)$的值	计算结果	x 在−1～1 范围内
atan	double atan(double x);	计算 $\tan^{-1}(x)$的值	计算结果	
atan2	double atan2(double x, double y);	计算 $\tan^{-1}(x/y)$的值	计算结果	
cabs	double cabs(struct complex znum);	计算一个复数的绝对值	计算结果	
ceil	double ceil(double x);	求不小于 x 的最小整数	该整数的双精度实数	
cos	double cos(double x);	计算 cos(x)的值	计算结果	x 的单位为弧度
cosh	double cosh(double x);	计算 x 的双曲余弦 cosh（x）的值	计算结果	
exp	double exp(double x);	求 e^x 的值	计算结果	
fabs	double fabs(double x);	求实数 x 的绝对值	计算结果	
floor	double floor(double x);	求不大于 x 的最小整数	该整数的双精度实数	
fmod	double fmod(double x, double y);	求整除 x/y 的余数	返回值为双精度	
frexp	double frexp(double val, int *eptr);	把双精度数 val 分解为数字部分（尾数）x 和以 2 为底的指数 n，即 $val = x*2^n$，n 存放在 eptr 指向的变量中	返回数字部分 x（$0.5 \leq x < 1$）	
log	double log(double x);	求 $\log_e^x$，即 lnx	计算结果	$X > 0$
log10	double log10(double x);	求 $\log_{10}^x$	计算结果	$X > 0$
modf	double modf(double val, double *ipart);	把双精度数 val 分解为整数部分和小数部分，把整数部分存放在 ipart 指向的变量中	返回小数部分	

续表

函数名	函数原型	功能说明	返回值	说明
pow	double pow(double x, double y);	计算 x^y 的值	计算结果	
sin	double sin(double x);	计算 sin(x)的值	计算结果	x 的单位为弧度
sinh	double sinh(double x);	计算 x 的双曲正弦函数 sinh(x)的值	计算结果	
sqrt	double sqrt(double x);	计算 $\sqrt{x}$	计算结果	x≥0
tan	double tan(double x);	计算 tan(x)的值	计算结果	
tanh	double tanh(double x);	计算 x 的双曲正切函数 tanh(x)的值	计算结果	

2. 字符函数和字符串函数

在 ANSI C 标准中，使用字符函数时要包含头文件“ctype.h”，使用字符串函数要包含头文件“string.h”。

函数名	函数原型	功能说明	返回值
isalnum	int isalnum(int ch);	判断 ch 是否为字母或数字	是，返回 1；不是，返回 0
isalpha	int isalpha(int ch);	判断 ch 是否为字母	是，返回 1；不是，返回 0
isascii	int isascii(int ch);	判断 ch 是否为标准 ASCII 字符	是，返回 1；不是，返回 0
iscntrl	int iscntrl(int ch);	判断 ch 是否为控制字符	是，返回 1；不是，返回 0
isdigit	int isdigit(int ch);	判断 ch 是否为数字	是，返回 1；不是，返回 0
isgraph	int isgraph(int ch);	判断 ch 是否为除空格以外的可打印字符(ASCII 码值为 32～126)	是，返回 1；不是，返回 0
islower	int islower(int ch);	判断 ch 是否为小写字母	是，返回 1；不是，返回 0
isprint	int isprint(int ch);	判断 ch 是否为可打印字符	是，返回 1；不是，返回 0
ispunct	int ispunct(int ch);	判断 ch 是否为标点符号	是，返回 1；不是，返回 0
isspace	int isspace(int ch);	判断 ch 是否为空格、制表符或换行符	是，返回 1；不是，返回 0
isupper	int isupper(int ch);	判断 ch 是否为大写字母	是，返回 1；不是，返回 0
isxdigit	int isxdigit(int ch);	判断 ch 是否为十六进制的数字	是，返回 1；不是，返回 0
tolower	int tolower(int ch)	将大写字母转换为小写字母	返回 ch 所代表的字符的小写字母
toupper	int toupper(int ch);	将小写字母转换为大写字母	与 ch 相对应的大写字母
strcpy	char *strcpy(char *str1,char *str2);	将字符串 str2 复制到字符串 str1 中	指向 str1 的指针
strncpy	char * strncpy(char *str1, char *str2, int n);	将字符串 str2 前 n 个字符复制到字符串 str1 中	指向 str1 的指针
strcat	char *strcat(char *str1,char *str2);	将字符串 str2 复制到字符串 str1 后	指向 str1 的指针
strncat	char *strncat(char *str1,char *str2,int n);	将字符串 str2 前 n 个字符复制到字符串 str1 后	指向 str1 的指针

续表

函数名	函数原型	功能说明	返回值
strcmp	char *strcmp(char *strl,char *str2);	比较两个字符串 str1 和 str2 的大小	小于 0：str1<str2，等于 0：str1=str2，大于 0：str1>str2
strncmp	char *strcmp(char *strl,char *str2,int n);	比较两个字符串 str1 和 str2 的前 n 个字符大小	小于 0：str1<str2，等于 0：str1=str2，大于 0：str1>str2
strchr	char *strchr(char *str,int ch);	寻找字符 ch 在字符串 str 中首次出现的位置指针	指向 ch 在 str 的位置指针，返回 NULL 表示未找到
strrev	char *strrev(char *str);	将字符串 str 中所有字符的顺序都颠倒过来	运行结果
strlwr	char *strlwr(char *str);	将字符串 str 中所有字母都变为小写字母	运行结果
strupr	char *strupr(char *str);	将字符串 str 中所有字母都变为大写字母	运行结果

3. 输入输出函数

凡使用以下的输入输出函数，需要在程序中使用以下命令行：

```
#include"stdio.h"或#include<stdio.h>
```

函数名	函数原型	功能说明	返回值
clearerr	void clearerr(FILE *fp);	清除 fp 指向的文件的错误标志，同时清除文件结束标志	没有返回值
close	int close(int fp);	关闭文件	关闭成功返回 0，不成功返回-1
creat	int creat(char *filename,int mode);	以 mode 所指定的方式建立文件，文件名为 filename	成功返回正数，不成功返回-1
eof	int eof(int fd);	检查文件是否结束	文件结束，返回 1；否则返回 0
fclose	int fclose(FILE *fp);	关闭 fp 所指的文件，释放文件缓冲区	出错则返回非 0；否则返回 0
feof	int feof(FILE *fp);	检查文件是否结束	遇文件结束符返回非 0；否则返回 0
fgetc	int fgetc(FILE *fp);	从 fp 所指定的文件中取得下一个字符	返回所取得字符。若读入出错，返回 EOF
fgets	char *fgets(char *buf, int n, FILE *fp);	从 fp 指向的文件读取一个长度为(n−1)的字符串，存入起始地址为 buf 的空间	返回地址 buf，若遇文件结束或出错，返回 NULL
fopen	FILE *fopen(char *filename, char *mode);	以 mode 指定的方式打开名为 filename 的文件	成功，返回一个文件指针（文件信息区的起始地址）。若出错，返回 0
fprintf	int fprintf(FILE *fp, const char *format, args，...);	把字符 args 的值按 format 指定的格式输出到 fp 所指定的文件中	返回实际输出的字符数
fputc	int fputc(int c, FILE *fp);	将字符 c 输出到 fp 指向的文件中	成功，则返回该字符。否则返回非 0
fputs	int fputs(const char *str, FILE *fp);	将 str 指向的字符串输出到 fp 所指定的文件中	返回 0，若出错返回非 0
fread	int fread(char *pt,unsigned size,unsigned n,FILE *fp);	从 fp 所指定的文件中读取长度为 size 的 n 个数据项，存到 pt 所指向的内存区	返回所读的数据项个数，若文件结束或出错返回 0

续表

函数名	函 数 原 型	功 能 说 明	返 回 值
fscanf	int fscanf(FILE *fp, char *format, args, ...);	从 fp 指定的文件中按 format 指定的格式将输入数据送到 args 所指定的内存单元（args 是指针）	返回已输入的数据个数
fseek	int fseek(FILE *fp, long offset, int base);	将 fp 所指向的文件的位置指针移动到以 base 所指出的位置为基准、以 offset 为位移量的位置	返回当前位置，否则返回-1
ftell	long ftell(FILE *fp);	返回 fp 所指向的文件中的读写位置	返回 fp 所指向的文件中的读写位置
fwrite	int fwrite(char *ptr, unsigned size,unsigned n, FILE *fp);	把 ptr 所指向的 n*size 个字节输出到 fp 所指向的文件中	返回 fp 所指向的文件中的数据项的个数
getc	int getc(FILE *fp);	从 fp 所指向的文件中读入一个字符。	返回所读入的字符，若文件结束或出错，返回 EOF。
getch	int getch(void);	从键盘上读入一个字符，输入不回显。	返回所读字符。
getchar	int getchar(void);	从标准输入设备读取一个字符。	返回所读字符，若文件结束或出错，返回-1。
getche	int getche(void);	从键盘上读入一个字符，输入回显	返回所读字符。
getw	int getw(FILE *fp);	从 fp 所指向的文件中读取下一个字（整数）	返回输入的整数，若文件结束或出错，返回-1
printf	int printf(char *format, args,...);	按 format 指向的格式字符串所规定的格式，将输出表列 args 的值输出到标准输出设备	返回输出字符的个数。若出错，返回 EOF
putc	int putc(int ch, FILE *fp);	把一个字符 ch 输出到 fp 所指的文件中	输出的字符 ch。若出错，返回 EOF
putchar	int putchar(int ch);	把一个字符 ch 输出到标准输出设备	返回输出的字符 ch，若出错，返回 EOF
puts	int puts(const char *s);	把 s 所指向的字符串输出到标准输出设备，将'\0'换为回车换行	返回换行符。若出错，返回 EOF
putw	int putw(int w, FILE *fp);	把一个整数 w（即一个字）写到 fp 指向的文件中	返回输出的整数。若出错，返回 EOF
read	int read(int handle, void *buf, unsigned len);	从文件号 handle 所指示的文件中读 len 个字节到 buf 指示的缓冲区	返回真正读入的字节个数。若文件结束返回 0，若出错返回-1
rename	int rename(char *oldname, char *newname);	把由 oldname 所指定的文件名，改为由 newname 所指定的文件名	成功，返回 0；若出错，返回-1
rewind	void rewind(FILE *fp);	将 fp 所指定的文件中的位置指针置于文件开头位置，并清除文件结束标志和错误标志	没有返回值
scanf	int scanf(char *format, args,...);	从标准输入设备按 format 指定的格式字符串所规定的格式，输入数据给 args 所指定的单元	返回读入并赋给 args 的数据个数。若文件结束返回-1，若出错返回 0
write	int write(int fd,char *buf,unsigned count);	从 buf 指向的缓冲区输出 count 个字符到 fd 所标志的文件中	返回实际输出的字节数。如出错返回-1

4. 存储分配函数与随机函数

与存储分配有关的函数的原型说明主要在“malloc.h”或“stdlib.h”等头文件中，随机函数及exit()的原型说明在“stdlib.h”中。

函数名	函 数 原 型	功 能 说 明	返 回 值
calloc	void *calloc(unsigned n , unsigned size);	分配 n 个数据项的内存连续空间，每个数据项的大小为 size	分配内存单元的起始地址，不成功则返回 0
free	void free(void *p);	释放指针 p 所指的内存区	无
malloc	void *malloc(unsigned size);	分配 size 字节的存储区	所分配的内存区起始地址，如不成功返回 0
realloc	void *realloc(void *p, unsigned size);	将 p 所指出的一分配内存区的大小改为 size。size 可以比原来分配的空间大或小	新分配内存区的地址，如不成功返回 0
rand	int rand(void);	产生 0～32 767 的随机整数	返回一个随机整数（其实是伪随机数，伪随机数总是以一个相同的数为起始值（种子），运用递推的原理来生成的。所以，如果只使用 rand 函数，每次运行所形成的伪随机数列也相同）
stand	void srand(unsigned int seed);	将 seed 作为种子。如果以 time(NULL)函数值（即当前时间）作为种子数，那么就可以保证随机性了，因为两次调用 rand 函数的时间是不同的	无
exit	void exit(int status);	终止程序，返回运行环境。如果运行环境是操作系统，那么 status 可被操作系统检测到	无

参考文献

[1] 贾宗璞，许合利主编. C语言程序设计. 徐州：中国矿业大学出版社，2007年.

[2] 卢素魁等. 全国计算机等级考试二级教程——C语言程序设计. 北京：中国铁道出版社，2005年.

[3] 田淑清. 全国计算机等级考试二级教程——C语言程序设计（2008年版）. 北京：高等教育出版社，2007年.

[4] 田淑清. 全国计算机等级考试二级教程——C语言程序设计习题分析与解答. 北京：高等教育出版社，2002年.

[5] 谭浩强著. C程序设计（第三版）. 北京：清华大学出版社，2005年.

[6] 齐勇等编著. C语言程序设计（修订本）. 西安：西安交通大学出版社，1999年.

[7] 吴平等编著. C语言程序设计教程. 北京：科学技术文献出版社，2000年.

[8] 刘瑞新等编著. C语言程序设计教程. 北京：机械工业出版社，2004.

[9] [美]Herber Schildt著. 戴健鹏译. C语言大全（第2版）. 北京：电子工业出版社，1995年.

[10] 郑莉等编著. C++语言程序设计. 北京：清华大学出版社，2003年.

[11] 周志德编著. C++程序设计. 北京：电子工业出版社，2002年.

[12] 钱能主编. C++程序设计教程. 北京：清华大学出版社，2001年.

[13] 谭浩强主编. C程序设计题解与上机指导（第三版）. 北京：清华大学出版社，2000年.

[14] 张建宏等主编. C语言程序设计实验与习题. 北京：科学出版社，2002年.

[15] 黄迪明主编. C语言程序设计实验指导及题解. 北京：电子工业出版社，2005年.

[16] 廖雷主编. C语言程序设计习题解答及上机指导（第2版）. 北京：高等教育出版社，2003年.